北京市社会科学界联合会社会组织重点资助项目

美与艺术的畅想

——北京市哲学会美学专业委员会论文集

北京市哲学会美学专业委员会 编

首都师范大学出版社
CAPITAL NORMAL UNIVERSITY PRESS

图书在版编目(CIP)数据

美与艺术的畅想:北京市哲学会美学专业委员会论文集 / 北京市哲学会美学专业委员会编 . —北京:首都师范大学出版社，2018. 11
ISBN 978-7-5656-4833-5

Ⅰ. ①美… Ⅱ. ①北… Ⅲ. ①美学—文集 ②艺术美学—文集
Ⅳ. ①B83-53 ②J01-53

中国版本图书馆 CIP 数据核字(2018)第 245704 号

MEI YU YISHU DE CHANGXIANG
美与艺术的畅想
——北京市哲学会美学专业委员会论文集
北京市哲学会美学专业委员会 编

责任编辑 孙少红 陈娇娇
首都师范大学出版社出版发行
地 址 北京西三环北路 105 号
邮 编 100048
电 话 68418523(总编室) 68982468(发行部)
网 址 http://cnupn.cnu.edu.cn
印 刷 北京九州迅驰传媒文化有限公司
经 销 全国新华书店
版 次 2018 年 11 月第 1 版
印 次 2018 年 11 月第 1 次印刷
开 本 710mm×1000mm 1/16
印 张 17.5
字 数 298 千
定 价 45.00 元

目　录

“乐生”与“逍遥”：中国人生美学的两大原型

徐碧辉

内容提要：“乐生”与“逍遥”是中国美学的两大基本精神，也是中国美学精神的两大原型。“乐生”精神与“逍遥”精神的哲学基础是以情为本的“一个世界”观。以“曾点气象”为代表的儒家审美精神还表现为孔子的快乐精神。这种“乐”是灵与肉、身与心、物质与精神的融合汇通的综合性结果，是一种自由的人生境界。孔子的“乐”层次丰富，内涵广大，既是生命精神的状态，也包含道德人格的内蕴，可以说是蕴含了审美和道德的人生化境。它既蕴藉着日常生活中的各种“简单的快乐”，也包含了认识世界的认知之乐，有朋友之间的信任，还有在自然中获得心灵的平静与安慰以及家园情怀。“逍遥”精神以庄子的《逍遥游》为代表，它是真正超越狭隘的功利得失之后所获得的广阔的自由境界。它是现实的，更是超越现实的；是审美的，也是艺术的；是感性的，也是理性的；是肉体的，更是精神的。逍遥游必须有磅礴广阔、自由翱翔的精神天地，也是个体与自然精神的一种交流融合，是一种不受任何物质欲望牵累、不存任何世俗利益考虑的境界。

关键词：乐生　逍遥　中国人生美学

李泽厚先生称中国文化是“乐感文化”，这是不无道理的。应该说，“乐”是中华民族的一个重要的文化心理特征，也是中国美学精神的一个显著特点。由于中国美学是与哲学、宗教、艺术等社会意识形式综合纠结在一起的，着重于人生意义与价值的感悟，因而也可以说中国美学是一种“人生美学”。它不以对美与艺术的本质的命义追问为目标，不着力于以分析式、思辨式地抽象解释“美”为起点去建构一个关于审美与艺术的理论体系，而是在对人生意义、价值、“味道”的反复体验、领悟中去把握有关审美与艺术的问题，并在人生实践中融入美与诗。从而，这种人生美学的精神就有了两个鲜明的特点：乐生与逍遥，而它的哲学基础则是中国传统的以情为本的“一个世界”观。

更明确地说，中国古代美学，就其作为人生美学来看，至少有两方面内涵，一为“乐生”精神，一为“逍遥”精神。这是中国美学的两大基本精神，或者说是中国美学精神的两大原型。

“乐生”精神与“逍遥”精神的哲学基础是以情为本的“一个世界”观。中国古人把世界看成一个气化流行、生生不已的整体，一个充满活力的生命体。它没有所谓现象与本质、此岸与彼岸之分。人、自然、社会、精神构成一个充满情趣精神的有机整体。故而“天”与“人”，个体与社会，自然与人类，相互之间是感应灵动的，“天道”与“人道”不可分割地相互缠绕影响，“天道”决定人事，但人的品德操守与活动也会反过来影响“天道”的运行和走向。因而，“天行健，君子以自强不息”，天道自然充满灵韵和情感。人亦须以高尚的品德操守和积极的行动去迎合并建构天道。这是人与天、个人与世界之间的精神和情感的交流互动，也是人坦然乐观地面对生死穷达的依据。

下面我们主要从孔子所代表的原典儒家美学和庄子《逍遥游》所体现的道家美学角度来切入“乐生”主题与“逍遥”主题。

一、“乐生”精神

中国传统智慧中，无论儒家还是道家学说，本来都是一种鲜活明亮的人生哲学，是在人生实践中践履道德、完善人格、实现超越、获得自由的一种人生经验与感悟的升华。这种人生智慧包含着极为丰富的哲学、艺术、审美、宗教的思考成果。作为儒家学说创始人的孔子的言行中，深刻地体现出一种珍惜在世生活、积极乐观面对人生境遇的人生态度。经过宋明理学的阐释，以孔子为代表的儒家学说基本上被伦理化、道德化了。宋儒甚至试图建立一种人生的道德本体论，把人的自然生理需要看成“人欲”而大加限制和批判。如此一来，孔子学说中那些鲜活而非常有生命力的东西被消解、遮蔽了，儒家的艺术精神和审美精神消逝了。一部《论语》本来是当时人们的生活实录和思想留影，它记载的是孔子在各种情景中对人、物、事、世界的感受和体验以及根据不同情境灵活处理的实用理性与方法，却被看成一部无所不包的治国“圣经”，那些本来具有高度生活性的对话、鲜活生动的语言，便也在反复的阐释中慢慢变成了教条。朱熹把“吾与点”①解释为“人欲尽处，天理流行，随处充满，无稍欠缺”便是一个典型的例证。其实，“曾点气象”就是对日常生活的“审美点化”，是要通过对日常生活的暂时疏离还原人的本真性情，并使人直接面对自然，从而以一种无遮碍的态度和状态去体会宇宙自然的生命精神，实现日常生活的审美化和艺术化。它与所谓“天理”“人欲”很难勾连起来。从某种意义上说，暮春之际，顺从那在春天里躁动不安的心去郊外踏青，再把自身融入自然的阳光风雨、河流山川，吸取自然之精神，洗涤日常生活的琐碎所带来的精神境界的碎片性与庸常性，达到诗意化的人生之境，这正是顺从了“人欲”的需求。曾点之志是要一方面逃离日常生活，另一方面希望在自然中得到精神的休憩与安慰。何来“人欲尽处”之“天理流行”？当然，若一定要说此处有“天理流行”，这个所谓的“天理”也只能理解为天地自然的精神气韵。人在秀丽的山川中忘掉自身的卑琐欲念，被大自然的阳光雨露涤荡心灵，从而升华自身境界，提高人格操守。这是曾点之“志”的审美内涵。它带人脱离日常生活的庸俗化，实现日常生活的审美升华。

在《论语》中，这种日常生活的“审美点化”和“审美升华”还表现为孔子的快乐精神。这种快乐并非完全是感官肉体之乐，它与感官相关联，但更多的是一种艺术的“满足的不关心精神”所带来的精神愉悦，同时这种“乐”也含有道德上的崇高感与伟大感。它是灵与肉、身与心、物质与精神的融合汇通的综合性结果，是一种自由的人生境界。它通过对具体生活过程和细节的重视去品味和体察人生的真谛，把日常生活塑造为一种融生命体验与哲学思考于一体的境界。在这里，超越寓于现实，精神寄于物质，心灵呈现于肉体，理性积淀于感性。它是一种“乐感文化”，或称之为“乐活”的人生哲学或人生态度。

这种“乐活”的人生态度，首先表现为对生活的珍视和享受。《论语·乡党》篇记载的孔子是个非常讲究生活的人，它记述了孔子的一些生活细节——

① 《论语·先进》：“子曰：‘以吾一日长乎尔，毋吾以也。居则曰：“不吾知也！”如或知尔，则何以哉？’……‘点！尔何如？’鼓瑟希，铿尔，舍瑟而作，对曰：‘异乎三子者之撰。’子曰：‘何伤乎？亦各言其志也。’曰：‘莫春者，春服既成，冠者五六人，童子六七人，浴乎沂，风乎舞雩，咏而归。’夫子喟然叹曰：‘吾与点也！’”

吃饭、穿衣、睡觉、上朝、斋戒，都有一定之规，很是考究。从这些习惯中，可以看到很“科学”的一面：食物腐坏，颜色不正，味道发臭，自然不可以食用。“食饐而餲，鱼馁而肉败，不食。色恶，不食。臭恶，不食。失饪，不食。”(《论语·乡党》，以下凡引《论语》，皆只注篇明，不再注书名)但对孔子来说，这还不够。关于进食，他还有更高级的追求：不但不吃腐坏的食物，还要讲究烹饪的方法，要有规律地进食，而且要讲究肉切割的美感，酱的质量。“失饪，不食。不时，不食。割不正，不食。不得其酱，不食。”(《乡党》)

其次，“乐”在孔子那里还表现为人生的艺术化和审美化，即在艺术创作与欣赏中，在对自然的凝神观照中得到精神的升华与巨大的愉悦。孔子是一个有着很高艺术修养的人。他欣赏音乐能达到如醉如痴的程度：“子在齐闻《韶》，三月不知肉味，曰：不图为乐之至于斯也。”(《述而》)这个故事也许有些夸张，但孔子对音乐的鉴赏力可见一斑。在美学史上，孔子对于一些艺术作品的评价已成为中国美学和艺术史上的经典之评：“子曰：《关雎》乐而不淫，哀而不伤。”(《八佾》)“乐而不淫，哀而不伤”成为传统艺术批评，特别是诗歌批评最重要的标准，奠定了中国美学欢乐不逾分、悲哀不过度的“中和”标准和美学特征，使中国人不走极端，善于克己，无论是表达快乐之情还是体现悲哀之情，都控制在恰到好处的范围之内，使中国人的精神产生一种雍容大度、慷慨有节的审美特征，从而使得中华民族很少有过度的精神和情感取向，很少走向极端。

孔子不但有很高的艺术鉴赏力，本身也善于演奏乐器，且技艺高超。《论语》记载，孔子周游列国来到卫国时，曾击磬自娱，无意中却遇到一个知音：

> 子击磬于卫，有荷蒉而过孔氏之门者，曰：“有心哉，击磬乎!”既而曰：“鄙哉，硁硁乎，莫己知也，斯己而已矣。深则厉，浅则揭。”①

这也是古人讲“言为心声”之意。击磬时，孔子作为演奏者将思想、情感融入了磬声之中，流露出来。其时，孔子正离乡出奔卫国，心中自是有些郁郁不得志，大约磬声中也流露出了这种愤懑不平和怀才不遇之感叹，以至于一个挑担的“布衣”都听出了其中的不平之意来。

《论语》中多次提到“乐”。这些“乐”里，有求知的愉悦，有友情的悦乐，

---

① “深厉浅揭”，见《诗经·邶风·匏有苦叶》：“匏有苦叶，济有深涉。深则厉，浅则揭。”意为水太深便不过河，水浅则可以撩起衣服蹚过河去。水深比喻社会非常黑暗，只得听之任之；水浅比喻黑暗程度不深，还可以使自己不受沾染，便无妨撩起衣裳，免得濡湿。

子曰：“学而时习之，不亦说乎？有朋自远方来，不亦乐乎？人不知，而不愠，不亦君子乎？”(《学而》)有欣赏自然山水之陶然：“知者乐水，仁者乐山。”(《雍也》)更有由于崇高的道德人格战胜了外在的恶劣环境带来的精神自由的大乐，这种精神的大乐转化为一种达观积极的人生态度。如他的自述：“其为人也，发愤忘食，乐以忘忧，不知老之将至云尔。”(《述而》)以及他说的“知之者，不如好之者；好之者，不如乐之者。”(《雍也》)其中最著名的当属称赞颜回身处贫贱而不坠精神、不丧失其人格独立的乐观精神——“孔颜乐处”：

> 子曰：“贤哉，回也，一箪食，一瓢饮，在陋巷，人不堪其忧，回也不改其乐。贤哉，回也！”(《雍也》)

从日常生活中的各种“简单的快乐”，到认识世界的认知之乐，到朋友之间的信任与情感思想的交流，再到在自然中获得心灵的平静安慰，精神得以寄托，最后，形成一种生活态度，一种人生状态，孔子的“乐”层次丰富，内涵深厚，既是生命精神的状态，也包含道德人格的内蕴，可说是蕴含了审美和道德的人生化境。

正是由于有这种“乐活”的精神，平淡的生活才可以被审美地“点化”，人生才能变得“有味道”“有意味”“有意思”，也才值得人去“活”。儒家文化两千多年来被定为中国文化的“正统”，屡次遭受冲击而不衰，说明它的确有某种值得人们去挖掘的精神内涵。在当今这个强调感性的时代，如何赋予感性以一种内在的理性精神，如何让物质性的生活具有诗性的光辉，是一个宏大的课题。

二、“逍遥”精神

陈鼓应先生曾言道，庄子哲学对于人生既非出世，亦非厌世，而是一种“逍遥”。这种所谓“逍遥”，其实是在无可奈何之际的一种选择。因为庄子时代，战乱频繁，人命如蝼蚁，朝不保夕。作为关注个体生存状况的庄子，首先要关注的当然是如何在这样一个混乱的时代里活下来。在“苟全性命于乱世”的前提下，寻出一点活着的“味道”与“意义”来。在这个背景下，“活着”本身就是“意义”，所以他“宁其生而曳尾于涂中”，而不愿“死为留骨而贵”①，宁

① 《庄子·秋水》：庄子钓于濮水。楚王使大夫二人往先焉，曰：“愿以境内累矣！”庄子持竿不顾，曰：“吾闻楚有神龟，死已三千岁矣。王巾笥而藏之庙堂之上。此龟者，宁其死为留骨而贵乎？宁其生而曳尾于涂中乎？”二大夫曰：“宁生而曳尾涂中。”庄子曰：“往矣！吾将曳尾于涂中。”

愿做一棵活着而“无用”的大树，而不愿因为“有用”而被砍伐[①]。

然而，若仅仅如此，《庄子》就不会成为千古名篇，吸引无数文人骚客反复阅读和注释，甚至被尊奉为“经”。《庄子》蕴含着极为丰富的哲学和美学思想，它本身亦可作为水平极高的文学文本。就美学而言，庄子不仅为我们创造了逍遥游、大鹏、心斋、坐忘、见独、坐驰、真人、至人、神人、圣人、栎树、离形得知、正味、正色、道通为一……诸多概念与范畴，更于儒家之外，在中国美学史上确立了另一条人生美学的路径，即通过齐物我、泯是非、越生死而达到心胸澄明的审美境界，从而超越世俗社会生活与伦理羁绊，实现广阔的心灵自由的“逍遥游”。

“逍遥游”用现代的话来说就是一种审美之游，一种心灵摆脱物欲羁绊而自由任情、高度愉悦的审美历程，它是现实的，更是超越现实的；是审美的，也是艺术的；是感性的，也是理性的；是肉体的，更是精神的。庄子的时代，正是政治上最黑暗、混乱的时代，庄子所要探寻的是，人如何在这样一个混乱不堪、生命危如晨露的时代里生存下去，并维持自由的精神和心灵。外在的命运是无法控制的，但自己的精神境界却可以由自己支配。命运尽管坎坷，境遇尽管严苛，自己的精神却须超越外界的控制，实现自我对环境的突破，精神对物质的超越，心灵对现实的升华。

“逍遥游”作为审美之游有以下特点：

首先，逍遥游必须有精神上磅礴广阔、自由翱翔的天地，像大鹏一样展翅高飞，而不是斤斤计较于眼前得失、眼光像斥鴳一样短小浅薄。眼界需宽，境界要高，目光须远，翅膀必大。大鹏的存在本身就是一个巨大的事实，而

① 《庄子·人间世》：匠石之齐，至于曲辕，见栎社树。其大蔽数千牛，絜之百围，其高临山，十仞而后有枝，其可以为舟者旁十数。观者如市，匠伯不顾，遂行不辍。弟子厌观之，走及匠石，曰：“自吾执斧斤以随夫子，未尝见材如此其美也。先生不肯视，行不辍，何邪?”曰：“已矣，勿言之矣！散木也。以为舟则沉，以为棺椁则速腐，以为器则速毁，以为门户则液樠，以为柱则蠹，是不材之木也。无所可用，故能若是之寿。”匠石归，栎社见梦曰：“女将恶乎比予哉？若将比予于文木邪？夫柤梨橘柚，果蓏之属，实熟则剥，剥则辱。大枝折，小枝泄。此以其能苦其生者也。故不终其天年而中道夭，自掊击于世俗者也。物莫不若是。且予求无所可用久矣！几死，乃今得之，为予大用。使予也而有用，且得有此大也邪？且也若与予也皆物也，奈何哉其相物也？而几死之散人，又恶知散木!”匠石觉而诊其梦。弟子曰：“趣取无用，则为社何邪?”曰：“密！若无言！彼亦直寄焉！以为不知己者诟厉也。不为社者，且几有翦乎！且也彼其所保与众异，而以义喻之，不亦远乎!”

一旦它飞翔起来，其震动的何止一城一池，一国一地，乃是天下苍穹，是整个世界。鲲鹏的精神所体现的境界是一种伟大、宏阔、壮美之境，也就是西方人讲的崇高：北冥有鱼，其名为鲲。鲲之大，不知其几千里也。化而为鸟，其名为鹏。鹏之背，不知其几千里也。怒而飞，其翼若垂天之云。（《庄子·逍遥游》，以下引此书只注篇名，不再注书名）

其次，逍遥之游是人与自然精神的一种交流融合，它强调的是人对自然精神的学习与体察，是人以其心灵去领会和把握天地自然之精神，超越自我的局限性和个体生存的有限性，实现“以天合天”“独与天地精神往来”。中国古代社会作为一种农耕文明，人与自然环境之间始终有一种血肉相连、骨肉相亲的内在联系，人对自然有一种天然的亲近之情。无论是在农业生产中，还是在日常生活中，人们遵循自然规律，日出而作，日入而息，顺势而为，应运而行。在这个过程中，自然之精神浇灌了人之灵性，而人的理性与德性则为自然增光添彩。在庄子笔下，正因为有人与自然的这种内在性关联和精神的交流，人便可以在顺应自然而为的基础上超越个体的有限性，达于无限的自由精神境界。

最后，逍遥之游所达的是一种“无待”之境。“若夫乘天地之正，而御六气之辩，以游无穷者，彼且恶乎待哉！”（《逍遥游》）

所谓“无待”之境，不仅是要从名利、得失、是非各种现实的计较追逐中解脱出来，对这些人们一向看重的现实问题抱以超越的心境，而且，还须超越自己本身的生死。《齐物论》讲“彼亦一是非，此亦一是非”。当我们不是站在某种偏狭的立场，而是站在一个更为广阔视野上，则可以发现自己原来所坚持的那些是与非，便是无足道的。因为从另一方面看，事情便会有另一角度，另一种解释。如果说“是非”还只是关涉人们对某物或某事的评价，则“名”与“利”更直接关涉切身利害，一般人很难摆脱这二者的羁绊。“小人则以身殉利；士则以身殉名；大夫则以身殉家；圣人则以身殉天下。故此数子者，事业不同，名声异号，其于伤性以身为殉。”（《骈拇》）在庄子及其后学看来，利、名、家、天下，都不过是人们拼命追求的外物罢了，可就是有人不惜以身殉之。这都是作茧自缚，得不偿失。对于生与死，庄子更是给出了一种超然态度。在“鼓盆而歌”的寓言中，庄子说，人一开始无生、无形，亦无气；之后，有了气、形、生。而死不过是变回之前的状态而已，犹如四季运行周而不殆，因此所谓生与死是一件很自然的事，没有必要悲哀。“察其始而本无生；非徒无生也，而本无形；非徒无形也，而本无气。杂乎芒芴之间，变而有气，气变而有形，形变而有生。今又变而之死。是相与为春秋冬夏四时行也。”(《至乐》)其实，是非、名利、生死，在道家的视野中其差别性并非像人们所想的那么重要。“故为是举莛与楹，厉与西施，恢恑谲怪，道通为一。”(《齐物论》)由此，“不以物喜，不以己悲”，齐生死，泯是非，把自己的精神与自然之精神混融为一。“乘云气，骑日月，而游乎四海之外，死生无变于己”(《齐物论》)，达到真正自由的境界。用现代语言来说，这正是一种审美与道德的至高境界。

所谓“无待”之境，建立在如大鹏那样具有宏阔高远视界和磅礴万钧的力量基础之上，其主体须具有理性的清明和超越的心胸，从而达到的主客合一、天人合一之境。《逍遥游》里，庄子谈到人生四种境界。

第一种境界，大鹏的境界：视界高远，磅礴万钧，雷霆奋发：

> 穷发之北，有冥海者，天池也。有鱼焉，其广数千里，未有知其修者，其名为鲲。有鸟焉，其名为鹏，背若泰山，翼若垂天之云，抟扶摇羊角而上者九万里，绝云气，负青天，然后图南，且适南冥也。斥鴳笑之曰：“彼且奚适也？我腾跃而上，不过数仞而下，翱翔蓬蒿之间，此亦飞之至也，而彼且奚适也?”此小大之辩也。

在这种小大之辩中，大鹏之境呈现出雄浑博大、辽阔高远的壮美特征，这是斥鴳永远无法达到的，斥鴳的体积、眼光、能力都限制了它，正如庄子所言，“朝菌不知晦朔，蟪蛄不知春秋”，这是由其天生的条件所局限的。但与朝菌、蟪蛄这些具有先天性的局限性的生物不同，人是有精神的，人的精神使他可以超越自己存在的局限性，达到大鹏那样的高远宏阔的境界。

第二种境界，宋荣子的境界：定乎内外之分，辩乎荣辱之境。

> 举世而誉之而不加劝，举世而非之而不加沮，定乎内外之分，辩乎荣辱之境，斯已矣。彼其于世，未数数然也。虽然，犹有未树也。

宋荣子的思想与道家思想是非常接近的，《庄子·天下篇》说他“不累于俗，不饰于物，不苟于人，不忮于众。”“见侮不辱，救民之斗。”这里说他是“举世而誉之而不加劝，举世而非之而不加沮”，特立独行，不受世俗社会评价的影响，而是听从自己内在精神的引导。“誉”与“非”都是外在的评价，独立自主的精神则是内在的。外在的赞誉对内在的精神无所补益，因此，哪怕是“举世而誉之”，他也并不更加努力；外在的非难对内在精神也无所损伤，因此，哪怕是“举世而非之”，他也不沮丧。这与庄子所主张的独立无羁、不受任何束缚的自由精神是非常接近的。但是，庄子说宋荣子仍有未达到的境界，这就是下文所言之“无己”“无名”“无功”之境。

第三种境界，列子的境界：“御风而行”。

> 夫列子御风而行，泠然善也，旬有五日而后反。彼于致福者，未数数然也。此虽免乎行，犹有所待者也。

列子的境界已非常接近于庄子的理想境界，御风而行，轻然曼妙，逍遥无羁，无论是内在精神，还是外在形象都达到了相当高的审美境界。但是庄子认为列子的御风而行还是要有所凭借，还未达到“无待”之境。

所谓“无待”之境，这是庄子理想中的人生最高境界。

第四种境界，最高的境界：“无待”。

> 若夫乘天地之正，而御六气之辩，以游无穷者，彼且恶乎待哉！故曰：至人无己，神人无功，圣人无名。

六气即阴、阳、风、雨、晦、明。“天地之正”“六气之辩”都是自然本身的性情与运动，不以人的意志、情感为转移，人类只要顺应自然万物的本性，因势而为，顺时而动，其精神与自然之精神便可以真正合而为一。如此一来，人又何所凭借？他必然是无所待于世，无所待于人，无所待于己。因此，至人、神人、圣人是无己、无名、无功的，他们的自我、名位、功业已化作自然本身的一部分，所以能够超越是非，勘破生死，同与天地万物游，上下与天地同流，这也就是“物化”之境。物化，用现在的哲学话语来说，就是“人的自然化”。人与自然之间，不再有主体与客体之别、自我与对象之分。人以其整个身体和心灵去体会、感悟、欣赏自然之美与精神。这时，人就是自然，反过来说，自然也就是人。因此，庄周梦蝶，不知是庄周梦见蝴蝶，还是蝴蝶梦见庄周。周与蝶，在一种混然泯灭物我之中达到同一中的分别。

美感指数：意义、构成、方法

史　红

内容提要：“美感指数”是衡量人从审美客体获得的主观愉悦感受、体验的具体程度的数值，是表征审美客体在审美主体内心所产生的美感强度的符号，是一个反映社会的审美化、人的审美能力的综合性美学指标体系。美感指数主要测量客体的完美性、和谐性的水平，主体美感的强度和频率。客观性美感指数采用形成性模型，主观性美感指数采用反映性模型。美感指数是客观性与主观性测量结合的多维度测量，也是“个体美感指数”“群体美感指数”的综合统计的结果。美感指数测量方法有组合式、自呈量表式、问卷调查式、语义差异式、体验采样式等。

关键词：美感　指数

幸福指数研究是社会学研究热点。幸福感表现为对生活的客观条件和所处状态以及生活的主观意义和满足程度的心理状态，衡量幸福感具体程度的主观指标数值就是幸福指数。对幸福指数的研究国外有美国经济学家萨缪尔森给出的计算幸福的方程式：幸福＝效用/欲望，幸福与效用成正比，与欲望成反比。英国新经济基金组织与英国地球之友组织公布的《幸福星球指数》的报告中：幸福星球指数＝生活满意度×预期寿命÷生态足迹。英国的著名心理学家科恩等人提出的幸福感的计算公式：H＝P＋5E＋3H。其中，P代表个人性格(包括个性、应变能力、适应能力、人生观、世界观、忍耐力等)；E代表生存需求的满足(包括健康、交友情况、财富等)；H代表高级心理需求的满足(包括自尊、自我期望、雄心、幽默感等)。莱芙(C. Ryff)与凯斯(Keyes)构建了心理幸福感的六维度结构模型，制定了《Ryff多维心理幸福感量表》。国内学者从个体、亲情、收入、职业、社会和生态6个方面构建了《快乐指数调查量表》。幸福指数关系到社会和谐，关系到国民的幸福感，涉及经济学、政治学、心理学等诸多问题，所以引起世界性的广泛关注，成为一个时代的共同论题。与幸福指数相近的"美感指数"却从未有人提出，更无有关研究。美感与幸福感既相似又相异，美感主要关乎精神需求的满足感，幸福感主要关乎对物质需求的满足感，美感与幸福感又互相渗融。"美感指数"是客体的美的感染力、人的审美能力的风向标。鉴于目前学界没有关于此问题的研究，故抛砖引玉提出一个新概念，希望以此推动学术研究、审美创造、社会文明，提升人的综合审美能力以及审美素养，成为审美的人。

一、美感指数的概念与意义

由审美对象引起人的愉悦、快乐、美好的心理状态的美感具有多种含义、多种层次，涉及感受、想象、理解、反映、判断、评价等方面内容。从整体上说，美感是一种快乐感、愉悦感。人的美感有知觉型反应与运动型反应，前者是引起人的视听觉方面的意象，后者是包含"动作和姿势的感觉，轻微的筋肉兴奋以及视觉器官和呼吸器官的运动"。① 从美学上说，美感表现为复杂性、丰富性、自由性、超越性、模糊性等。由于美感及其表征所带的神秘色彩，使得很多美学家把美感当作了不可测对象来对待。阿诺·理德说："审美经验和审美对象是一种无从捉摸而微妙的东西，稍一接触它就消散了。我们认为我们的对象是实体的、有色的、能引起共鸣的，但我们碰到的却是一块潮湿而正在消散的云雾或只能闻到一息正在飘走的烟雾。"②由于美感的一种不可思议的、笼罩着面纱的神秘气氛，使得我们只能看到其模糊的轮廓。雷默(Remier，1970)认为审美体验有审美知觉和审美反应两种，审美反应与审美知觉(包括一系列客观的行

① ［德］谷鲁斯：《美学导言》，转引朱光潜《西方美学史》(下)，北京：人民文学出版社，1981年，第619页。

② ［英］阿诺·理德：《美学研究》，转引朱狄《当代西方美学》，北京：人民出版社，1984年，第165页。

为，如辨认、识别、匹配等)不同，其本质是主观的，因而也是不可控制和不可测量的。[①] 从现象主义角度看，美感是一种经验，是一种内省的、只能被个人直接感受的心理现象，主体的这种感受是不可再分析的终极陈述。

面对神秘的美感，以往美学界关注的是审美主体的人面对审美客体时如何在心理产生组织、构造机制的？这一心理机制有怎样的产生、变化过程？这是对美感的传统的理论研究，那么美感是否只能进行质性研究，不能进行量化研究？从认识论的经验观念角度看，经验要根据它涉及的直接的、非推理性的知识，即经验的表征内容来刻画。以此观念进行延展就是美感作为经验，就应当深入研究其表征内容与特点。从认识论角度说，情感是认识或解释世界的一种方式。古德曼认为美感担负着认识的功能，“审美经验中的情感是识别一件作品所具有的表现性的手段”。[②] 即美感可以作为识别审美客体表现特性的工具。卡罗尔提议从“内容导向”(content oriented)的途径来描述审美经验。[③] 审美经验的本质是对审美客体诸形式和特征的揭示或表示，即美感是对对象的认识。这是一种认识论的立场，是对美感产生的原因与条件的客观性的说明，它需要用审美客体的物理特征来解释。它反映出了当代美感研究的认识论的转向，关注点为：其一，审美客体的情感表现；其二，情感唤起的作用。对第一点，不同物理特征的审美客体的情感表现是不一样的，可以量化研究；对第二点，不同情感唤起作用不一样，也可以量化研究。法国当代美学家于斯曼在《美学》(1954)中表示：“现实的美学当前只有两条道路：要么沉人浮夸之中，要么变成为一门科学。”“如果美学拒绝成为严密的、精确的、实证的，它就不能存在下去”。[④] 应该承认，美感里面的确有一些“虚态”“想象”成分，它们很难进行量化、实证研究，但是从对美的认识与研究的角度来讲，人们不能仅仅满足于用形而上学的哲学思辨来探求美感抽象本质特征，也不能永远局限于在对美感的模糊经验描绘上而停滞不前。再进一步说，美感是否只能是笼统的、朦胧的描述，不能有程度、等级区别的量化研究？

---

① 转引自[美]马德森、布里廷、卡帕莱拉一谢尔登著，刘沛译，《音乐审美体验测量的一种实证办法》，《黄钟》(武汉音乐学院学报)，1996 年第 1 期。

② N. Goodman. *Language of Art*：*An Approach to a Theory of Symbols*，Indianapolis：Hackett，1981，p. 246.

③ N. Carroll. “Aesthetic Experience Revisited”，*The British Journal of Aesthetics*，Vol. 42(2002)：147-167.

④ [法]于斯曼著，栾栋、关宝艳译：《美学》，北京：商务印书馆，1995 年，第 141 页。

从心理学上讲，人的情感根据价值的动态变化，即确定性与不确定性的特点，分为确定性情感、概率性情感。针对美感而言，它是由审美客体引起人的审美刺激而产生的愉悦感受，是审美需求的态度体验，也是对审美客体所具有的明确审美价值的主观反映，只是表现为神秘感而已。根据审美客体的价值确定的大小不同，美感的程度就会不同，即美感以审美价值为基准而出现差异，美感基本上会与审美价值保持复杂的多元变量的函数对应关系，但也具有一定的独立性。在情感强度和刺激强度的函数关系上，韦伯与费希纳有深入的研究。韦伯主要研究“最小可觉差”，即感觉的差别阈限随原来刺激量的变化而变化，而且表现为一定的规律性，用公式来表示，就是 $\Delta I/I=\mathrm{K}$（其中，I 为原刺激量，ΔI 为此时的差别阈限，K 为常数，又称为韦伯率）。这里韦伯分数越小，美感程度的差异就越灵敏。费希纳研究的是情感强度和刺激强度的对应关系。他们根据研究发现，人的情感程度的增加落后于客体的刺激强度的增加，客体的刺激强度取决于几何级数增大时的物理量，而人的情感仅据算术级数增长。客体的刺激强度必须达到一定比例，才能引起主体的差别感觉。他们由此得出了“韦伯—费希纳定律”，情感强度与事物的价值率高差的对数成正比，即$\mu=\mathrm{K}m\log(1+\Delta P)$，$Km$ 为强度系数，ΔP 为价值率高差，μ 为情感强度。价值率高差即事物的价值率与主体的平均价值率之差。这一定律说明，人对审美客体的价值特性可以通过美感强弱反映出来。当审美客体的价值率高差大于零时，人通常会产生愉快的审美情感，价值率高差的绝对值越大，美感的强度就越大，并会驱使、诱导审美活动数量的增加，但是审美客体价值率高差将会随着审美活动的增长而下降，美感的强度也随之下降；当某一客体的价值率高差小于零时，人通常会产生反面、负向的非美情感，价值率高差的绝对值越大，非美情感的强度就越大，从而调节人背离该客体，导致其价值率高差将会随着作用规模的缩小而上升，非美情感的强度也随之下降；当审美客体的价值率高差等于零时，人通常不会产生美感，从而维持了客体原有的作用规模。美感强度与审美客体的审美价值含量有一种多层次、多形式、非线性的对应关系，与审美客体价值含量的对数成正比关系。可以说，强度性是美感的重要动力性之一，体现了美感的个性特征。显然，可以对美感进行量化研究，判断其不同的程度。

与美学界关于美感的思想性、思辨性的丰硕研究成果相比，美感量化的研究几乎寥寥无几、极为匮乏。一方面，人们认为模糊的美感无法度量，另一方面科学研究又需要对美感进行量化测度。理论的逻辑漏洞和实践的实际需求，均要求填补美感测度研究的空白。为了更好地、科学地深入研究美感，笔者认为可以建立一个新的美学概念——美感指数，以此来衡量、标示人来自审美客体而获得的主观愉悦感受、体验的具体程度的数值。从概念角度看，美作为一个概念是无法测量的；从感受角度看，美作为一种情感体验则是可以衡量的。简言之，美感指数就是表征审美客体在审美主体内心所产生的美感强度的符号。

美感指数具有多重意义。从客体方面说，它可以作为衡量审美客体的审美价值等的重要指标，以检测审美客体内在与外在的综合表现、展示水平。就艺术作品而言，要提高美感指数，就要遵循形式美规律，提高客体的审美表现水平；增强艺术作品内容的思想性、深刻性、意蕴性，增加其审美价值含量。在艺术设计方面，在产品设计导向由市场转向用户的趋势下，如手机、汽车等将设计焦点放置于美感，即增加了产品的美感指数，用产品激发用户的愉悦感。在社会领域，美感指数是衡量社会文明和谐程度的尺度。社会现象、事物的美给人的美感指数的大小，反映社会审美化的程度。从主体方面说，美感指数可以作为考察人的审美能力、审美素养等人的美育程度的指标，它使人了解自我的美感的灵敏程度。个体的美感指数高低与美育关系密切，美感可以促使人的审美感受力、理解力、想象力等能力的提升，人的审美感觉越敏锐，审美理解越深刻，审美想象力越丰富，人的美感指数越高。美感指数是美育的风向标。

费希纳凭《实验美学论》(1872)和《美学导论》(1876)所创立的实验美学，试图利用一种描述量表对人的审美体验及其通过艺术作品获得的美感做出分类和概括，这也可以视为是对美感指数的研究。美感指数不会因为其量化表现而取消美感的价值和意义，而是更深入地探究精神世界的美感与物质世界的复杂关系，更多维地理解美感的价值与意义，成为美感形而上抽象研究的补充。

二、美感指数的构成与指标

美感指数检验的是感觉的敏感性，即对审美客体的“突出、具体、鲜明特性的敏感”程度。① 就美感指数构成而言，它是人的愉悦感受与审美客体的结合、交融。美感指数主要测量客体的完美性、和谐性的水平，主体美感的强度和频率。那美感指数有无标准？其标准即为审美标准，它是衡量、评价对

① [美]坚尼·布鲁克尔著，朱龙华译：《文艺复兴时期的佛罗伦萨》，北京：生活·读书·新知三联书店，1985 年，第 309 页。

象审美价值的相对固定的尺度。客观共识性、有效性，是审美标准的根本特征。在门罗看来，“用精确的测量方法对美学进行研究，那是极为困难的”，“从广义上理解，美学研究中实验态度，应该是那种尽量利用从各种可能的研究途径和方式中所得到的有关审美经验的本质的全部线索的态度。这就是说，要把一切可能得到的线索合并在一起，在此基础上，通过归纳和对假说的验证，提出一些初步的综合。”①

美感指数指标的建立不是唯一，可以根据不同的理论构念与指标的内在逻辑关系，区分为反映型指标（reflective indicator）与形成型指标（formative indicator）。反映型指标是美感指数构念的外在表现，因果方向由构念指向指标。在内容上，这些是相似的或相近的，减少指标不会影响美感指数构念的内涵。在关系上，这些指标彼此共变。在目的上，在于对美感指数构念的外在表现进行多方面的测量，从而减少美感指数总体的测量误差。形成性指标是美感指数构念的组成部分，指标指向构念。在内容上，这些指标不需相似或相近，不需围绕一个共同主题，指标的减少会直接影响构念的内涵。在关系上，这些指标不是彼此共变的，而是相互独立的。在目的上，是从不同方面建构完整的美感指数。

就美感指数构成因素而言，第一方面是客观因素，主要有形式、内容等。审美客体的形式因素涉及形状、声音、色彩等以及形式美规律。柏拉图对形式美的规定是尺度合适性和合比例，亚里士多德在《政治学》中提出“美要由体积和有秩序的安排所组成”，在《形而上学》中把“秩序、匀称和明确”当作形式美要素。托马斯·阿奎那的美的原则是：一是完美和完整；二是比例适当；三是色彩鲜明。毕达哥拉斯创立的黄金分割律是检测客体之美的最为客观的标准。古罗马建筑师维特鲁维在《建筑十书》中说，“在神庙中，均衡可以以柱径、三陇板或任何一种尺度作标准来加以计算。”法国画家普桑认为“如果事物具有秩序韵律和形式，那么美的观念就会灌注于其中”。博克谈美的物理性状时说，“小、光滑逐渐变化、不露棱角、娇弱以及色彩鲜明而不强烈”是美的。贺加兹说，“柔美的曲线是最美的线形”。客体色彩协调的指标有：(1)完整（不残缺）；(2)平衡（不动荡）；(3)主次分明（不杂乱、不单调）；(4)温和自然（不刺激、不突兀）；(5)干净明朗（不老旧、不沉闷、不浑浊、不晦涩）；(6)鲜活润泽（不漂浮、不苍白、不焦枯、不干涩）。② 这些使人产生美感的形式因

① ［美］门罗著，石天曙、滕守尧译：《走向科学的美学》. 北京：中国文联出版公司，1985 年，第 18 页。

② 杨剑涛：《色彩审美标准建构》，《美术大观》，2012 年第 5 期。

素具有丰富性、多样性等特性。审美客体的内容因素涉及高度(崇高的理想、理念、思想感情、趣味、追求、精神境界等)、广度(思想感情)、深度(造诣、内容、整体)、精度(精彩、精要)。以上这些内容共同构成“美感指数”的客观形式与内容元素，每个指标的删除都将直接减少“美感指数”所测量的项目，每个指标涉及不同方面，各自独立，指标间并不具有高关联性，适合采用形成性模型设计指标。(见图 1)

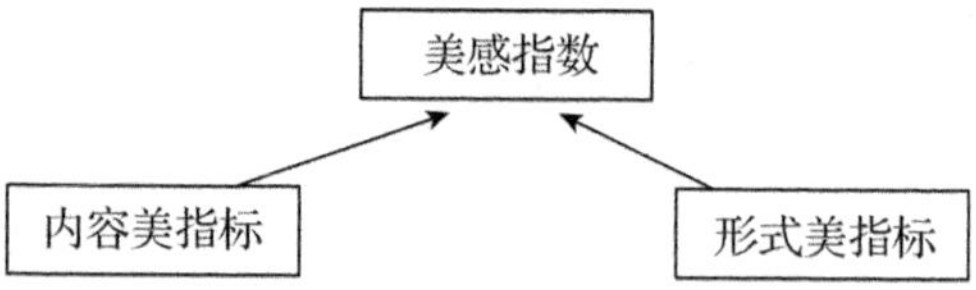

图 1　客观性美感指数形成性模型

以形成性模型构建的客观性的“美感指数”包含形式之美指标、内容之美指标，在权重上，形式与内容占比相等。(见表 1)

表 1　客观性美感指数评价指标

一级指标	二级指标	三级指标	比重(1)
形式	形状	完整、完美	0.5
	比例	适当、黄金分割率	
	色彩	平衡、明朗、干净、温和	
	节奏	宜人	
	旋律	优美、流畅	
内容	高度	崇高理想	0.5
		高雅趣味	
		精神境界	
		审美追求	
	深度	造诣	
		思想	
		整体	
	广度	思想感情	
	精度	加工程度	

“再现我们内心生活的统一性、个别性和复杂性的概念”①的美感包含对审美客体的评价与价值的反映，是一种揭示审美客体特点与本质的方式。美感涉及感知、想象、理解、判断、评价等元素，表现为自由、和谐、满足、超越、愉快等心理特征，并且往往是内隐的、无法直接测定的，但可以通过有关语言、行为推断。美感也是复杂的，并不完全与外部行为同步。对主观性“美感指数”测量主要适宜采用反映性模型来进行，包括：(1)审美感知程度(感觉、知觉)；(2)审美想象程度；(3)审美理解程度；(4)审美判断程度；(5)审美评价程度。(见图 2)

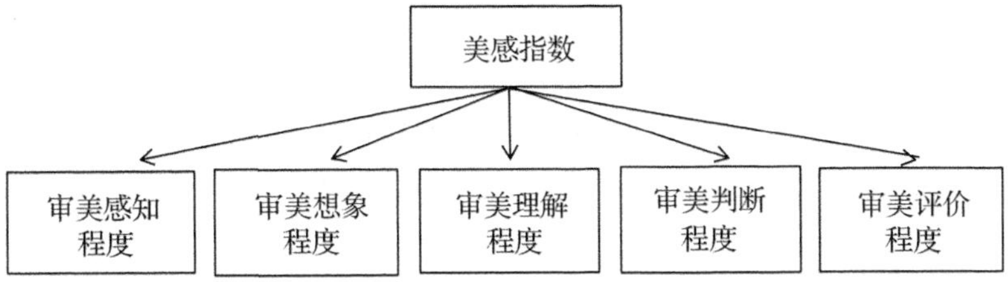

图 2　主观性美感指数反映性模型

这些指标都是主观性美感的反映，以五级计分法来区分强弱程度、准确程度。(见表 2)

表 2　主观性美感指数评价指标

内容 \ 分值	5	4	3	2	1
审美感知程度	很强	强	中等	弱	很弱
审美想象程度	很强	强	中等	弱	很弱
审美理解程度	很强	强	中等	弱	很弱
审美判断程度	很准确	准确	中等	不准确	很不准确
审美评价程度	很准确	准确	中等	不准确	很不准确

对美感来说，审美客体是“使我感到愉快的对象”，审美主体是“感到愉快的自我”，二者是不可分割的同一个自我，反映的是直接经验的自我。“它是对于自我的欣赏，这个自我就其受到审美的欣赏来说，却不是我自己，而是

① [美]苏珊·朗格著，滕守尧、朱疆源译：《艺术问题》，北京：中国社会科学出版社，1983 年，第 6—8 页。

客观的自我。”[①]所以，“美感指数”不能将“愉快的对象”与“感动愉快的自我”割裂开来。根据测量的内容，可以说客观性“美感指数”是一种现象性测量，主观性“美感指数”是一种感受性、程度等级式测量。“美感指数”不是单一维度测量，而是客观性与主观性测量结合起来的多维度测量。

美国学者G. 伯克霍夫在《审美测量》(1933)书中，提出如下公式：M=O/C。M是审美感受的程度，C是审美对象的复杂程度，O是审美对象的品级。在这个公式里，审美感受的程度与品级成正比，而与复杂性成反比。即审美对象C结构愈简单，人花费精力愈小，其品级O越高，美感程度M就愈大。这一公式是对审美指数的内在构成因素和组成部分的研究，研究的是美感程度与审美客体的品级与复杂性之间的关系，但是忽视美感的个性差异、教养和趣味的影响。这说明，在美感指数之外，还要考虑对美感指数会产生一定影响的因素，即X因素，X就是美感指数的变量。这些变量因素主要有：第一，个体特征。如性别、年龄在美感上的差异。第二，文化。如文化程度、层次、背景对美感的影响。第三，民族。如不同民族的审美理想、审美标准、审美类型对美感产生不同的影响。第四，宗教。如不同宗教的审美要求、审美尺度、审美规范对美感产生不同的影响。只有多维度地整合这些变量，“美感指数”才更为准确。

美感存在个体美感与共同美感之别，“美感指数”也有“个体美感指数”“群体美感指数”之分。“美感指数”既要重视个体美感差异，也要重视群体美感的整体共性。“个体美感指数”主要是获取个体对审美客体的感受程度，这主要关系个体的审美素质、审美能力、审美水平等，而“群体美感指数”则是获取一个群体对审美事物的感受程度，这就涉及大范围的社会性审美现象，可以反映出社会性的美的创造力、表现力、审美趣味、审美理想、审美风格等。全面、客观、完善的“美感指数”是对“个体美感指数”“群体美感指数”综合统计、分析的结果。

三、美感指数的研究方法

“美感指数”研究方法是多样的，可以是分析、思考、归纳、总结、演绎的研究，也可以是实验、测量、观察、调查、统计等的研究，前者是理论性研究，注重美感指数的本质、特点、规律等内在意义、价值的阐释，其哲学

① 朱光潜：《西方美学史》，北京：人民文学出版社，2003年，第610页。

思辨色彩浓厚；后者是实证性研究，注重美感指数所反映的现象、关系、数据等的外在描述，其科学色彩浓厚。

关于对人的美感反映的实证研究，在19世纪中晚期，实验美学的早期实践者就开始寻求人对色、形、音等刺激物的偏好和趣味次序。20世纪，柏莱因(Berlyen，1974)提出"新实验美学"的概念，重点研究审美刺激和反应中的两个关键因素，即非言词行为的观察结合审美体验的言词描述，以及心理反应和审美反应之间的关系。实验美学是神经美学之母，探讨美感的神经机制是神经美学(Neuroesthetics)的研究内容。神经美学在绘画、音乐和舞蹈等领域的研究已取得一定成果，主要有：第一，视觉艺术审美认知的神经机制。第二，听觉艺术审美认知的神经机制。第三，审美体验的神经机制。第四，认知神经审美加工的模型。国内有学者曾经对美感的情绪维度进行过实证研究，发现优美的情绪特征为高愉悦度、较高唤醒和高优势度，壮美的情绪特征为中偏高的愉悦度、高唤醒和高优势度，喜剧的情绪特征为高愉悦度、高唤醒和中偏高的优势度。从愉悦度特征来看，优美、壮美、喜剧均为积极情绪类型。对4种美感体验类型的情绪维度进行方差分析，结果是愉悦度的 $F(3, 57)=125.95(P<0.001)$，唤醒度的 $F(3, 57)=2.89(P<0.05)$，优势度的 $F(3, 57)=6.89(P<0.001)$，说明各类美感类型在3个情绪维度上都存在显著差异。[①] 还有学者研究产品情感及情感测量的关键技术，区分了基于心理学的生理、心理反应的测量技术。前者包括器械测量、表情与行为观察法、综合测量、软件测量；后者包括言词式自我报告法与非言词式自我报告法。[②] 其测量技术较为成熟，可以为"美感指数"测量所借鉴。

从实证主义角度看，科学研究主要是对现实世界进行实验获得数据，进行统计分析得出相应结论。"美感指数"作为一种测量，是用数量的方式描述美感所具有的特质或表现。进行准确的"美感指数"的主观美感测量是困难的，是一个巨大的挑战。"美感指数"测量方法主要有以下几种：

一是组合式测量。美感由客观与主观两方面构成，分别设计不同的项目进行测量，再进行加总。测量时可以采用李克特量表(Likert Scale)的五等级方法，把测验的美感分为"非常美""美""不确定""不美""非常不美"五级；也可以采用七等级计分法，分为"非常美""比较美""美""不确定""不美""比较不美""非常不美"，以此表示美感的强弱，总计分数愈高，表示美感指数愈高。

---

① 陈丽君等：《美感体验与积极情绪关系的实证研究》，《西南师范大学学报(自然科学版)》，2012年第10期。

② 林丽等：《产品情感研究及情感测量的关键技术》，《图学学报》，2013年第1期。

二是自陈量表式测量。这是以自我报告的形式检测美感程度，它可以测量外显行为，如审美态度、审美倾向等，也可以测量自我感受，如兴奋、喜悦等。题目可以涉及审美态度、审美兴趣、审美判断、审美价值观等维度，被试者要表明每个叙述句和自己的情况相符合的程度，或对每个题目的同意程度。它可以测量多维度的美感个性特征。但是有可能审美个体因为迎合、防御等心理导致失真，同时也会有随机性误差。

三是问卷调查式测量。首先是建立美感指数评价体系，将每个指标标准化，然后计算单个指标的指数，再加以权重，最后综合形成美感指数。这其中可以让审美个体按照规定的审美标准对提供的答案进行审美判断或审美评价，进行评定量表式的测量。另外，也可以让审美个体对提供的几种答案按一定的美感程度标准做出顺序排列，以确定顺序，进行测量。

四是语义差异式测量。语义分化(semantic differentials)是美国心理学家奥斯古德发明的一种态度测量技术，主要通过记下性质完全相反的不同词汇的反应强度进行测量。它可以采用数值的形式评分，把各个尺度集合为一个分数，以此表明审美个体总体的美感强度。可将各审美客体测试的项目的得分加总，用以比较不同测量审美对象的偏好等级。它可以有效地描绘审美客体的形象，同时也可以测量出审美个体的美感中有关审美态度的信息。

五是体验取样式测量。即密集纵向的方法(intensive longitudinal method)。这是多次、重复收集审美主体在短时间内的即时的美感体验并对其记录的方法。它可以减少变量对美感的影响而形成的偏差，也可以更为有效地研究个体变量随时间或场合而变化的轨迹及其相关因素。这是从微观个体的视角研究单变量的变化规律、不同层次变量间的变化规律及其他变量间的关系。采用这一方法时，需要根据“美感指数”确定取样的方式，包括样本数量、每日收集数据的次数和总的时间长度。它的目的是发现影响“美感指数”变量之间的因果关系、动力过程与时间效应。

人的美感虽然具有内隐性，但还是可以通过内外生理、心理表现、反映测得。美感的外显表现测量可以有：第一，生理测量，包括皮肤电反应或心脏血管反应；脑电反映；核磁共振成像的反映。第二，表情与行为测量，包括惊愕反应测量、声音特性测量、面部表情测量、身体姿势测量。内在反映测量可以有：第一，情绪词语测量。第二，联想和推理量表。① 关于美感引起的人的身心反映，有的领域已经开展了有关实验。如在美术方面，瓦塔尼亚

① 梁贤英、王丹、许远理：《情绪测量研究综述》，《黑龙江教育学院学报》，2010年第12期。

及戈埃尔指出人们欣赏美术作品中的人物面部而获得的美感使其大脑的眶额皮层、扣带回前部、左右侧脑岛、视觉联合皮层等部位，分别获得高水平的激活。① 这即是说，美术作品中的人脸会引起神经系统反应，产生较强美感，美感指数大。

与传统美学研究路径不同的是，神经美学开辟了神经生理学研究路径，它是神经生理学与美学的结合，为美感问题提供了新解释。"美感指数"需要神经美学的实验性支持。当然，也有学者因为神经美学的实验需要将审美问题简化为操作任务(例如偏好评分、美丽与否判断等)，对其分析审美行为的侧面并忽视其行为背景(context)的整体性所产生的结果的构念效度(construct validity)和生态效度(ecological validity)表示质疑。

综上所述，"美感指数"是美感研究的新角度，是美学的新概念，是一个反映社会的审美化、人的审美能力的综合性美学指标体系。这一指标涉及美学、心理学、生理学、教育学、社会学等多个领域与学科，指标内容的完善需要不断深化的多方面的探究。对它的研究不是单纯的定量研究，也不是纯粹的物理主义研究，而是美感的生理、心理结合的研究，定性、定量结合的研究，理论、实验结合的研究。从"指数"途径描述、研究美感，为把社会发展指向高度的精神文明之路，把人的发展引领至全面的自我完善的境界开辟了一条新思路。

① Vartanian O，Goel V. "Neuroanatomical correlates of aesthetic preference for paintings". *Cognitive Neuroscience & Neurophysiology*，2004，15(5)：893-897.

实践论美学的人学转向

石长平

内容提要： 实践论美学在经历了社会学美学和心理学美学的理论形态后，已逐渐向人学美学理论形态转进。人学美学深切关注人的生存状态和精神欲求，针对日益隔疏的人际关系和缺乏爱与信仰的社会现实，提出了自己的理论主张，开辟了实践论美学的又一研究方向。阎国忠教授近期对爱、信仰以及自然等问题深入系统的论述，是这一转向最为明显的标志。人学美学既是美学家们顺应时代要求的哲学思考，也是实践论美学在历史和内在逻辑上的必然延展。这些理论构建拓展了中国美学研究的学术空间，极大地促进了中国马克思主义实践论美学的当代转型。

关键词： 实践论美学　人学转向　爱与信仰

中国马克思主义实践论美学有一个基本的历史分期，其发生发展的逻辑线索和历史分期是：第一，萌蘖期，以20世纪30年代周扬的《我们需要新的美学》为代表；第二，确立期，以20世纪40年代毛泽东的《在延安文艺座谈会上的讲话》为代表；第三，转进期，以20世纪五六十年代李泽厚提出“美是客观性和社会性的统一”为代表；第四，完善命名期，以20世纪80年代的美学讨论为代表；第五，衍化期，20世纪90年代以后为衍化期。从其思想观点上可以界定为：周扬属于艺术论实践美学，毛泽东属于以人民大众为本位的实践美学，李泽厚属于客观社会论实践美学，朱光潜属于主客观统一论美学。在转承期，蒋孔阳、刘纲纪等人也以实践哲学为基点建构了各自的实践美学，如蒋孔阳的人生论实践美学、刘纲纪的实践本体论美学和周来祥的和谐论实践美学等。在衍化期，出现了朱立元的实践存在论美学、张玉能的新实践美学、邓晓芒和易中天的情感论实践美学等。纵观其历史发展线索，可以见出，实践论美学在不同历史时期其思想重心和理论旨归有所迁移，那就是由社会学向心理学转变，由此形成了社会学美学理论形态和心理学美学理论形态，这两种理论形态长期居于主流位置。但近一个时期以来，朱立元的实践存在论美学、张玉能的新实践美学，特别是近年来阎国忠先生的系列文章，更多地关注人的生存现实和精神状态。这就表明，当下实践论美学正在经历着人学转向，一种新的理论形态——人学美学正在形成，它最为明显地表现在阎国忠以"爱""信仰"等为核心范畴的新实践本体论美学思想上。①

一、人学与马克思主义美学

人学是关于作为整体的人及其本质的科学②，它从整体上研究人的存在、人性和人的本质以及人生价值、目的等基本问题。陈志尚教授界定了人学的研究对象，他认为，人学就是从哲学层面对人自身的反思，阐明什么是人和如何做人的基本原理。其中包括这样一些重大问题，如人类的生存、发展，人和社会、自然的关系，人的生产和物的生产的关系，人性和人的本质，人的社会性和阶级性，人的主体性、共性和个性，人的需要和利益，人的价值，人的平等、权利和责任，人的目的、信仰和理想，人的自由和解放，人的素质和全面发展，人道主义以及人的异化等问题。人学不同于人的科学，人的科学泛指关于人的各种科学，如人体解剖学、人才学等。也不同于人类学，人类学(Anthropology)这个词来源于希腊文，19 世纪开始形成一门学科，分为体质人类学和文化人类学，前者主要研究人类的体质形态、身体结构和人类的起源、人种的形成及发展规律，后者研究人类行为和文化产生的特征及其形成、发展规律。之后又衍生出众多的应用人类学。人类学与人学之间有着密切的关系，人学研究必须以古人类学的成果为基础，也离不开文化人类学的

① 本文主要观点参照阎国忠：《攀援集：经验之美与超验之美》，北京：中国社会科学出版社，2014 年。

② 黄楠森等主编：《人学词典》，北京：中国国际广播出版社，1990 年，第 1 页。

研究成果。但人学不局限于研究人的生物和文化特征，而是在人类学基础上从整体上对人的生存、发展的历史和现实的一些基本问题进行考察分析的学科。①

人学学科虽然形成很晚，但却是一种古老的哲学思想。中国古代“天道”“人道”“性善”“性恶”“义利”“理欲”等思想就是对人性、人生目的以及如何发挥人的主体性、如何实现个人的自我价值和社会价值等的讨论。在西方，古希腊思想家们已经对几乎所有的有关人的理论问题进行了思考；近代西方的自然主义和人本主义提出天赋人权和自由、平等、博爱等；17、18世纪的伏尔泰、洛克、卢梭、狄德罗等人先后对人的本质问题进行了深入的探讨，蒲柏、休谟等人专门著述探究人性；德国古典哲学进一步探讨人学思想，康德的“人是目的”“人的理性为自己立法”以及黑格尔“精神的事业就是认识自己”等言说，强调人的理性、人的社会性和人的主体能动性；席勒等人用审美教育等来阐释人性的异化和人格的复归等。而且，人生哲学也始终是西方人学思想史的一个重要内容。马克思是席勒人学思想的忠实继承者，在马克思的美学思想中，源自席勒的人学思想已然存在了。马克思主义学说始终把人的问题，把促进人的全面自由发展放在重要的地位去论述，人本思想和人文关怀处处可以感受得到，它把建立共产主义社会以寻求人类的完全解放和人的全面自由发展作为对人类的命运的终极关怀。在那里，自由和博爱成为人们现实的直接的追求。把人从片面的、异化的状况下恢复成正常的人，正是“通过人并且为了人而对人的本质的占有。”②“在那里，每个人的自由发展是一切人的自由发展的条件”。③ 这都表明，马克思主义学说是以人为中心的学说，其对人的地位和命运的关注是强烈的、一以贯之的。

中国马克思主义美学是中国化的马克思主义美学，是建立在马克思主义经典著作基础上，合理吸收中国古代哲学美学思想和西方现代美学理论而逐步建立起来的美学理论。实践论美学是马克思主义美学的一种重要理论形态，是国内迄今为止比较成熟、系统的美学思想，在其形成发展的历史过程中，尽管各个时期论述内容和理论指向各有持重，但人学思想始终包含其中，而最终在当下明确地呈现出来。

---

① 陈志尚：《人学——21世纪的显学》，《北京大学学报(哲学社会科学版)》，1995年第3期。

② 《马克思恩格斯全集》第42卷，北京：人民出版社，1997年，第120页。

③ 《马克思恩格斯全集》第4卷，北京：人民出版社，1957年，第491页。

二、实践论美学中的人学特质

实践论美学向人学美学的转进并非陡然在一夜之间完成的，其理论的发生有着比较久远的历史渊源，是在深厚的思想积淀中逐渐显露的，是至少两代美学家们共同拓殖、阐发的结果。人学思想最早在蒋孔阳先生的思想中已现端倪。蒋孔阳对美的讨论是围绕着“人”这一中心来展开的，把人的自由看成是美的最高理想。他的美论中关于“人对现实的审美关系是美学研究的出发点”“美是人的本质力量的对象化”“美在创造中”“美是自由的形象”等基本命题，体现了不同于李泽厚美学的另一理论形态。这其中，人和人生贯彻始终，围绕“人是世界的美”的总体命题，形成了他的美学思想体系，这个体系始终由一根红线贯穿，那就是人和人生。因此，蒋孔阳的美学是人生论实践美学。

在李泽厚那里，前期实践论美学存在着重视物质性，忽视主观性；重视社会性，忽视个体性的缺陷。为了弥补这一不足，后期李泽厚在工具本体之外又提出了情感—心理本体。为揭示人类文明之源，他强调使用和制造工具的物质生产实践的重要作用，为推重人的内在主体性，他张扬康德哲学，强调人类文化心理结构的当代文化意义。他从理性、群体走向感性、人的内在主体的时候，在用康德思想改造和拓展马克思主义理论新境界的宏大构想时，他走进了由两个本体所造成的不能完全融合的矛盾之中，但心理本体论正是标志他从社会学的研究领域经由心理学进入了人学领域，他的所谓“吃饭哲学”不仅是对人物质生存的关注，当然也有对人的精神存在的关怀。因此，阎国忠说：“他对美学作为一门关乎人性完善的科学的热心关注和思虑，都值得我们学习和借鉴。”①

邓晓芒应当是较早标示自己的美学是“新实践论美学”的美学家，就其美学形态来说，它更适合用“实践情感论美学”来称谓。它坚持“美是人对自身的确证”，“审美活动是人借助于人化对象而与别人交流情感的活动”。其主要理论特质体现在：第一，在对实践概念的理解上主要从马克思“有意识的生命活动”这一经典论断出发，认为这是马克思关于实践的最精练的表述，因而，“实践首先是一种‘客观现实的物质性的活动’”，“又是一种有意识有目的有情感的物质性活动”。但是，“最基本的实践，是人的社会物质劳动。”第二，情感实践论美学最大的优势就是历史地澄清了审美超越的内在机制和原理。在对

① 阎国忠：《走向人类学本体论的美学》，《学术月刊》，2004年第10期。

有关审美超越的现象学还原中，从审美活动，也就是从情感交往（美感）出发，进入艺术和美的分析，由此来建立美学体系。对审美超越的心理机制从哲学人类学和现象学的高度进行了前人没有做过的分析，认为作为自我意识的情感是一种“意向性的”或者说“有对象的”情感，本质上是一种“同情感”，这种同情感超越具体对象而成为一种“主体间性”的情感，一种“传情”的情感，这就是美感。① 从人的情感出发，“实践情感论美学”试图阐释的正是关于人的心理体验和精神状态，所涉及的人的交往、人的目的、人的自由和解放是人学的必然内容，至少，他是行走在心理学通往人学路途中。

在发展自己的理论观点中，刘纲纪将他的实践本体论美学重新命名为“实践批判的存在论美学”。“对于马克思主义美学，过去、现在以至将来都会存在各种不同的理解。从哲学上看，我认为马克思主义美学可以称为实践批判的存在论美学。”②他同时指出：“我所说的‘实践批判的存在论美学’中的‘存在论’一词相当于我过去所说的‘实践本体论’中的‘本体论’一词。”③刘纲纪所说的“有些不同”也就是“实践批判的存在论美学”所具有的显在特征，亦即显现在实践本体论思想上的那些“新质”的东西。它可概括为两点：一是“批判”，通过批判更进一步地干预现实，服务社会；二是“存在”，通过强调存在更进一步地重视个体，关注人生。这是他在新时期坚持马克思主义实践观点，面向时代，指向现实，突出对个体的生存状况的审美关怀所做的新的理论探索。刘纲纪指出马克思主义的三个特征或基本精神就是：人本主义、实践的唯物主义、彻底的自然主义，因之它可以称之为以物质的自然界为基础的实践的人本主义。④ 而马克思主义哲学和美学所关注的首要的、中心的问题是人的问题，“寻找人的全面自由发展的现实道路，贯穿在马克思从早期到后期的全部思想之中。”⑤从社会的存在到人的存在，标志着刘纲纪在新的历史时期更加注重个体的生存状态。2015 年，他又发文指出：美的根本目的在于感发“仁”心，就是以仁者爱人为美，成于“尽善尽美”。⑥ 这表明，他理论中的人学思想在逐

---

① 邓晓芒、易中天：《黄与蓝的交响——中西美学比较论》，武汉：武汉大学出版社，2007 年，第 402、405 页。

② 刘纲纪：《美学与哲学》，武汉：武汉大学出版社，2006 年，第 472 页。

③ 刘纲纪：《美学与哲学》，武汉：武汉大学出版社，2006 年，第 473 页。

④ 刘纲纪：《传统文化、哲学与美学》，武汉：武汉大学出版社，2006 年，第 151、170 页。

⑤ 刘纲纪：《传统文化、哲学与美学》，武汉：武汉大学出版社，2006 年，第 165 页。

⑥ 刘纲纪：《成于“尽善尽美”》，《人民日报》，2015 年 7 月 10 日第 24 版。

步增加。

在蒋孔阳的美学思想基础上，朱立元创建的“实践存在论美学”试图阐明实践与存在之间的关系。他认为，实践是存在的前提，没有脱离实践的抽象的存在，也没有脱离实践的彼岸的存在，由于实践对于存在的逻辑先在性，一切存在，一切关于实体的设定都只能是在实践中生成，马克思的存在论思想乃是以实践论为基础通过实践而实现的。马克思的“存在”与海德格尔“存在”有着承继关系，后者的存在论是对前者存在论思想的凸显。正是在对海德格尔现象学存在论的批判研究中发现了由于种种原因长期被遮蔽的马克思实践观本身具有的存在论维度，而且，这种存在论在马克思实践观中是核心和基础性的。同时，朱立元又对“文学是人学”命题进行了再阐释，从实践存在论角度阐述马克思主义文艺理论。强调“以人为本”思想，即对人的生存状况关怀，对人的物质需求和精神需求的关注，深化了马克思主义文艺理论的人学基础。①

张玉能先生在2003年写作《席勒审美人类学思想》时就已经开始考虑实践美学的人学问题。在他看来，席勒的美学思想中包含着关于人性完善和人的自由发展的思考，《审美书简》正是这一思想的全面阐述，自然的人通过审美教育完善人格进而成为道德的人。而这一时期，人学学科尚未成熟，他使用了“人类学”一词，而实际上所阐述的正是人学思想。同时，他还从价值论的维度，分析了人的基本需要，提出了利、真、善、美、圣五个需要层次。2015年他又发表了《人的自身生产与审美和艺术》，探讨了人的自身生产与人体美的关系，阐述了人的自身生产在实践中的重要地位和本根意义，使得实践美学的人学意义得到了明晰的彰显。张玉能主要从人的自身生产与审美和艺术之间的源流关系上，对人的自身生产的人类社会性、实践自由性、审美超越性以及这三种特性与审美和艺术的关系进行了翔实的论述。认为审美和艺术的审美超越性就是来源于人的自身生产的审美超越性，人的自身生产的审美超越性与审美和艺术的审美超越性是相辅相成的，人的自身生产是审美和艺术的一个更加切近的根源，突出敞明了人自身生产所具有的本体论意义。

① 参见朱立元：《走向实践存在论美学》，苏州：苏州大学出版社，2008年；朱立元主编：《当代中国美学的多重奏：实践美学与实践存在论美学论集》，苏州：苏州大学出版社，2011年。

彭富春表述他的实践论美学是“天道论美学和人道论(心性论)美学”①，其在一定意义上可以视为基于中国传统的“道”而提出来的一种人学美学思想。他认为新的美学就是中国化的马克思主义美学，亦即一种关于生活世界的哲学美学。如果马克思主义和中国现实相结合的话，那么它必须和中国的传统思想相结合，这个传统思想也就是以儒道禅为主体的智慧。因此，作为中国化的马克思主义哲学美学，有必要更深入地思考自然自身和人自身。中国思想将世界的问题变成了天人关系的问题，首先是关于天的问题，这形成了“天道论”，其次是关于人的问题，这形成了“心性论”，它意在探讨人心是什么，人性是什么，人心和人性规定了人的存在。最后是关于天人关系的问题。在人道论(心性论)看来，人之所以为人，是因为人有其心灵，同时心灵也规定了人的本性，人的心性就其自身而言是纯洁和光明的，也是美的，但它受到外在事物的污染之后，就变丑了，心性的修炼是对于本源之心性的回复，也是对于心性之美的再发现。当然，人不仅有心性，而且有身体。但“心使气，气成身，相由心生”，一颗美好的心灵也就形成了一个美好的身体，心灵不仅能形成人自身身体的美，而且也可以观照和创造人自身所处的世界的美。世界在何种程度上是美好的，关键在于心灵在何种程度上美好的。除此之外，在他的美学著作中，他还将“爱”作为美感经验的第一种形式加以论述，其人学的因素比较突出。

所有这些都表明，人学作为马克思主义哲学美学的一个重要思想，在被忽略和遮蔽许久后，在实践论美学的发展中正被逐步揭示阐发出来。

三、阎国忠美学的人学思想

阎国忠教授的美学思想属于马克思主义实践论美学，相对于刘纲纪的“实践本体论”，他的美学思想应界定为“新实践本体论美学”。近年来，基于对实践论美学自身缺陷的反思批判和对当下社会现实的关切忧虑，阎国忠不懈地探索创新，为中国当代美学的发展不断注入新的思想动力，把人学美学理论推向了一个崭新的高度，形成了相对独特完整的美学理论体系，在国内美学界引起了较大反响，成为实践美学人学转向的明显标示。概括起来，他的人学美学思想主要体现在人自身生产、爱、信仰等方面。

---

① 彭富春：《论中国化的马克思主义哲学和美学》，《湖北大学学报(哲学社会科学版)》，2010年第4期。

(一)人自身生产问题

探讨人自身的生产既是探究美的起源问题，也是探究人类生存、发展的条件，人和自然的关系，人和社会的关系以及人的生产和物的生产的关系问题，这正是人学研究的应有之义。阎国忠认为，马克思主义实践本体论就是“生命的生产”论，即“生活资料的生产”与“人自身的生产”论。两者在“生命的生产”中是相互关联、互为条件的两面。与其他生物族类一样，人的生命的不断复制是自然进化中的一个环节，只是由于生活资料的生产，人类才渐渐超出了其他生物族类，形成了发达的大脑和双手，学会了使用工具，并在群居基础上组织了家庭，从而与“人自身的生产”一起开始了人的“生命的生产”。“人自身的生产”就是生产力的生产，正是由于人的数量迅速增长，才使“共同的活动”成为可能，使劳动分工成为可能，使人与人在更大范围内的社会交往并最终脱离自然界成为可能。人之所以进化为人的第一个契机是劳动，人自身的繁衍则是使之演化为“生活资料的生产”的前提。劳动与繁衍一方面是人与自然间的物质交换，一方面是个体与群体之间的融合。这两个方面交相生成，互为表里，构成了矛盾统一的辩证过程。在本源意义的生命的生产中，“生活资料的生产”与“人自身的生产”是同一的，不存在谁决定谁的问题。“马克思主义美学所要做的是以实践本体论为立足点，将逻辑的必然性与历史的必然性结合起来，让审美活动返归生命的生产中，并通过生命的生产获得在人类生活中的定性。”①在这里，人自身的生产被着重地凸显出来了，同时也可以见出，“生命的生产”既是阎国忠人学美学思想的哲学基点，也是其逻辑起点。

(二)关于爱

爱在任何国家、任何时代都是哲学的中心课题。“仁爱”“兼爱”“博爱为仁”等一直以来就是中国传统哲学中的重要内容，只是在“文革”前后，一度被视为资产阶级思想而加以批判和弃置了。阎国忠从20世纪90年代就开始思考美和爱的关系，特别是近年来，在经济发展的浪潮下，拜金主义使得人们的道德出现滑坡，人与人之间的冷漠和隔离日益加重，对于爱的思考更成为他美学研究的重要内容，因为他一直确信，爱是美的动因，更是美的内容。在对古希腊和中世纪美学的研究中，柏拉图和奥古斯丁等人的有关论述不断确证了他的观点，日本美学家今道友信关于爱与美的学说又强化了他的这种

① 阎国忠：《试论美学的第三次历史性综合》(未刊稿)。

意识和信念。

他首先界定了爱。爱是一个复合概念，是与欲望、同情、依恋、友情、尊敬、自我价值的实现等因素组合而成的一种心理体验或经验，是对整体的希冀和追求，宽泛一点讲，就是把事物凝聚在一起的冲动和力量。人是社会的存在物，人只有在社会中才作为人而存在，因此，人总是惧怕孤独而需要交往、追求统一，这既是爱的基础，也是融入社会的开端。他认同柏拉图对爱的理解，那就是世上一切事物无不有爱存在，正是因为有爱，世界才成其为一个稳定和谐的整体；他也赞成今道友信在《关于爱》中的理解：爱是合一、和睦，生命为了完成自己，则要求必须有爱。在阎国忠的观念中，爱就是一切事物之所以成其为事物的内在机理和原因，是人类特有的一种生命的元素和冲动，是人类完善自我、走向文明的根本内驱力。接着，他分析归纳了爱的类型。在人类文明的早期就存在着三种类型的爱：性爱（古希腊称“爱欲”）、友爱和神爱；日本美学家今道友信认为东方的爱主要是孔子的“仁爱”，其表现形式是恭、宽、信、敏、惠等。受维特根斯坦的思想和马科斯·舍勒《论爱的秩序》的启发，阎国忠做了进一步的分类和分析。他认为爱是个家族，从人自身的基本需要上看，可以简单地分为两种爱，一种是精神的爱，一种是身体的爱。精神之爱是高尚恒久的，引人净化心灵，砥砺道德；身体之爱是浮浅短暂的，容易让人沉溺感官享乐，玩世苟生。进一步细分，与欲望相结合，而有性爱；与依恋相结合，而有母爱；与情义相结合，而有友爱；与尊敬相结合，而有敬爱；与怜悯相结合，而有怜爱；与相互认同和关切相结合，而有博爱或仁爱；与同情和惠顾相结合，而有惠爱；与信仰和自我实现相结合，而有圣爱或大爱。这是一个由自身向他人、向世界逐步扩大融入的层级，构成一个爱的家族，但都体现了人类的克服孤独、疏远，追求完整，融入社会和自然的一种内在的需要和趋向，“人属于爱的秩序，爱的秩序是人之本己的一部分。”①再接下来，他论述了爱的发展历程。他认为，爱和美一样根植于生命的本原处，是人的基本需要。人是有意识的类存在物，所以人借以维护的就不仅是性，还有爱。性将两性从生理上联结在一起，爱则将这种联结扩大到心理上，因而有了使这种联结能够保持稳定和持久的婚姻和家庭。随着文明的进步，爱超离性的关系扩展到父母子女、兄弟姐妹，扩展到整个部落、民族、国家，乃至人类和自然界，成为人类文明的一个根本性的标志。但必须

① ［德］M·舍勒著，林克等译：《爱的秩序》，北京：生活·读书·新知三联书店，1995年，第48页。

认识到，爱虽然处在生命的根底部，但它的孕育和发展却是由物质生产和社会交往决定的，没有这些社会实践活动，人只能停留在与动物相同的性爱阶段，这是实践美学阐释爱的哲学基点。最后，他从三个层面论述了爱的意义。第一种意义，爱是人的生命存在和价值的确认。人单靠自己不能完善，因此必须相互去爱，爱确证了人必须走出自己，与群体和自然融合在一起。爱与对象之间的关系是相互关切、同情、欣赏，是同欢乐甚至共生死的关系。爱对于他们既是给予又是获取，既是奉献又是牺牲。而正是在这样的爱中，他们不仅享受着生命，而且获得了人格的解放和提升。在第二个意义上，爱是一种结构和创造的力量。没有爱的人类是不可想象的。爱通过物质实践造就了人类，造就了家庭以及以家庭为基础的部落、民族、国家，造就了为之奋斗牺牲的历史，也造就了包括诗与艺术在内的精神与物质文明。爱的第三种意义也是最高意义，是超越有限、趋向无限的力量，它总是与想象、激情、信仰相关，使人超越有限、趋近无限成为了可能。爱沟通了感性的与超感性的经验的与超验的世界，在这两个世界间搭起了一座桥梁，只是由于爱的存在，超感性的超验的世界才成为可以理解和向往的，从而在人们的心灵中保有一块至高无上的神圣的界域，那就是至善至美的境界，是信念、信仰所在。

只有爱，才是美。爱不仅给人们带来了秩序、欢乐和希望，还使人们发现了美，进而从更深层次认识、理解美。阎国忠阐释爱是为了阐释美，阐释爱与美是为了揭示人的信仰，这是他新实践本体论人学美学思想的第一步。因为“美以爱来完成一切细小事情，并在生活中点燃起充满希望的光辉”[①]，信仰也是由爱形成，人的爱是信仰的根本，离开爱，信仰就是徒然的。

(三)关于信仰

阎国忠在实践美学向人学美学转向上的最大贡献不仅是把爱与美密切联系起来，在学理上予以深入明晰的论证，更重要的是，他把美学与信仰联系起来，明确论断“在一定意义上，美学就是信仰之学”。他认为，决定审美超越性的不是回到生命的根底部，而是确立生命的终极部。正是由于有终极境界即超验之美，审美活动才总是带有一定理想的性质，这样就涉及人的信念或信仰，因为终极境界存在于信念或信仰中。在他看来，美从直觉之美到想象之美再到生命体验之美内在地存在着秩序，这个秩序与爱的秩序是相互对应的，通向信仰的秩序就是爱与美的秩序。这种秩序是信仰之所以存在并可

① ［日］今道友信著，王永丽、周浙平译：《关于爱和美的哲学思考》，北京：生活·读书·新知三联书店，1997年，第332页。

能成为人的基本情结的原因。对于美来讲，就是由直觉—形式到想象—意象，再到生命体验—终极境界的过程，对于爱来讲，就是由性爱、友爱到博爱，到大爱、圣爱的过程。想象连接着生命的根底部与超验部，引导人超越有限理智和意志，趋向真、善、美本体，趋向生命的终极境界亦即信仰之中。

何为信仰呢？阎国忠认为，信仰可以表述为一种实体，如上帝、太一、神；可以表述为一种理念，如道、逻各斯、绝对理念；可以表述为一种境界，如终极境界、涅槃、极乐世界等。前一种是宗教的信仰，后两种是理性的信仰。他区别了两者间不同：宗教信仰基于对人的原罪，认为人天生就是情欲的产物；理性信仰则基于对人的类本质的认识，认为人有交往、同情和爱的需求，人类物质与精神的需求和社会实践推动着人类不断走向文明。宗教信仰的目的是通过获得神的怜悯与赐福来救赎自我，理性信仰的目的则是通过自我超越和自我实现为自己树立一种价值标准和理想境界。但无论哪种，其最高指向和核心的命意就是真、善、美。从无宗教信仰到宗教信仰，再到理性信仰是历史展开的三个层次，我们不反对宗教信仰，但提倡和主张理性信仰。那么，美学何以可以成为信仰之学？他的回答是：美具有绝对性和永恒性，这构成了信仰的核心部分。信仰本质上是从此岸的、经验的世界向彼岸的、超验世界的超越，信仰的终极指向是真、善、美，而美又内在地包含着真和善，因此，美学可以成为理性的信仰。

他阐释了信仰的意义所在：在宗教信仰中，爱与美是神固有的一种性质，神将自己的爱和美撒播在人间，只是为了确证自己并使人类和整个世界回归自己，所以，爱与美的秩序实际上是神彰显和回归自己的运作机制。在理性信仰中，爱与美则是人类在数十万年中积淀下来的生命体验和经验，是人类用以自我调节、自我完善、自我解放的心理机制。详而论之，在维持个体乃至人类存在的意义上，信仰对于人有三重意味。首先，信仰意味着在自己之外的最高层面和终极意义上，为自己树立了一个敬畏、崇拜、向往的目标。如果没有这样的目标，就可能会失去自我约束而无所忌惮。其次，信仰意味着在真、善、美面前，找到了自己应有的位置和意义。它使人意识到了你既不是一切，也不是中心，在你之外还有另一种需要不断追求但又永远无法企及的伟大存在。再次，信仰意味着人有了一种最高的需求，一种趋向真、善、美的动力。意味着人在现实的物质生活之外有了一种超越的精神生活，意味着人正在走出自我并踏上通往理想境界的征途。一个人若主要以物质感觉的方式活着，他的生命总体是非本质性的，因此，人还需要精神的生存方式，只有行走在通往理想境界亦即信仰的路途中，他的生命本质才有可能得以实现。

正是在此意义上，阎国忠把他提出的信仰界定为“存在”。这个存在不是认识和意志中的存在，而是审美中的存在，即作为完整的生命个体的“存在者”的存在。他借用基督教的说法，认为信仰是三位一体的结构，包括信仰的对象、人群、行为。信仰是人的信仰，但必须有一个外在于人的对象。这个对象可以是一种实体、一种理念或者一种境界，它们都可以用一个哲学的术语把它们统合在一起，那就是融真、善、美为一体的“存在”。信仰本质上完全是属于精神领域，就是从此岸的、经验的世界向彼岸的、超验世界的超越，这种超越，就是作为完整的生命个体的“存在者”的存在方式。

阎国忠进一步阐述了人的信仰需求的人类学和心理学依据。人类的信仰源自人类的童年，图腾崇拜是信仰的原始形式。人从自然中生成，自然对于人类既是生命的另一体，又是生命的对立物，这种同一感和陌生感、皈依感和疏离感是信仰得以生成的基本因子。按照休谟的观点，面对陌生而强大的自然界，人会有一种“恐惧感”，而恐惧是宗教的基本原则。“宗教中有恐惧，也有希望；因为这两种情绪，同时激动人心；每一种情绪都构成适合于它自身的神性。”①恐惧与希冀一样，具有唤醒信仰的作用，这样，基于敬畏和向往的信念或信仰就发生了。但休谟的分析只是建立在对人的生物性本能的基础上，更主要的原因是，人是有理性、会反思的动物，他有自我价值实现的需求，有精神道德的追求。一般的动物也有恐惧和希望的情绪，但不可能构成任何意义的神性，只有人能将这种个体的体验、直觉、联想上升为明确的意识，成为一种对某种特定对象的稳定、恒久的笃信、崇敬和向往，亦即信仰，而且这是通过群体间交往才实现的，是在实践活动中实现的。从心理学上说，信仰是集体意识与无意识的体现，是直觉与理性的统一；从社会人类学上说，是人的集体智慧与创造力的产物，是社会实践的结果。

（四）美、爱、信仰之间的关系

有学者认为，阎国忠建构了一个美、爱与信仰（自由）三位一体的人生哲学。这个观点是有道理的，他看到了阎国忠思想中的人学特质。但从美学的维度上则应当说：对于美的阐述，阎国忠把爱与信仰贯穿进去，从人学的角度阐明了美的形而上性质。因为在他看来，爱是美的原始动因，是美的内在

① ［英］休谟著，陈修斋、曹棉之译：《自然宗教对话录》，北京：商务印书馆，2009年，第95页。

构成；美是信仰的对象之一，作为信仰的美是超验之美。

他认为，美感的真正奥秘在对美的爱，只有爱才能说明人们为什么能在欲望、知觉、内模仿、联想、移情中获得审美的愉悦，同时又能在审美愉悦中得到整个精神和人格的提升。为了弄清楚美与爱的关系，他查阅了孟子、荀子、董仲舒、普洛提诺、奥古斯丁、斯宾诺莎、休谟、帕斯卡尔、康德、弗洛伊德、海德格尔、马克斯·舍勒、弗洛姆、马斯洛等三十多位哲学家或思想家的书，逐渐形成了他关于爱与美的基本观点和逻辑理路。

他从家族、秩序、历程、本原、定位、意义等多个角度讨论爱与美。第一，他认为爱是个家族，美也是个家族，它们之间有亲缘关系；爱有秩序，美也有秩序，它们之间有相互对应的关系；爱与美都是在历史中展开的，它们基本上是同一过程的两面。爱的秩序是性爱、母爱、友爱、敬爱、怜爱、博爱或仁爱、惠爱、圣爱或大爱。美是由有限向无限，向理想境界的逐步过渡，包括谐美、秀美、优美、娇美、华美、壮美以及崇高、悲剧、丑、荒诞之美等。与爱的秩序相对应，美在六个不同层面上逐次展开：一是作为个体的事物的美；二是作为类的事物的美；三是作为个体的精神美；四是作为类的精神美；五是作为事物与精神的综合体的现实——社会、民族、国家、人类的美；六是作为超越自我和现实的终极境界的存在、道、圣神、理念的美。第二，爱与美有着共同的本源。爱是生命的一种欲求和内驱力，植根于人的自由的本性，性、生产、交往、归依、自我实现是它们得以生成的一个个环节。由于两性的结合，人肯定了另一个人的存在，并和这个人构成为物质(生理)的和精神的整体。爱于是成为使人从性，即从自然中超离出来的自我确证。在基督教的教义里，圣爱(或神爱)是指上帝对他的造物即世界的爱，我们这里则指人对道、理念，或终极境界的爱。个人与世界，主观与客观，有限与无限之间的界限在这里完全消解了。我不再是我自己，我就是世界。性、生产、交往、归属和自我实现就是爱与美共同的本原。第三，爱与美有着对等的定位。如果理智、意志、情感是三位一体的心理结构，爱就是理智、意志、情感的共同基础、内在机制和价值取向；如果真、善、美是三位一体的价值结构，而真被理解为存在的本体，善被理解为存在的趋向，美被理解为存在的表征，那么，爱与美就具有相互对应的定位，爱就是对存在的表征。第四，爱与美有着相同的意义。爱的意义就是指向美，美的意义就是彰显爱。爱与美的意义就是通过协调理智、意志、情感，整合真与善，构成人的以自由为归宿的超越性心理结构。

与今道友信的观点相同，阎国忠认为美在真和善之先，美内在地包含着真和善。从认识论的意义讲，在真、善、美三者中，应该是真在前，因为无论面对什么样的对象，首先是认识它，有了认识才会去相信，有了认识和相信之后，才会形成自己的意向，去希望，善才进入到意识中，有了相信和希望，即有了真和善之后，才会发现对象的美，才激起对对象的美的爱。但从存在论和价值论的意义讲，则首先是美，其次是真和善。从存在论的意义讲，美就存在于生命的根底部，存在于人与自然的原始的统一中，存在于前认识或元意识中；从价值论的意义讲，美作为存在的表征，既包含了存在本体的真，也包含了存在趋向的善，美就是融真和善为一体所闪烁出来的灿烂光辉。“美比善更能表明世界和人的存在的完善，最终目的更多的是以美为标志，而不是以善为标志。”①真、善、美对应的是信、望、爱，因为信，所以真；因为望，所以善；因为爱，所以美。反过来，因为真，所以信；因为善，所以望；因为美，所以爱。真就是存在的本体，善就是存在的趋向，美就是存在的表征。真、善、美是信仰的对象，其给予人们的是光明、希望和呼唤。爱的意义是发现美，从而让人走出自己，面向世界美的意义是彰显爱，从而回返自己，实现自己，使人通向信仰之路，即自由之路。

接着，他进一步分析了美与信仰的关系。美具有神圣性，而神圣性是信仰的特质。“与真、善相比，美具有与宗教的‘圣’相等的最高价值。”②美与宗教意义的“圣”一样具有最高的价值，既超越了作为存在意义的真，也超越了作为存在机能的善，因为美就是具有作为意义和机能的存在所显示的恩惠和爱。在此意义上，从直觉之美到想象之美，再到生命体验即超验之美，它能够把人引渡到以真、善、美的统一为标志的人生的终极境界，这个境界就是信仰。

在阎国忠看来，美对于人生具有镜、灯、路的意义。作为一面镜，使人在看到自己感性一面的同时，也看到了理性的一面；作为一盏灯，既照亮自己又照亮他人；作为一条路，它将经验世界与超验世界联结起来。③ 在这里，他很严谨地区分了经验之美与超验之美。并不是所有的美都具有通往终极境

---

① ［俄］别尔嘉耶夫著，方珊等选编：《美是自由的呼吸》，济南：山东友谊出版社，2005年，第66页。

② ［日］今道友信著，王永丽、周浙平译：《关于爱和美的哲学思考》，北京：生活·读书·新知三联书店，1997年，第332页。

③ 阎国忠：《镜·灯·路——论美的神圣性》，《光明日报》，2016年2月17日第14版。

界的功能，也并非所有的爱都能成为信仰的对象，作为信仰的美是超验之美。超验之美是超越一切美之上的最高的美，是一切美之所以为美的根源。作为人类共有的“原始意象”或共同的理想常常潜隐在人心中，是人们不能感觉和想象到的，它超越了有限的存在以及有限的理性、意志和情感，因而它既是外在的，又是内在的，虽然悬在每个人心中，却并不属于每个人自己，而是属于整个人类。一句话，超验之美是存在于人的生命体验中的一种基本需求，它不是审美主体认识、欲念和期望的结果，而是人以自己的全部生命体验或体认的结果。

必须申明的一个问题是：在阎国忠对爱与信仰的论述中援引使用了不少神学和宗教观点，这是否就意味着他的美学思想走向了神学呢？答案显然是否定的。但毋庸讳言，阎国忠在对美和爱，特别是对信仰的论述中，深受神学思想的影响。他曾经说过：“中国美学要继续前进……要从人们的信仰实践和宗教哲学中汲取必要的营养。”[①]而且，在他看来，美学与神学有着密切的联系，它们之间有着可以完全会通的地方，美具有神圣性，美学与神学可以对话，它们相互渗透、相互交融。事实上，并非神学或者宗教才具有神圣性，美的背后也有神圣的因素。在西方，无论古希腊的柏拉图，还是20世纪存在主义美学的代表人物海德格尔都这样认为，日本美学家今道友信也认为美与宗教的“圣”有着相等的价值。

阎国忠在他的文章《美因何而神圣?》中明确指出美具有神圣的性质：美之所以神圣，是因为美在本质上是一种超验性存在，美具有深厚的精神底蕴，这种崇高的精神底蕴就是作为本真存在的真与作为它的内在趋向的善，是人类生命和理想的完整体现，是真、善在最高层面上的表征；同时也因为美既是对终极境界的体验，又是对自身生命的感悟，是跨越在感性与理性、实在与理念以及有限与无限之间的桥梁，是人借以获得自我救赎的机制。美的神圣性是一种普遍存在，不仅自然中的美崇高，宗教、道德、历史和文化的传承也都需要美的神圣性，因为美的神圣性就是它们得以发扬光大的根据。宗教需要通过美的神圣性维系对彼岸世界的信仰，道德需要借助美的神圣性树立现实生活行为的典范，历史需要以美的神圣性统领人们的记忆，文化需要将美的神圣性作为引导人们前行的旗帜，而所有这些都是人类精神生活趋向神圣性的必然需要。阎国忠的这些观点是建立在实践本体论的思想基础之上

① 阎国忠：《关于美、爱与信仰的理论思考》，《学术月刊》，2004年第8期。

的，因而并不能使他的思想由此走向神学，并不会导致唯心主义和神秘主义。

实际上，在一定视域内，美的神圣因素和作为信仰的美，只有放在神学的历史背景下才可以理解。“美与真、善的统一性在宗教的背景下，通过对神的描述获得了完整的表达。”①有学者认为，美是建立在经验基础上的超验性的体验，但人的有限性和主观性决定了人还是无法看清美的本质，所以在哲学层面上所寻究到的美的神圣因素须放在基督信仰中去才可能看得更清楚。② 更进一步，作为人类掌握世界的思维方式，神学和宗教与美学的会通也是应有的。从古希腊时期开始，神学与美学的互渗互融、相互参证就一直存在着，对美的探讨一直就是在神学或宗教哲学的范畴中进行的，中世纪两者的互渗会通达至鼎盛，是启蒙运动和西方科学主义的兴起使得美与神性逐渐分离。但即使鲍姆嘉通从感性学的维度使美学成为一门相对独立的学科之后，在经验主义和科学主义哲学之外，对美的神圣性的讨论也一直没有休歇。康德在他的《判断力批判》中对崇高的分析蕴含了崇高美与神性的关联，黑格尔的“绝对精神”其实也就是穿上哲学外衣的上帝。只是到了近现代以后，理性主义和实用主义盛行，神让位于人，美的神圣一面被遮蔽了，而且在中国当代，宗教与神学一度被视为唯心主义而被批判和否定，美学研究脱离了以神圣为美的源头。

要使美和信仰的神圣性更加敞明自我，应当有意加强而不是回避美学与神学的会通，通过神学纠正现代美学对自身限界的设置，扩大研究范围，把美学从艺术哲学或社会哲学的藩篱中解放出来，在一个更为宽广的视野中进行探讨。

四、实践论美学人学转向的意义

指证实践论美学正在进行着人学转向并在阎国忠这里有所建树，具有重大的理论意义和现实意义。

关于理论意义。首先，它标示着实践论美学的另一研究重心的确立，明确了今后的研究方向。一个时期以来，实践论美学在社会学和心理学的框架中徘徊，实践论美学家们尽管坚持不懈地思考并多有建树，但一直波澜不惊，以至于不断有“终结”之声响起。前述不少实践论美学家自觉不自觉地阐发了一些人学思想观点，但都未能提出明确的互为联系、互为支撑的概念范畴，

① 阎国忠：《美因何而神圣?》，《中州学刊》，2016 年第 1 期。

② 包兆会：《论美学与神学的会通及其意义》，《汉语基督教学术论评》，2013 年第 15 期。

没有确立理论基点，因而没有形成较为系统的理论。阎国忠以爱与信仰为核心概念的人学思想成为实践论美学的研究重心，使马克思主义实践论美学在当下重新获得了生机和活力。这就可以预期，在今后相当长的一段时间内，这一美学思想将成为实践论美学发展的一个主要方向。因为只有朝着这样的方向发展，才能既保持其形而上的理论品格，又能植根于当下社会，实现理论干预现实的功效，实现其批判功能和建设作用。其次，它表明了新实践本体论人学美学的初步形成。阎国忠的人学美学以焕然一新的理论形态，在形而上的层面对美的价值进行终极追问，呼唤爱的回归与信仰的树立，这是实践论美学历史进程中的一次重要节点、一个重要收获，标志着这一理论形态的初步形成。它意味着实践论美学中的人学思想在历经几十年的发展历程中，终于生长成充满生机的一棵新树。同时，对于整个当代中国美学而言，人学美学所进行的积极有益的探索拓展了研究领域，为美学的健康发展指出了一条前途光明的路径。爱与信仰这一新的理论生发点，为中国当代美学的创新发展提供了重要的思想资源和明晰的学术理路，对于建设和繁荣有中国特色的美学具有很大的启示意义，必然会激发更多的学者来思考和探讨。再次，“深度启蒙”问题。在 20 世纪 80 年代的美学大讨论中，美学起到了解放思想的启蒙作用。在阐述其人学美学思想时，阎国忠又一次提出了启蒙问题。他认为现代启蒙教育仍然是必须讨论的主题，不同于西方的启蒙运动和中国“五四”时期启蒙主义教育，他称之为“深度启蒙”，其实质就是爱的教育和信仰的树立。之所以还称其为“启蒙”，只是因为与西方启蒙运动一样，它所面对的本质上还是由资本的原始积累所带来的人性的堕落与觉醒、人格的分裂与完善的问题。① 启蒙教育不仅是审美教育，但主要途径应该是审美教育。其他教育如政治、道德、宗教、文化教育都只涉及人的精神生活的某一个方面，并且主要是诉诸理性和群体的，唯有审美教育是涉及人的生命整体，是真正全面发展的教育，因而必须在哲学和美学理论上对其提供坚实的支撑。在此意义上，阎国忠的“深度启蒙”既是实践美学人学转向的立足点，也应当是它的落脚点。站在中国的角度思考当今中国美学问题，“深度启蒙”这一理论命题的现实性和前瞻性是重大而长远的。

关于社会现实意义。阎国忠人学美学思想的提出与建立，是他对现实社会深刻反思和检讨的结果，因而是给当下社会现实开出的一剂金石良药，其

---

① 阎国忠：《我们的立足点在哪里——兼谈当代美学的中国问题》(未刊稿)。

匡救世风人心的意义是显明的。“我之所以介入信仰问题的讨论，不仅仅是由于美学自身的需要，也是由于现实生活引发的焦虑。”①他认为，美学注重自身建设，却忽视了它所必须承担的社会责任，在当下，美学所面对的主要社会问题是由资本所带来的人性和人格问题，它普遍表现为爱的缺失与人的信仰危机。信仰危机包含两个方面：信仰自身的危机与信仰载体的危机。哲学、宗教和艺术在一定意义上是信仰的载体，既是作为对象的真、善、美的载体，也是作为主体的信、望、爱的载体。在当下，发展经济是我们走向富强的必由之路，但资本也带来了人性堕落、人格分裂、道德沦落和社会对立等后果，动摇甚至颠覆着人的信仰，人们不知道真、善、美在哪里，不知道信、望、爱的对象是什么。阎国忠忧虑地指出：信仰对于个人是精神支柱，是一切行为的最终指向和根本动力；对于民族是精神的图腾，是民族之所以凝聚力量、团结奋斗的保证。没有信仰的人，也许是物质生活上的富豪，但必定是精神上的侏儒，没有信仰的民族，必定不会有辉煌的未来。因此，建设人学美学，批判拜物教和拜金主义，深入反思作为信仰载体的哲学、宗教和艺术，克服信仰危机，重新确立真善美的崇高地位，树立以真善美为终极追求的信仰是关涉整个社会的重大工程。美学的进一步发展，需要形成一个敢于面对现实、干预现实、批判现实的学术环境。阎国忠人学美学的核心思想是爱与信仰，它坚持和倡导这样的理论主张：爱是生命的支柱，是完善人性、和合人际关系的动力，美是爱的意义彰显，美既是信仰的内容，也是通往信仰的中介，信仰是人类精神生活的最高形式，是人生观、价值观的最高体现，个体和民族必须树立自己的信仰。阎国忠的人学美学正是以此作为批判的武器来干预现实、发挥其独特的社会功用的。美学家以自己的智慧和力量为爱和信仰发出呼唤，不仅是期望哲学、美学和艺术的繁荣，更是期望中华民族的觉醒和伟大复兴。

毫无疑问，作为实践论美学新形态的人学美学是思想智慧的创造，但这种创造不是凭空的添加，它是建立在马克思主义实践观点和人本主义理论之上的，同时是对实践论美学原有理论中人学思想的深度发掘和新颖阐释，是在批判吸收西方神学美学和人类学美学思想的语境下构建起来的，有着深厚的学术积淀和理论根源，只是在阎国忠新实践本体论美学这里实现了明确转向，确立了比较成熟的理论形态。但应当指出，这一理论形态尚处于初创时

---

① 阎国忠：《攀援：我的学术历程》，《美与时代》，2012 年第 8 期。

期，其理论体系中还有一些问题没有阐释清楚，比如，为什么说人要想确立起对真、善、美作为整体的信仰，从对美的体验开始并最终形成美的意境或境界才有可能？如果是这样，那么，在远古时期，一些部落的原始信仰是从对美的体验开始的吗？桃花源的社会理想固然是对一种美好社会状态的描述，但它还只存在于想象当中，人们如何体验？共产主义作为理性信仰，其美的体验又从哪里开始？这些都需要进一步阐明。当然，任何理论的建构都需要一个较长的发展完善阶段。阎国忠的新实践本体论人学美学不仅在于其理论的系统性，也在于其思想的深刻性，更在于它所具有的重大理论启发意义，在于它将为这一美学形态的发展所提供的广阔明朗的天空。

张玉能教授指出："阎国忠教授是在努力建构一种中国特色当代美学。他的指导思想应该是马克思主义美学……特别突出了马克思主义关于人的本质力量的全面发展、彻底的人本主义与彻底的自然主义的统一的根本思想。"①这一具有中国特色的当代美学就是他的以新实践本体论为哲学基点的人学美学。理论的发展需要与时俱进，实践论美学也不能例外。要赋予实践论美学以新的理论形态，就要赋予其新的思想内容，这才是任何富有生机的理论思想不断发展的根本动力。高建平先生在《2017 年西方美学研究动态：走向实践的当代西方美学》中总结说：当代美学更加关注的是美学的理论品格与现实功效间的关系。② 一切伟大的思想都是对于同一问题的思考。实践论美学的人学转向顺应世界美学发展潮流，既是中国当代美学自身历史和内在逻辑的必然发展，也是人类精神生活趋向完整性和神圣性的需要，更是由当下现实所引发的一切有社会担当的美学家们深刻思索的结果。

以美淑世，以美彰显大爱，以美搭建通往信仰的桥梁，实践论美学家们正在人学美学的路上努力开拓前行。

---

① 张玉能：《严谨的学者 求实的学问》，《许昌学院学报》，2016 年第 3 期。

② 高建平：《2017 年西方美学研究动态：走向实践的当代西方美学》，《中国社会科学网—中国社会科学报》，2017 年 2 月 24 日。

文明互鉴与中国传统美学发展

余开亮

内容提要： 中国传统美学发展，要借鉴现当代的学科意识去阐释传统文化；以本土性的美学思想去促进世界性美学的和谐共存；在全球当代审美实践中，贡献中国美学的智慧。

关键词： 中国传统美学　文明

中国美学的发展与文明交流密切相关，近现代中国古代文明在与西方文明的交汇碰撞中，中国美学逐步形成了以西方现代美学学科范式为主导的传统美学研究路径。这一“西方美学在中国”的研究路径对把中国传统美学带入现代学科研究做出了重大贡献，但也带来了一些生搬硬套、水土不服的弊端。随着西方世界对自身现代性文明所带来困境的反思以及非西方国家国力的增强与文化自信的提升，文明间应平等相处、交流互鉴的呼声成为时代的主流。在文明互鉴时代，中国传统美学发展既面临着极佳的机遇，也面临着诸多的挑战。这就给中国美学学人提出了更高的要求：在继承与发展传统美学时，以文化自信的心态，借鉴现当代的学科意识去阐释与弘扬传统文化，使之赋有当代性的理论效应；在世界文明的交流互鉴中，以平等对话的胸襟，既不避短又敢于扬长，以本土性的美学思想去促进世界性美学的和谐共存；在面对全球具体审美实践问题时，以贡献中国美学智慧的勇气，激活传统来进行美学反思和人文求解。

第一，传统美学要在参照世界美学，特别是在借鉴西方现当代美学研究问题域与研究意识的基础上来实现发展。这就要求中国传统美学在以往研究的基础上，进一步来实现自身的理论化建构，提升中国传统美学自身的学科品质。中国传统美学虽有着丰富与深厚的美学思想与审美经验理论，但并没有系统的学科建制。既然我们今天是以一种现当代学科意识来谈论古代美学，则必须带着一种学科的对象、问题、边界等意识来建构传统的美学。“他山之石，可以攻玉。”用西方美学的学科框架来硬套传统美学固然不对，但无视学科规律性的问题意识与研究意识则更成问题。如果连学科规律性的问题意识与研究意识都难以达成基本共识，又谈什么文明对话与交流互鉴呢？虽然在美学研究中并不存在一个普遍共同的学科框架，但依然存在一种能让人理解的美学知识领域与审美价值追求。因此，作为一种围绕着人的感性生存而延展开来的知识领域与价值追求的美学，并非没有相对一致的学科规律性言说理路。就此而言，人的感性生存体验以及围绕这种感性生存体验而出现的审美文艺活动、日常生活、生态环境、社会政治等皆可以是美学关注所在。虽然中国传统的美学思想重生命体悟而相对缺乏系统性的理论建构，但其智慧也自是一体贯通，有着形散而神不散之鲜活力。我们必须参照世界范围的审美文明成果，特别是在反思现当代西方美学学科发展得与失的情况下，以自觉的学科意识与融通古今中外的视野来实现传统美学言说模式的当代化。只有既具有学科意识又呈现了中国文明特色的美学思想，才能更好地融入当代生活并参与文明互鉴。所以，在发展传统美学时既要去除民族自我中心主义，也要去除西方文化中心主义，而要在文明互鉴、古今中外互看的意识下，以一种现当代审美文明的价值追求为参照，对传统美学的理论资源有所甄别，去伪存真，把传统美学中极具人文情怀、生命意识、道德力量与关注人类命运共同体的中华美学精神凸显出来。只有如此，我们才能“说清楚”并“说得好”古代中国人在美学领域的所思所想与价值取向，推动传统美学思想在当代学科领域的生成。

第二，传统美学发展要立足本土资源，以积极自信的心态去阐释自身的美学精神，总结出具有本土独特性的美学理论，从而参与到世界审美文明的互鉴交流中。相较于西方文化，中国文化有着鲜明的整体关联性思维特点。以现当代审美文明的学科意识来梳理、建构中国传统美学，并不意味着要完全照搬西方的方法论与学科范式，而是要以现当代的美学问题域与反思精神来聚焦传统美学，以实现本土美学的理论生成。实现本土美学的理论生成，不是闭门造车与唯我独尊，也不是要去对抗西方美学，而是要在清醒的美学问题域与新时代价值取向中，去直面中国传统文化对生命、自然、艺术、生活、器具、制度等方面的整体关联性看法，真正去发现传统美学的本土思想价值。比如，在以往的研究中，有人从西方美学的区分型理论出发，来批判中国传统美学的关联型理论，从而得出中国传统美学是以道德凌驾审美的片面结论。面对这样的指责，我们既要看到传统美学把美善混同的客观事实，又要指出这种美善混同的内在文化机制，同时借鉴当代美学由区分型美学走向关联型美学的理论进展，从而在立足于中国文化基础上，建构出具有中国美学特色的美善关联型理论并阐述其理论的合理性。世界文明的交流互鉴有赖于对本土理论的文化自信。“君子和而不同。”多元文明的交流互鉴，实际上讲的是在尊重彼此文明的基础上，去寻找一种“和”“同”。这就要求在多元美学交流中，从各自文明的美学资源中提炼出一些共同关注的命题、范畴、具体理论，来进行或宏观或细微的讨论。这些命题、范畴和一些具体理论应该是在各自的美学中有着相似的意义指向，具有可通约性；同时，不同文明的美学对这些命题、范畴和具体理论的论述是允许存在差异的，而这种差异在交流中是可以被双方理解的。在文明互鉴的视域中，通过对这些共同关注的美学命题、范畴、具体理论的比较，就能看到各自文化对该美学问题的论述，从而打开了对该美学问题扩展理解的可能性。比如，对于一个中外都关注的美学范畴“和谐”，其他文化有着自己的理解，而中国文化有着另外一种理解，相互一比较，这一美学范畴的内涵就得到了扩展和延伸。这种扩展和延伸既有助于中外美学发现各自理论的局限性，又能促进中外美学借助对方唤醒和突破自身，从而走向世界性美学的进一步的多元互补与融合。

第三，传统美学发展要面向包括中国在内的全球当代审美实践，以贡献其在解决全球问题上的中国智慧。任何理论的思考都是基于现实问题的出现并以解决问题为归属的。中国传统美学智慧有着极强的人文情怀，要么是去解决个体生命自适其美的身心安顿问题，要么去解决人与人、人与社会、人与世界美美与共的关系问题。因而，中华美学精神寄托了中国人对美好生命、美好生活、美好环境、美好社会制度、美好家国天下的向往，实有助于解决当前出现的某些审美实践问题。在全球消费时代，人获得了前所未有的物质与感官享受，这既是进步也存有隐忧。一旦只片面地去追寻物质的消费、感官的炫美、艺术的技巧，将会带来人与自然环境、感官需求与精神需要、艺术形式与责任担当乃至各大文明之间的冲突与失衡。因此，去直面审美现代性、日常生活的审美化现象、当代中国与全球的艺术实践、生态环境、跨文化交流等实际现实问题，激发传统智慧，就具体问题来进行美学反思和人文求解，也是中国传统美学研究的应有之义。在面对中国与全球审美实践问题时，当前的文艺理论批评话语和文艺实践应当大力弘扬中国古典美学的有效资源。在几千年的中国文明发展长河中，中国文化陶铸了天人合一、真美善合一、艺道合一、造化心源合一、知情意合一等注重人与万物和谐、追求精神意趣、关爱人类命运共同体等有机整体论模式的美学智慧。这些美学智慧把美置于一种广阔宏大的视野下，有着美好的价值取向，在今天都依然有着极大的理论效应。对这些呈现中国文明智慧的美学精神进行贴近现实问题的理解、重释、援用与激活，必将有助于凸显中国传统审美价值维度以及中国古典美学话语权对当代各种问题的介入，从而能促进人类更加美好地生活。

文明的交流互鉴，是一种平等关系的相互交流互鉴。在交流中互鉴，在互鉴中交流，才能激发出碰撞的火花，照亮前行的道路。中国传统美学也只有在借鉴性、本土性、现实性的多重交叠语境与辩证和合当中进行发展，才能在中国乃至世界的当代生活中散发出迷人的幽香。

建构中国美学的"主义"

马鸿奎

内容提要： 以"主义"为关键词来讨论美学理论格局可以作为中国现代美学理论建构的途径之一。"主义"强调的是理论的系统性和独特性。中国美学中的"主义"指的中国美学中系统性的理论和学说。相对西方美学而言，现代中国美学呈现出一定程度的"失语"，建构现代中国美学的"主义"，寻求与西方的交流和对话，发出自己的"语言"，成为中国美学理论建设的重要历史命题。在当前全球化、信息化的历史条件下，以西方美学为参照，回归中国美学传统资源，通过提出普遍性的问题和解答，重新挖掘概念和范畴的普遍性价值，化史为论，树立正确的格局意识，进而提出具有普遍性的理论和方法。此为建构中国美学"主义"的有效途径。

关键词： 建构"主义"　普遍性　化史为论　格局意识

一、问题的提出

百年以来，中国美学的理论建构呈现出错综复杂的局面。中国现代美学理论建构中，古典美学与西方美学与马克思主义美学(本文中特指中国的马克思主义美学)之间剪不断理还乱的关系，强烈制约着美学理论的历史走向。中国现代美学的发展既离不开对传统美学的溯源，也不能闭门造车脱离西方美学的参照系，同时也不能忽视马克思主义美学的重要作用。近来，随着全球化程度的进一步深化，以世界的眼光打量中国现代美学之建构问题受到越来越多的重视。王建疆将中国美学中“主义”的建构视为此问题的关键。

王建疆在《主义的喧嚣与缺位》一文中，以“主义”为中心深入地分析了20世纪五六十年代主义的喧嚣、80年代主义的泛滥以及泛滥背后主义的缺位。他认为，发生在五六十年代的美学大讨论是原初的、封闭的、政治化的短暂喧嚣，其背后是主义的贫乏；80年代的美学热潮是全球化背景下，西方美学的主义在中国的泛滥，同时，中国美学则表现出无力的“失语”，沦为“看客”。与西方美学在中国的喧嚣和泛滥相对照的是中国美学原创性主义的缺位。其原因是中国美学主观方面缺乏主义意识和思想独立性，客观方面受到极“左”思潮、与传统疏离和学科化建制的影响。由此，主张建立中国美学思想体系和原创的主义和学派。① 王洪岳、夏中义分别从不同角度对此建构“主义”的主张提出批评。王洪岳认为，其中存在着语义上的模糊性，主义与情怀需要进一步明晰。② 夏中义则看到王建疆在论说过程中，对“思想言论”和“理论体系”的混淆，“诊断式”地指出，“主义”一词并非美学概念，经不起逻辑思辨的考验，而且学术理论并非必须以“主义”冠名，以“主义”冠名者也并非全是“有分量”的理论，理论与“主义”间并没有必然之联系，应该讨论的不是“有与无”，而是“是与否”的问题，同时指出，这种对主义建构的强调源于新时代“学术民族主义”的焦虑。进而，他强调，悬置此中西主义之争，以“默存于学”“学无中西之分”的治学态度，多研究问题，少谈主义。③ 窃以为夏中义先生之见，不失为一种途径。然而，就主义之内来谈谈理论问题，也未尝不可。

西方美学界也关注了此番关于中国美学“主义”的讨论。国际美学前主席阿列西·艾尔雅维茨撰文从世界美学格局的视角与王建疆商榷，在对以理论范式为内涵的西方“主义们”发展过程中相互影响的历史进行考察后，肯定了当下中国美学、哲学和整个人文学科在试图与西方理论相“对抗”而做出的努

---

① 王建疆：《中国美学：主义的喧嚣与缺位》，《探索与争鸣》，2012年第2期，第22—26页。

② 王洪岳：《“别现代”理论的模糊性及反思》，《探索与争鸣》，2016年第7期，第76页。

③ 夏中义：《学术史提问与“新世代”焦虑》，《学术月刊》，2016年第6期，第93—100页。

力，同时也暗示了这种努力的影响仅限于“声音”而非“语言”。这一委婉的暗示，虽不无偏见，但也从侧面印证了王建疆对中国美学“失语”的描述，从而更加激起了“新世代”的焦虑和反抗。①

此番讨论将中国美学理论建设的“战略和战术”问题推到历史前台。在全球化、信息化的时代潮流中，中国对话语权的诉求不只发生在经济、政治领域之中，学术文化上的中国话语也是社会历史的必然要求，中国学人无法回避，必须认真面对。在中西学术间的碰撞和交流中，中国美学又一次充当了排头兵。中国美学将以怎样的姿态建构自己在世界学术中的地位，成为摆在学者面前非常现实的问题。此问题的解决直接关系中国美学理论建构的历史走向。具体在此次讨论中则是，中国美学的建构是不是必须以“主义”的名义？如果是，那将是怎样的“主义”？以及如何建构这样的“主义”？

为了回答这些问题，有必要首先对“主义”作一番考察。任何学术讨论都应该以讨论对象的同一性为前提，在同一层面对具有同一内涵之概念进行的讨论才是有效的。

那么，何为主义？

二、“主义”与中国的“主义”

“主义”有以下几种含义：(1)对客观世界、社会生活以及学术问题等所持有的系统的理论和主张：马克思列宁主义、达尔文主义、现实主义、浪漫主义。(2)思想作风：本位主义、自由主义、主观主义。(3)一定的社会制度、政治经济体系：社会主义、资本主义。很明显，美学理论中讨论的主义是在第一种含义的意义上而言的。具体地说，美学讨论中的主义应该是指对美学问题所持有的系统的理论和主张。所谓理论，是指概念、原理的体系，是系统化了的理性认识。所谓主张，是指对事物持有的见解。当用“主义”来指称这种理性认识或见解时，其有一个限制条件，那就是这种理性认识和见解必须是系统的。那何为系统？系统指有若干个相互联系、相互作用的要素与部分所组成的、具有一定结构和功能的有机整体。其根本特征为整体性和关联性。对于主义而言的系统属于概念系统，也就是说，要求“主义”具有整体性，“主义”内部各概念要素具有关联性。综上所述，美学讨论中的主义应当是指对美学问题持有的具有整体性、关联性的理性认识和见解。于是，可以看到

① [斯洛文尼亚]阿列西·艾尔雅维茨著，徐薇译：《主义：从缺位到喧嚣》，《探索与争鸣》，2016年第9期，第75—80页。

判断某认识和见解是否是美学理论中的“主义”，应符合以下条件：(1)针对美学问题；(2)具有整体性，其中各概念要素具有关联性。然而，并非所有符合此条件的认识和见解都以主义冠名。“主义”一词多从英文“-ism”后缀而来，最普遍的用法是加在形容词或名词后，构成抽象名词。其本身就具有多种含义，可以表示主义、宗教、制度、行为、观点、学派，也可以指某种风格、特征、状态。在翻译的过程中，常常根据具体语境和语言习惯做出判断。在表示某种理论学说时，除了翻译为主义，很多时候也译为“说”“论”“学”等。对中西方美学史上符合上述两个条件的美学理论和主张做过梳理后，便会发现：这些被冠以“主义”“说”“论”“学”的理论和主张大致可以分为两种，其一是指哲学思考方式或出发点一致的理论和学说的“集合”，是由后人或同时代人的总结与概括而得出的。在西方，如古典主义、经验主义、理性主义、人本主义，科学主义、现代主义等；在中国，如儒家学说(Confucianism)、道家学说(Daoism)、佛教学说(Buddhism)等。其二是指以具体方法论为核心的一种或一系列的理论和学说。在西方，如西方马克思主义、表现主义、现象学、分析美学、接受美学、图像学等；在中国，如言志说、缘情说、感物说、童心说、性灵说等。前者可以视为广义上以类而聚的“主义们”，表现为具有相同的理论倾向，在一定的历史时期形成一定的思潮；后者是狭义上具体的个体的“主义”，其核心是具体的方法论。前者可以视为后者相应的集合，如经验主义包括霍布斯、博克的快感说，哈奇生的内在感官说，休谟的同情说等以经验事实为研究美学问题出发点的理论；中国的儒家学说包括言志说、比德说、兴观群怨说、发愤说等重视审美社会功能的学说。此外，在学术讨论中，这些指称理论学说的词汇常常以家族的方式联系在一起。在具体的理论语境中是可以辨析清楚的。然而，当一般地讨论“主义”时就应该特别注意是在哪个层面上使用此概念。广义上的“主义”是以倾向于具有相对一致的思考方式或出发点为纽带集合而成的，宏观而言并不具有系统的整体性和关联性。所以，关于“主义”的争论只有在狭义上而言，即在以方法论为核心建构的理论和学说这层意义上而言，才具有现实性，才是有效的。

还应该注意的是，中西美学理论系统建构方式存在不同。西方美学受其哲学实体性宇宙观的影响，形成的是内涵外延相对明晰的概念系统，具有清晰的逻辑结构和关系网络；而中国美学则是在气化虚体性宇宙观的影响下发生发展的，形成的是一种内涵外延及概念之间均无法截然相分的张力型概念系统，概念与概念形成的是一种虚实相生的互动性关系。[1] 这种区别普遍存在于本体论、认识论、价值论等各个方面。借波粒二象性理论作解释，西方美学对美的理解就如强调量子的粒子性，而中国美学则更强调量子的波性。当用西方的实体性系统观审视虚实相生的中国美学概念体系时，“只能看到实的一面，看不到虚的一面，这样一个虚实结合的体系就只呈现出一部分”[2]，故而，看似不成系统，或者因对概念的蕴藉性感到困惑，进而否定理论的整体性。这便是中国美学看起来没有“主义”的关键原因，但只是“看起来”而已。

当认识到“主义”的不同层面以及中西关于“主义”系统性的不同建构方式后，再讨论中国美学的“主义”问题便清楚很多了。中国美学有自己的系统性的理论和学说，这些学说具有虚实相生的整体性，其内部各概念之间存在着具有张力的关联。这是中国美学区别于西方美学的特点，这种特点既有优势也有不足。其优势在于，注意到了观念意识的整体性和语言的局限性，以虚实相生的张力型结构和模糊性、暗示性的表达方式有效保持了整体性并试图克服语言的局限；其不足似乎也在于此，在试图突破语言局限的同时，整体性有所遮蔽，显得不够明晰。这种语言的二律背反，在中国传统美学理论中，显得尤为突出，成为中国美学理论现代性转化的关键问题之一。然而，遮蔽归遮蔽，中国美学的系统性却是无法被否定的。若以“主义”来指称系统的理论和学说的话，中国美学当然有自己的“主义”。

随着现代社会的来临，现代学术的发展要求中国传统美学以现代话语方式呈现出来，对世界范围内现代美学的建构做出贡献。于是在这个中西文化碰撞的时代，便出现了中体西用、引西释中等解决策略。现代中国美学确实结出了一些宝贵果实，宗白华的意境说、李泽厚的实践论等都得到了普遍的认可。然而，与西方美学在中国的“喧嚣”和“泛滥”对比之下，中国美学确实存在一定程度的“失语”。西方学者阿列西·艾尔雅维茨将此描述为“仅仅拥有声音”而未“拥有语言”。王建疆在对“崇无论”的描述中，全面地总结了这种局面。他将此“失语”的原因归为：“关键就在于中国美学缺少原创性的主义”[3]。

---

① 张法：《中国美学史上的体系性著作研究》，北京：北京大学出版社，2008 年，第 6 页。

② 张法：《中国美学史上的体系性著作研究》，北京：北京大学出版社，2008 年，第 11 页。

③ 王建疆：《中国美学和文论上的“崇无”“尚有”与“待有”》，《学术月刊》，2015 年第 10 期，第 133 页。

而在对“主义”做系统的考察后，此原因完整的表述应该是，现代中国美学缺少原创的系统的理论和学说。至于是否冠以“主义”之名，实非必然。建构中国美学的“主义”，其实质是以现代学术规范建构原创的系统的美学理论和学说。

然而，如何建构？面对不同的历史语境，会有不同的回答。不同文化及其相互间的联系与区别构成了理论建构的历史语境，艾尔雅维茨在《主义：从缺位到喧嚣》一文中，宏观地描述了法国、美国代表的欧美，克罗地亚代表的东欧等地区理论建构的历史图景。① 中国原创美学理论的建构面临着同样的，甚至更为复杂问题。于是，有必要首先考察这种原创的系统的美学理论在怎样的历史条件下被建构？

三、主义的建构

从20世纪末至今，世界逐渐进入高度发达的信息化时代。如果说20世纪80年代西方美学在中国所谓的“泛滥”部分地缘于好奇和反叛的心理的话，时至今日，这种好奇和反叛应该早已被唾手可得的信息淡化和弱化。中国的学者面对着的是信息化带来的全球化2.0的版本。不同文化间的交流随着成本的降低和互联网的普及愈加频繁，学者间面对面的沟通和访问已然平常，时间、空间和语言的距离对于学者之间互相交流已经不是问题。有人借此提出，地球是平的。可以设想当下若在西方兴起某种新的主义或思潮的话，中国学者或将与西方学者同时做出反应。全球化的深入为这种极有可能的设想提供了背景意义上的保障。在此意义上，艾尔雅维茨所期待的新的“文人共和国”已然成形。②

然而，在这个“文人共和国”中，摆在中国学者面前的仍然是西方理论的种种“喧嚣”，中国“主义”的失语症并未痊愈。“文人共和国”的根基并不平衡，因而也不稳定，至少对研究中国美学的学者而言是这样的。如何发出属于自己的“语言”，而不仅仅是“声音”，与喧嚣着的西方理论平起平坐，得到西方世界的承认，成为中国美学强烈的学术诉求。王建疆的“别现代”主义便是这种诉求的典型体现。这种对中国“主义”的民族性诉求自然应当成为理论建构

---

① ［斯洛文尼亚］阿列西·艾尔雅维茨著，徐薇译：《主义：从缺位到喧嚣》，《探索与争鸣》，2016年第9期，第78页。

② ［斯洛文尼亚］阿列西·艾尔雅维茨著，徐薇译：《主义：从缺位到喧嚣》，《探索与争鸣》，2016年第9期，第79页。

的又一层背景。为此，中国美学学者已经做出很大努力。需要说明的是，这并非源于狭隘的民族主义。大多中国学者在试图建构自己的“主义”时并未偏激到唯我独尊的地步。在不同程度上，都试图将这两种根植于不同文化的理论相融合，追求两者一定意义上的统一。在世界性与民族性间寻求一种平衡，维持二者间的张力，追求理论的普遍意义成为学界的共识。“共相，或曰世界、人类生活之普遍性才是人类科学事业的主要内容，由殊相到共相，越异以求同，才是人类科学事业的主要内容。”①王建疆在回应艾尔雅维茨的文章中也认为“哲学是世界的还是民族的并不重要，重要的在于是否具有世界价值。”②这种普遍性价值也正是艾尔雅维茨的“文人共和国”所期待的。事实上，不论是西方还是中国的学者都将建构解释性最强、普遍性最大的理论作为自己学术追求的目标。随着信息化和全球化的进一步深入，西方学者对中国文化的了解将越来越深入。“异质”的中国文化逐渐进入西方学者的视野。相比之下，近百年的西学东渐使得中国学者对西方文化已有很深的了解。在程度上，远远超过西方之于中国。西方美学的参照系已然十分清晰。因而，对中国美学而言，探寻美学理论普遍性的条件更加成熟，此当是建构“主义”的必要条件。

既然构建具有普遍意义和普遍价值的“主义”，实现中西美学的有效对话和沟通，业已成为学界共识，那么，从哪里入手寻求普遍性，具体如何实现这一美好前景呢?

任何一种主义的建构，其时空属性都应该是独特的，既有别于历史中已存在过的，又有别于同时代不同文化现存的。然而，这种独特性到底源于何处？王建疆将中国哲学、中国美学的发展寄希望于“用普遍真理、普世价值表达一种具有民族性的思想。”③以此，表达出了对普遍性的追求；进而，主张以“突出中西马我中‘我’的个性和原创性”④来实现这种追求。然而，这种追求方式，似乎存在着本末倒置的缺陷，对建立普遍性的“主义”是否有效，难以得

① 薛富兴：《普遍意识：中国美学自我超越的关键环节》，《江海学刊》，2005 年第 1 期，第 189 页。

② 王建疆：《哲学、美学、人文学科四边形与别现代主义》，《探索与争鸣》，2016 年第 9 期，第 86 页。

③ 王建疆：《哲学、美学、人文学科四边形与别现代主义》，《探索与争鸣》，2016 年第 9 期，第 86 页。

④ 王建疆：《哲学、美学、人文学科四边形与别现代主义》，《探索与争鸣》，2016 年第 9 期，第 86 页。

到充分的证明。第一，思想的民族性固然重要，但是就当代对中国美学提出的要求而言，普遍性应当作为其首要因素。而至于其民族性，则无须刻意，依托于思想材料之来源即可实现。毫无疑问，从中国美学史中提取材料，无疑将具有不可争辩的民族性。第二，普遍性蕴含于特殊性之中，普遍性以特殊性的形式表现出来。普遍真理、普世价值总是蕴含于民族性理论资源当中，且以民族性的方式呈现，应该是从“民族性的思想”中寻找“普遍真理、普世价值”，而非相反。第三，“中西马我”的宏观表述概括式地呈现了思想格局的现实面貌，然而却在一定程度上，内在地割裂了彼此间的联系。特别是对“我”的个性的强调，突出了四者间的对立。这与对“普遍性”的追求是背道而驰的。

“无论如何，我们必须从自己民族传统中寻找属于自己的学术和思想之‘根’，这样才能真正参与世界的思想对话和交流。”①这并非狭隘的民族主义，而是与西方进行对话和沟通的基础和资本。为了保证对话和交流的有效性，而非二者各自自言自语的喧嚣，还需要以一定程度的统一性做基础，这统一性就建立在民族美学中蕴含着的普适性之上。于是，从中国美学的独特资源中挖掘具有普遍性的理论和方法，是建构中国美学原创“主义”的有效途径，同时也是中西美学交流对话之前提。其一，如前所述，随着信息化、全球化的深入，中西对话的沟通机制已然成熟。两种文化间，美学学术讨论的及时性和有效性已大大加强。审美实践中，双方常常面临着相同的问题，在同一时间讨论同一问题的条件皆已具备。其二，中国美学在悠久的历史发展中积累了丰富的资源，虽然相比西方美学，明晰性不足，但是正因如此在传统美学现代转型的意义上，其所具有的模糊性和暗示性同时也表现出了较强的理论阐释性和可塑性。此特征将对建构“主义”的普遍性提供强有力的支撑。换个角度而言，对蕴藉丰厚的传统美学概念范畴进行普适性阐释，也是中国传统美学现代性转化之有效途径。其三，随着中西交流的深入，西方学者也越发关注中国美学，特别是中国古典美学资源，并试图从中寻找构建普遍性的依据。意大利美学家马其亚努认为，当今美学思考最要紧的问题是心理上的东方理论，同时提出为世界美学构造一种世界语或共同语的提议。芬兰学者索尼娅·塞沃玛认为，只有在东方思想中，美学才会通过对古典的复兴找到

① 徐碧辉：《让传统进入生活——中国传统美学的继承与创新》，《哲学研究》，2003年第2期，第72页。

新生的力量，并认为，东方诗性智慧对当代美学寻找新的出路具有重要价值。[1] 由此可见，依托中国美学资源建构具有普遍性的“主义”具有很强的现实性，此途径已经得到中西美学学者的普遍认可。

以寻求美学理论普遍意义和普遍价值为出发点，在西方美学理论的参照下，重新审视卷帙浩繁的中国美学资源，才能真正意义上实现原创“主义”的建构，进而在与西方美学对话和交流中发出“语言”而非仅仅是“声音”。“我们要自觉地把以中华审美特殊性材料研究人类美学普遍性问题作为中国美学史研究的题中应有之义、重要课题，甚至是最高目的，自觉地用这种普遍意识克服和超越民族文化本位主义，拓展自己的学术视野和文化胸怀，并以之为中国美学由弱到强，与强势文化对话，最终实现中西文化平等的现实途径。”[2] 具体而言，我们可以：第一，从中国美学的立场提出具有普遍性的问题并寻求解答。“重新系统地梳理中华审美固有材料，充分发掘中华审美特殊性材料的普遍学术价值，用中国美学材料提出和解决一些西方美学尚未提出，或虽已提出、然尚未很好解决的问题，这样才能切实深化和拓展中国美学的既有成果，为当代中国美学开出新境界。”[3]问题意识是学术研究的开端。中国美学以中国式的话语提出了诸多的普遍性问题，比如：美善关系问题、审美心胸问题、形神问题等。这些问题的提出与解答，其意义并不止于中国美学内部，完全可以与西方美学的相关论述形成富有张力的对话。第二，挖掘中国美学概念、范畴的普遍意义和普遍价值。理论最基本的结构是概念、范畴及其相互关系。理论的构建，在基础意义上，可视为是概念、范畴的阐释和相互关联。中国美学系统性的理论和学说正是建立在其一系列的观念、范畴之上。如：文与质、意象、意境、气韵等概念、范畴构成了中国美学理论大厦的核心，各概念、范畴相互关联，构成了其基本结构。难道这些概念、范畴只对反思中国审美实践有效吗？在全球化的今天，完全有理由将其置于“世界美学”普遍性的理论建构中，挖掘其之于人类审美活动阐释的普适价值。第三，化史为论，史论结合，从中国美学史中探寻普遍性的美学理论。中国文化有深厚的历史意识，以史为鉴、化史为论历来受到中国学者的重视。在美学研

① 刘成纪、席格：《中西美学比较研究综述》，见《中国美学年鉴》，2003 年，郑州：河南人民出版社，第 83—84 页。

② 薛富兴：《普遍意识：中国美学自我超越的关键环节》，《江海学刊》，2005 年第 1 期，第 189 页。

③ 薛富兴：《中国美学深化的三个问题》，《贵州社会科学》，2008 年第 3 期，第 7 页。

究中，同样可以从中国美学独特的发展史中，提炼出具有普遍性的理论。“先秦美学哪些材料可以有效说明人类早期审美意识发生问题，汉魏美学如何解释后发生阶段人类审美意识的拓展问题，唐宋美学如何呈现人类古典审美高潮格局，元明清美学如何解决人类古典审美的现代转型问题。”①以寻求普遍性的眼光审视中国美学史，在美学史材料基础上，提出普遍问题和研究方法，探寻普遍意义和普遍价值，将为人类审美研究提供更加广阔的视野。第四，树立正确的理论格局意识，辩证处理“中西马我”的逻辑关系。艾尔雅维茨在与王建疆商榷中提出中国式原创理论的依据问题，并指出其“不育性”，表示“除了斗争和缓慢的相互交流甚至同化之外，别无他法。”②此论调脱离了中国美学学术建设的实际，忽视了理论建构的能动性。王建疆以对“中西马我”格局中“我”的个性和原创性的强调为回应，同时也强调了他的“别现代主义”观点。然而，站在建构系统性、原创性“主义”，寻求中西平等对话的立场上，重视“我”的普遍性更具有基础地位。“我”从哪里来？就中国美学而言，“我”当然来自中国传统美学资源。“我”作为源自中国传统美学资源、具有普遍性的“主义”，融会贯通“中西马”。（见图1）这不仅解决了艾尔雅维茨提出的“不育性”问题，同时，还展现了这样一幅理想的图景：随着不同理论间对话和交流的深入，“我”的范围将不断扩大，一种世界美学正在形成。

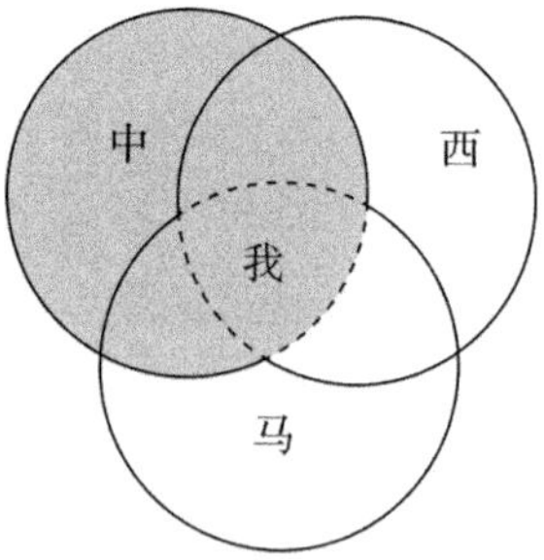

图1

挖掘中国传统美学资源的普遍性意义，同时也是古典美学现代转化的重要路径。中西方美学面临着同样的现代审美问题，如生活审美、身体美学、环境审美等话题，均可以在中国古典美学资源中找到相关论述。儒家美学有着强烈的伦理生活美学维度，“重温中华伦理文化、生活美学传统，全面反省中西伦理、审美思想资源，积极倡导以温暖人情经营和体验为基本内容的生活美学，谋求伦理实践与审美生活的融合，是当代中国美学自我实现、自我深化的基础。”③道家美学对当代身体美学有着积极重要的启示。理查德·舒斯

① 薛富兴：《中国美学深化的三个问题》，《贵州社会科学》，2008年第3期，第7页。

② [斯洛文尼亚]阿列西·艾尔雅维茨著，徐薇译：《主义：从缺位到喧嚣》，《探索与争鸣》，2016年第9期，第76页。

③ 薛富兴：《中国生活审美传统及其当代意义》，《民族艺术研究》，2004年第6期，第11页。

特曼认为，他的身体美学更加接近《庄子》所说的"堕肢体，黜聪明，离形去智，同于大通"的坐忘思想，并由此"意识到身体美学和传统道家思想之间展开对话的重要意义"。① 中国古代的自然审美思想同样对当代环境美学的深入发展做出了具有普遍价值的理论贡献。薛富兴教授依托中国古典自然审美资源，提出"观物、格物和体物"的人类自然审美欣赏方法，深化了当代环境美学的自然审美理论。由此可见，立足中国传统美学，提出具有普遍性的理论和方法，不仅是建构中国美学的"主义"，寻求与西方交流和对话的必由之路，同时也是进一步促进中国美学理论的现代性转化的有效途径。

① [美]理查德·舒斯特曼著，王辉译：《身体美学与中国哲学——以具身化的道家哲学为例》，《江海学刊》，2016年第4期，第43页。

“万物一体”思想与中华诗学的审美特征

张　晶

内容提要：“万物一体”是中国哲学的一个基本的观念，是“天人合一”思想的集中表述。当代著名哲学家张世英提出“人—世界”的在世结构，就是以“万物一体”为其思想根源的。“万物一体”作为哲学命题由宋代思想家张载、程颢明确提出，而作为仁学的基本内涵，却是从先秦儒家经典中发源。道家哲学也从另一系统进入这一命题。本文从哲学角度梳理了“万物一体”的基本意蕴，又由此生发了其对独特的中华美学气质的生成路向。本文还简要阐述了“万物一体”观念的当代美学价值。

关键词：万物一体　“人—世界”在世结构　仁学　一气流行　交互主体性

一、从张世英的“人—世界”在世结构谈起

在中国哲学和思想传统中，“万物一体”是一个非常普遍、尤为重要的基本命题。在某种意义上说，“万物一体”是“天人合一”这个总体观念的具体理论表述，体现了中华民族与西方那种“天人二分”迥然有异的独特价值观。它虽然是儒家思想发展到理学阶段的代表性命题，但却超越了儒家思想的局限而具有代表中华民族哲学特色的性质。当代著名哲学家张世英教授通过中国哲学的“万物一体”观念生发

出横向超越与纵向超越的中西哲学的差异。他指出：“以‘人—世界’结构或‘万物一体’为前提的‘横向超越’也决不是摒弃概念、普遍性，它只是认为概念、普遍性不是离开感性中的特殊性而独立存在的，所以‘横向超越’中的在场的东西和不在场的东西并不只是指简单的个别的东西，而往往是指包括概念、普遍性在内的复杂的事物，是‘理在事中’的事物。”①张世英先生又从“万物一体”观念提出了“相通”和“相同”的不同的本体论思想，而且认为应该以“万有相通”的本体观来认识人类社会和自然万物。从这个角度看，物我两忘的审美境界，应是人生境界中的核心部分。这也是在张世英的哲学体系中“审美观”占了相当重要位置的原因。张世英提出两种人生在世的结构：一是“主体—客体”；另一是“人—世界”，前者把世界万物看成是与人处于彼此外在的关系之中，并且以我为主(体)，以他人为客(体)，主体凭着认识事物(客体)的本质、规律性以征服客体，使客体为我所用，从而达到主体与客体的统一。“人—结构”则是把二者视为血肉相连的关系。人是世界万物的灵魂，万物是肉体，人与世界万物是灵与肉的关系。在“人—世界”的在世结构的本体观中，中国哲学的“人与天地万物一体”是最典型的。在这种关系中，人与物的关系是共处和互动的关系。人与万物相通相融。人不仅作为有知识(知)的存在物，而且作为有情、有意、有本能、有下意识等在内的存在物而与世界万物构成一个有机的整体。②

“人—世界”的在世结构，超越主客体两分的关系，而主张人与世界万物融合互动的关系。因此，它天然地与人的审美意识有着“血缘”联系。因此，在张世英的哲学体系中，“审美观”占有非常重要的地位就是顺理成章的。张世英认为以往的美学对审美意识的基本看法，有的主张审美意识主要源于主体；有的主张审美意识主要源于客体；有的主张审美意识是主客体的统一。在张世英看来，这三种无论哪一种，都逃不出主客关系的模式。而这种模式的特点，在于把主体和客体都看成两个彼此外在、相互独立的实体。在张世英看来，审美意识是人与世界的交融，用中国哲学的术语来说就是“天人合一”。这里的“天”指的是世界万物。它的具体内涵，体现得最为集中、最为典型的还在于宋明理学以来的“万物一体”观念之中。人与天地万物“一气流通”，融为一体，不可“间隔”，这个不可间隔的“一体”是唯一真实的。③ 由此我们可

① 张世英：《哲学导论》，北京：北京大学出版社，2008 年，第 30 页。
② 张世英：《哲学导论》，北京：北京大学出版社，2008 年，第一章第一节。
③ 张世英：《哲学导论》，北京：北京大学出版社，2008 年，第十一章。

以清晰地看到，“万物一体”观念与审美意识之间的内在联系。

“万物一体”的命题，在宋儒的思想体系中得以完善和成熟地提出，但其思想内涵，在孔孟的仁学及易学中就已明显地得以发显。或者说，“万物一体”是对儒家仁学的一个重要概括。因此，本文在论述“万物一体”的思想时，并不限于宋明理学家，如张载、程颢、王阳明等人的相关论述。

作为中华民族的一种基本的人生观、宇宙观乃至于价值观，“万物一体”的观念表现出独特的观照人生、观照世界的方式，由此必然影响人们的审美观念和审美方式。从中国诗学的理论与创作实践体现出的审美意识来看，与“万物一体”的观念有内在联系者颇多。在某种意义上，支撑起中国美学的民族气质和民族品格。本文试图寻绎其间的内在联系。

二、“万物一体”的哲学意蕴

“万物一体”所表达的是中国哲学中人与宇宙万物息息相关、构成具有生命力和一气贯注的整体的思想，是儒家仁学的集中体现。北宋思想家张载明确提出“天人合一”的重要命题，在其《西铭》中有“故天地之塞，吾其体；天地之帅，吾其性。民吾同胞，物吾与也”的名言，已经表述了“万物一体”的基本内涵。著名理学家程颢非常推崇张载的《西铭》，认为“订顽一篇，意极完备，乃仁之体也。”①从而明确提出“万物一体”的重要命题。程颢说：“所以谓万物一体者，皆有此理。”②张载、程颢等以“万物一体”为仁的基本规定，这也是理学的一个重要特征。程颢又说：“学者须先识仁。仁者，浑然与物同体。”③程颢主张，圣人的“至仁”境界，就是将天地万物当成自己的肢体一样，与自己是一个有机的整体，其云：“若夫至仁，则天地为一身，而天地之间，品物万形为四肢百体。夫人岂有视四肢百体而不爱者哉？圣人，仁之至也，独能体是心而已，曷尝支离多端而求之睡在外乎？”④二程弟子最著名者是谢良佐（上蔡）和杨时（龟山），他们的学术宗旨都以“求仁”为目标。杨时以“万物一体”为“仁之体”，指出：“能常操而存者，天下与吾一体也耳，孰非吾仁乎？”⑤又答

---

① （宋）程颢、程颐：《二程集》，北京：中华书局，1981 年，第 15 页。
② （宋）程颢、程颐：《二程集》，北京：中华书局，1981 年，第 33 页。
③ （宋）程颢、程颐：《二程集》，北京：中华书局，1981 年，第 16 页。
④ （宋）程颢、程颐：《二程集》，北京：中华书局，1981 年，第 74 页。
⑤ 引自陈来：《仁学本体论》，北京：生活·读书·新知三联书店，2014 年，第 279 页。

门人问：“万物与我为一，其仁之体乎？曰：然。”①明代大思想家王阳明更从心学的立场出发，表达了“仁者以天地万物为一体”的观点，如说：“夫圣人之心以天地万物为一体，其视天下之人无外内远近，凡有血气，皆其昆弟赤子之亲，莫不欲安全而教养之，以遂其万物一体之念。天下人之心，其始亦非有异于圣人也，特其间于有我之私，隔于物欲之蔽，大者以小，通者以塞，人各有心，至有视其父子兄弟如仇仇者。圣人忧之，是以推其天地万物一体之仁，以裁天下使之皆有克其私去其蔽，以复其心体之同然。”②这在王阳明的论著中比比皆是。

“万物一体”的思想是中国人宇宙论的最为集中的表述，也是宋明理学家们融合儒家和道家关于人与自然的关系的观念之后，对于仁学的重新建构。“万物一体”主要包含了这样一些哲学内涵，同时也是仁学在新儒家阶段的理论进展。一是人与社会、人与自然整体和谐，并以“生生之德”的生命创造作为这种整体和谐的动力；二是以主体的情感和知觉推及他人及万物，使人间及宇宙成一有情世界；三是“一气流行”作为“万物一体”的基本物质元素，形成了人与宇宙万物的统一性。“万物一体”思想的这些哲学内涵，是从有关“万物一体”的相关论述中提炼出来的，但也未始不是带着笔者的倾向。具有非常丰富而且独特的美学基因，在某种意义上影响了中国美学的一些特质。从对“万物一体”思想的哲学内涵来观照其所生成的中国美学特质，也许正是本文撰述的初衷所在。

人与万物的一体化，人与自然的和谐，而且形成一个生命关联的整体，这是先秦儒家“仁学”的基本内涵之一。如孔子所说的“天何言哉，四时行焉，百物生焉，天何言哉！”③认为宇宙自然以四时运行、万物生长为己任，这是与其关于“仁”的观念相关联的。孔子有“仁者乐山，智者乐水”的名言，也表现出孔子以自然山水为友生的情怀。蒙培元先生对此所作的阐释使我们从这个方面得到启示，他说：“这正是仁智之士热爱大自然的写照，是人与自然和谐相处、从中得到无限乐趣的合伦理与审美而为一的境界。山水之乐无疑是自然美，但是只有当个体的生命情感融入大自然的山水之中，进入情景交融的

① 引自陈来：《仁学本体论》，北京：生活·读书·新知三联书店，2014年，第279页。

② 王阳明：《拔本塞源论》，引自陈来：《仁学本体论》，北京：生活·读书·新知三联书店，2014年，第293页。

③ 《论语·阳货》，见(宋)朱熹：《四书章句集注》，北京：中华书局，1983年，第180页。

状态，才能感受到乐。仁者不仅爱人，而且热爱大自然，山水是自然界特别是大地的象征，是一切生命的源泉与栖息地，对山水的热爱充分体现了仁者的情怀，也是仁者的生命依托。孔子很重视乐，把心中之乐看成是人生的最高追求；但乐不仅是一种主观感受，而是天人合一境界的最高体验，以山水为乐，就是这一境界的体现。"①蒙培元的这番阐释更多的是侧重于生态文明，却也揭明了儒家仁学的本来内涵。孟子发挥了孔子的仁学思想，并且明确提出了"仁民爱物"的仁学命题。"仁民"是对人的同情仁爱，"爱物"则是爱护人之外的动物、植物等。这是从生命的意义上，将人与万物连成一个整体的观念。"仁"在孟子这里就不仅是对他人的仁爱，还包括了对于万物的关怀。孟子还提出"万物皆备于我"的命题，也是从"我"的角度，将天地万物纳入人的主体观照之中，也即意味着万物与人成为一生命的整体。《周易》更为明确地从生命创造的意义上来谈易，《易传》中提出的"生生之为易""天地之大德曰生"，认为生命创化是易的根本精神所在。《易经·系辞(上)》说："生生之谓易"，以连续不断的创生过程作为"易"的正面解释，可以说揭示了"易"的内在本质。《系辞(下)》中也说："天地之大德曰生"，也是把"生"作为天地自然的"大德"。

宋明理学进一步彰显了先秦儒家的仁学思想，主要是"天人合一"的基本命题，得到了系统的阐发。"万物一体"在宋明理学中成为"仁"的主要内涵。张载(横渠先生)最早明确提出"天人合一"，说："儒者则因明致诚，因诚致明，故天人合一，致学而可以成圣，得天而未始遗人，《易》所谓不遗、不流、不过者也。"②这是理学家对天人关系最为概括的说明。张载还提出了在中国思想史上更具影响力的"民胞物与"的命题："乾称父，坤称母，予兹藐焉，乃混然中处。故天地之塞，吾其体；天地之帅，吾其性。民吾同胞，物吾与也。"③。"民胞物"就是以天下百姓为同胞，以世间万物为友生。张载认为人只是乾坤万物中之一物，而人的主体精神，又能贯通万物而成一体。人与万物之所以能合为一体，在于人性能与万物的感通。其后程颢明确提出仁即是"万物一体"，强调仁的精神境界也即万物一体的境界。程颢说："医书言手足痿痹为不仁，此言最善名状。仁者，以天地万物为一体，莫非己也。认得为己，何所不至？若不有诸己，自不与己相干。如手足不仁，气已不贯，皆不属己。

① 蒙培元：《人与自然——中国哲学生态观》，北京：人民出版社，2004年，第104页。
② (宋)张载：《张子正蒙·乾称篇》，见《张载集》，北京：中华书局，1978年，第65页。
③ (宋)张载：《张子正蒙·乾称篇》，见《张载集》，北京：中华书局，1978年，第62页。

故‘博施济众’，乃圣之功用。仁至难言，故止曰‘己欲立而立人，己欲达而达人，能近取譬，可谓仁之方也已。’欲令如是观仁，可以得仁之体。”[①]程颢“万物一体”，包含的意思是人作为主体与万物形成一个如人的身体一样的有机整体，将自然万物视为自己的身体的一部分，此为仁之境界。

“万物一体”的观念是人与宇宙万物的沟通融合，构成一个有机的整体。那么，人与万物的沟通又是如何实现的呢？这就在于我作为主体，把自己的情感和知觉推及万物，由此而与事物相互感通。“万物一体”说将人置身于万物之中，但却并未消解了人的主体作用，而是以主体的情感或知觉与万物相连通，这就成了“万物一体”的命题的逻辑前提。理学家所说之“心”，更多的是指主体的情感或知觉的功能。张载以“感”来说明主体与万物相通的方式：“有无一，内外合，此人心之所自来也。若圣人则不能专以闻见为心，故不能专以闻见为用。无所不感者虚也，感即合也，咸也。以万物本一，故一能合异；以其能合异，故谓之感；若非有异则无合。天性，乾坤，阴阳也，二端故有感，本一故能合。天地生万物，所受有不同，皆无须臾之不感，所谓性即天道也。”[②]万物之所以能合而为一，是因其有共同的本根，即天道，因为有了共同的本根，才能将分殊之异合为一体。“合异”的方式与功能，在于主体之“感”。程颢则将人与万物看作一个活生生的有机身体，“品物万类”则如同人的“四肢百体”，当然是不可分割的。程氏说：“若夫至仁，则天地为一身，而天地之间，品物万类为四肢百体。夫人岂有视四肢百体而不爱者哉？圣人，仁之至也，独能体是心而已，曷尝支离多端而求之自外乎？故能近取譬者，仲尼所以示子贡以为仁之方也。医书有以手足风顽谓之四体不仁，为其疾痛不以累其心故也。夫手足在我，而疾痛不与知焉，非不仁而何？世之忍心无恩者，其自弃若是而已。”[③]“四肢百体”如果麻痹那就是“不仁”；而“仁”则是对于“四肢百体”痛痒的感知。程氏以这种知觉的功能来说明主体和万物的关系。

除了主体的情感和知觉功能之外，“万物一体”的实践意义还在于可以落实到物质的统一性，那就是“一气流行”。张载以“气”作为天地万物的统一性物质，这就是张载哲学所说的“气一元”论。张载以气为宇宙万物之根本，并称之为“太虚”。而气又为运动、变化着的实体，它的聚散氤氲造就了万物之殊形。张载指出：“太虚无形，气之本体，其聚其散，变化之客形尔；至静无

---

① （宋）程颢、程颐：《二程集》，北京：中华书局，1981年，第15页。

② （宋）程颢、程颐：《二程集》，北京：中华书局，1981年，第63页。

③ （宋）程颢、程颐：《二程集》，北京：中华书局，1981年，第74页。

感，性之渊源，有识有知，物交之客感尔。客感客形与无感无形，惟尽性者一之。”①南宋大儒朱熹也是以“一气流行”的观念作为“仁义礼智”的发生之源，如其答弟子说：“郑问：仁是生底意，义礼智则如何？曰：天只是一元之气。春生时，全见是生；到夏长时，也只是这底；到秋来成遂，也只是这底；到冬天藏敛，也只是这底。仁义礼智割作四段，一个便是一个；浑沦看，只是一个。”②在朱子看来，作为人的精神境界的仁义礼智，以及作为自然之序的春夏秋冬，其本源都在于气。当然，在朱子哲学中，理是气的本源，气是理的表现。如其所说：“天地之间有理有气。理也者，形而上之道也，生物之本也。气也者，形而下之器也，生物之具也。是以人物之生必禀此理然后有性，必禀此气然后有形。”③朱子哲学中，理在气先是其重要的命题。理是形而上的，是宇宙万物之本根；气则是形而下的，是化生万物之具。在朱子的哲学中，“理在气先”是其重要的本体论观念，“理”是天地宇宙的根本，也是世界统一的本体。朱熹是将天地万物看作一个统一的整体的，他所说的“理”或“太极”，是自然与社会总的本根。朱子所说：“合天地万物而言，只是一个理”。④理是天地万物形成一个统一整体的本体，而之所以能够成为一个整体，却离不开气的生化万物的作用。朱熹对于理气关系说了很多，并提出“理在气先”是一种逻辑在先的关系。如说：“或问：‘理在先，气在后。’曰：‘理与气本无先后可言。但推上去时，却如理在先，气在后相似。”⑤朱熹谈到气的化育万物的功能时说：“某谓天地别无勾当，只是以生物为心。一元之气，运转流通，略无停间，只是生出许多万物而已。”⑥万物之所以能够“一体”，一气流行是最基本的物质因素。

三、从“万物一体”观念生发出的中华美学气质

万物一体的哲学内涵颇为复杂，非本文可以说得清楚。但抽出这三个方面，是与中华美学的独特民族气质相关联的。“万物一体”作为一个重要的哲

① （宋）张载：《张子正蒙·太和篇》，见《张载集》，北京：中华书局，1978年，第7页。

② 朱熹：《朱子语类》卷六，北京：中华书局，1986年，第107页。

③ 《朱子文集》卷五十八《答黄道夫一》，见《朱子全书》第23册，上海：上海古籍出版社，2010年，2755页。

④ 《朱子语类》卷一，北京：中华书局，1986年，第2页。

⑤ 《朱子语类》卷一，北京：中华书局，1986年，第3页。

⑥ 《朱子语类》卷一，北京：中华书局，1986年，第4页。

学命题在宋代得以提出和确立，而其丰富的内涵和清晰的脉络，是从先秦时期开始就奠定了坚实的基础的。中华民族的美学观念和审美方式有其独特的民族特征，且在文学艺术创作中有着广泛的呈现，其中一些重要的特征，与万物一体的思想有着深刻的内在联系；或者说，在某种意义上，万物一体的思想造就了中国美学的独特气质。粗略来看，大致有这样几个方面可以支持本文的认识：一是“万物一体”的观念使中国人在艺术创作的审美关系上呈现出特殊的样态，审美主客体的关系在更多的时候不是一对一的关系，审美对象呈现为有机性的完整的场域；二是由艺术家审美活动而创造出的文学艺术作品，有着元气淋漓的生命感；三是审美活动的主客体呈现出普遍的主体间性；四是审美主体不是孤立的，而是在对万象的映射中凸显其主体地位的。这几个方面有着非常密切的联系，但又可以分而论之。

审美主体与客体的关系，是一种明显的对象化关系，主体与客体，在审美活动中是彼此对应而又相互依存的。没有主体的全身心对某个对象的投入观照，就谈不到审美对象或云审美客体的产生；反之，如果没有某个对象以其独特的形象、“灿烂的感性”(杜夫海纳语)激活着面对着它的人，审美主体也就无从谈起。黑格尔在谈到人与事物之间的对象化，其实是以审美活动作为出发点的。黑格尔认为，人以两种方式获得对于自己的认识，其一是认识的方式，其二是实践的方式。实践的方式也正是审美活动的本质。黑格尔指出：“人通过实践的活动来达到为自己(认识自己)，因为人有一种冲动，要在直接呈现于他面前的外在事物之中实现他自己，而且在这实践过程中认识他自己。人通过改变外在事物来达到这个目的，在这些外在事物上面刻下他自己的内心生活的烙印，而且发现他自己的性格在这些外在事物中复现了。”①黑格尔还以著名的例子来说明在艺术的审美活动中的对象化特征：“儿童的最早的冲动就有要以这种实践活动去改变外在事物的意味。例如一个小男孩把石头抛在河水里，以惊奇的神色去看水中所现的圆圈，觉得这是一个作品，在这作品中他看出他自己活动的结果。”②马克思更为明确地以“对象化”来阐述人与事物之间的关系，从而成为著名的美学论断。他说：“一切对象也对他说来成为他自身的对象化，成为确证和实现他的个性的对象，成为他的对象，而

① [德]黑格尔著，朱光潜译：《美学》第一卷，北京：商务印书馆，1979年，第39页。

② [德]黑格尔著，朱光潜译：《美学》第一卷，北京：商务印书馆，1979年，第39页。

这等于说，对象成了他本身。”①“对象化”之于审美活动，是一种专属的状态。正如朱光潜先生所说的：“美感经验是一种极端的聚精会神的心理状态。全部精神都聚会在一个对象上面，所以该意象就成为一个独立自足的世界。”②在审美活动中的这种主客体的关系，似乎就应该是这样一对一的关系。因为如果没有主体和客体的这种在特定过程中的相互作用，也就无从谈起审美的发生。

万物一体的观念使中国人的审美有着更值得深入关注的特点。首先，中国诗学所体现出的对象化审美，在具体的外在事物作为诗人的感兴点外，还隐含着与之连通的一个具有生命感的整体世界。

从审美活动的方式上看，中国的文艺理论从开始便提出主体和客体之间的对象化关系，如《老子》中所说的“涤除玄鉴”，虽是就体道的方式而言，却是对后来的艺术创造和审美活动产生了一以贯之的影响。提出“天地与我并生，万物与我为一”(《齐物论》)的庄子，可谓“万物一体”思想的最早提倡者，他也主张观照过程中的“用志不分，乃凝于神”(《庄子·达生》)。这是主体和对象之间构成审美关系的必要条件。徐复观先生就此阐发道：“剋就某一具体之艺术活动而言，则是忘去艺术对象以外之一切，以全神凝注于对象之上，此即所谓‘用志不分’。以虚静之心照物，则心与物冥为一体，此时之某一物即系一切，而此外之物皆忘；此即成为美地观照。”③庄子提出的“心斋”“坐忘”，之所以那么深刻地影响于后世的文艺理论，也在其“用志不分”的对象性观照。南朝大画家宗炳提出的“澄怀味象”，也正是在艺术创造之前的对象化的审美观照。在中国古代人的文艺理论中，这种说法也是随处可见的，可以看出无论在中国还是在西方，关于审美活动的基本方式，是有着颇为接近的看法的。但是本文所要说的不在这个“同”，而在其“异”。这个“异”又在何处？中国古代的文艺理论或艺术创作中体现出来的审美关系，往往是在具体的审美对象的背后，有一个连通为一体的整体性世界。审美主体以具体的物作为感兴点，所感发的审美情感，并非只是对这个具体的事物的投入，而是将与具体对象连通为一体的整体作为内涵了。南北朝时期的著名文论家刘勰提出的“隐秀”，更为恰当地揭示了这种特质。刘勰说：“夫心术之动远矣，文情之变深矣，源奥而派生，根盛而颖峻，是以文之英蕤，有秀有隐。隐也者，文

① [德]马克思著，刘丕坤译：《1844年经济学—哲学手稿》，北京：人民出版社，1979年，第78页。

② 朱光潜：《文艺心理学》，桂林：漓江出版社，2011年，第8页。

③ 徐复观：《中国艺术精神》，沈阳：春风文艺出版社，1987年，第107页。

外之重旨也；秀也者，篇中之独拔者也。隐以复意为工，秀以卓绝为巧，斯乃卓章之懿绩，才情之嘉会也。夫隐之为体，义生文外，秘响傍通，伏采潜发，譬爻象之变互体，川渎之韫珠玉也。”[①]刘勰所论，似乎从文章学角度更为清楚，而从美学的意义上，“隐秀”论的价值也可以得到阐发，隐和秀并非分开，而是一体化的。“秀”是作品中突出的亮点，可以作为审美对象；而“隐”则是由“秀”蕴含的渊深的整体。如果把作品作为审美对象的话，要通过对“秀”的感知而体验后面的隐之整体。《文心雕龙》的《物色》篇，说主体在与自然物色的审美中获得创作感兴，主张自然物色在诗人眼中是一个“联类不穷”的有机世界。《比兴》篇的赞语中所说：“诗人比兴，触物圆览。物虽胡越，合则肝胆。”[②]“触物”，是指诗人与具体物象的触发感兴，也即审美过程；关于“圆览”，鲜有通达而确切的解释。已故著名龙学家牟世金先生释“圆”为“周全”，并将“触物圆览”译为“是对事物进行了全面观察”。[③] 我则认为，“圆览”是指由诗人的偶然“触物”感兴而生成的圆整的审美境界。这可以由后面的两句得到类似的理解。客观外物可能是胡越分离的，而在诗人的触物观照中，则成为肝胆相连的有机整体。

“万物一体”在物质上的可能性就在于“一气流行”，庄子就已经说过“通天下一气耳”(《知北游》)的“文气”说，正是来源于中国古代的气论哲学思想。诗文之气，使作品产生了鸢飞鱼跃的生命感。这在诗歌篇什中是有普遍的呈现的。如陶渊明的《读山海经》：“孟夏草木长，绕屋树扶疏。众鸟欣有托，吾亦爱吾庐。既耕亦已种，时还读我书。穷巷隔深辙，颇迴故人车。欢然酌春酒，摘我园中蔬。微雨从东来，好风与之俱。泛览周王传，流观山海图。俯仰终宇宙，不乐复何如?”这样的篇什，充满着宇宙的生命感，诗人与景物，连通一气，生机勃勃，众鸟、草木、微雨、好风，都和诗人成一整体。清人王士禛评之云：“时当初夏，草木宜长，扶疏之树，绕我屋庐，不但众鸟欣然有此栖托，吾亦爱吾庐得托扶疏之荫。既耕田，复下种，还读吾庐之乐事尽矣。车大则辙深，此穷巷不来贵人，颇回故人之驾。欢然酌酒，而摘蔬以侑之，好风同微雨，俱能助我佳景，乃得博欢图传，以适我性。如此以终宇宙，足

① (梁)刘勰著，范文澜注：《文心雕龙注》，北京：人民文学出版社，1958年，第632页。

② (梁)刘勰著，范文澜注：《文心雕龙注》，北京：人民文学出版社，1958年，第603页。

③ 陆侃如、牟世金译注：《文心雕龙译注》，济南：齐鲁书社，1995年，第451页。

矣。若不知乐，又将如何哉！”①清人沈德潜在《古诗源》中也评此诗：“观物观我，纯乎元气。”②指出了这首陶诗名篇的充满生命感的特征。唐代著名诗论家司空图以四言诗的形式作《二十四诗品》，每品都是一种风格境界，如“雄浑”“冲淡”“高古”“劲健”等，而每一品的描绘，都是充满元气淋漓的生命力量的。如“雄浑”：“大用外腓，真体内充。返虚入浑，积健为雄。具备万物，横绝太空。荒荒油云，寥寥长风。超以象外，得其环中。持之匪强，来之无穷。”“飘逸”：“落落欲往，矫矫不群。缑山之鹤，华顶之云。高人惠中，令色氤氲。御风蓬莱，泛彼无垠。如不可执，如将有闻。识者期之，欲得愈分。”“流动”：“若纳水辖，如转丸珠。夫岂可道，假体如愚。荒荒坤轴，悠悠天枢。载要其端，载闻其符。超超神明，返返冥无。来往千载，是之谓乎！”等，无论其风格何等不同，却都是充满宇宙生命的境界。明代诗论家谢榛主张“诗有造物”，就是指作品中的生命感，他说：“诗有造物，一句不工，则一篇不纯，是造物不完也。造物之妙，悟者得之。譬诸产一婴儿，形体虽具，不可无啼声也。赵王枕易曰：‘全篇工致而不流动，则神气索然。’亦造物不完也。”③

万物一体的思想，强调了人与万物之间的和谐共处，并将万物视同有知有情的发生。人与万物浑然一体，在于能够相通；相通的前提在于，人对万物的同格尊重，也就是推人及物。明代大思想家王阳明的论述中就明确指出了这层意思：“大人者，以天地万物为一体者也，其视天下犹一家，中国犹一人焉。若夫间形骸而分尔我者，小人矣。大人之能以天地万物为一体也，非意之也，其心之仁本若是，其与天地万物而为一也。岂惟大人，虽小人之心亦莫不然，彼顾自小之耳。是故见孺子之入井，而必有怵惕隐之心焉，是其仁与之与孺子而为一体也；孺子犹同类者也，见鸟兽之哀鸣觳觫，而必有不忍之心焉，是其仁之与鸟兽而为一体也；鸟兽犹有知觉者也，见草木之摧折而必有悯恤之心焉，是其仁之与草木而为一体也；草木犹有生意者也，见瓦石之毁坏而必有顾惜之心焉，是其仁之与瓦石而为一体也；是其一体之仁也，虽小人之心亦必有之。”④王阳明通过这种层层相连的论证，具体地揭示了“一

① 《古学千金谱》卷十八，见《陶渊明资料汇编》下册，北京：中华书局，1962年，第291页。

② (清)沈德潜：《古诗源》卷九，北京：中华书局，2006年，第177页。

③ (明)谢榛：《四溟诗话》卷一，见丁福保辑：《历代诗话续编》，北京：中华书局，1983年，第1139页。

④ (明)王守仁：《王阳明全集》，上海：上海古籍出版社，1992年，第968页。

体之仁”的可理解性。这其中不仅“小人”(普通人)可以有一体之仁，孺子也可以有一体之仁。鸟兽、草木也都有“知觉”“生意”，因此也都有“一体之仁”。这种以人的情感、知觉推及于物，在中国的思想史上，也都是古已有之的。对于中国的文学艺术创作来说，“万物一体”的观念，从审美的角度看，呈现出更多的交互主体性(或称“主体间性”)。这种交互主体性，在审美过程中，就是审美主体不将对象视为与自己处于外在的关系的他物，而是以主体的情感、知觉等推及对象，如同可以互相晤谈的另一个主体。交互主体性作为现代哲学的术语，在现象学中显得尤为重要。胡塞尔是以交互主体性为依据来阐述意向性经验的。他说：“我是在那可变化而又和谐一致的形形色色的经验中把其他人经验为实在地存在着的。而且，一方面把他们看作是世界的对象，另一方面又不能单纯地把他们看作是自然的东西(Naturdinge)(尽管他们在某方面是作为物理的东西)。事实上，我也把他们看成是可以在心理上支配他们各自的自然身体(Naturleibern)的。与其他东西不一样，他们是连同其身体，作为心理—物理的对象在世界中存在的。另一方面，我同时把他们经验为这个世界的主体。他们同样在经验着我所经验的这同一个世界，而且还经验着我，甚至在我经验这个世界和在世界中的其他人时也如此。沿着这个方向继续思考，我就能够解释各种各样的意向对象了。”①交互主体性是指主体将对象看成是和自己一样具有主体意识和经验的存在。这也是意向性的真正意义。

中国人的审美观念中普遍性地有着这种类似交互主体性的表述，当然也有许多在作品中的呈现。如刘勰在《文心雕龙》的《物色》篇中所说的：“山沓水匝，树杂云合。目既往还，心亦吐纳。春日迟迟，秋风飒飒。情往似赠，兴来如答。”这段赞语，被清代大学者纪昀称之为“诸赞之中，此为第一。”②从审美的意义上看，这里所形容的，正是诗人与山水之间往还赠答，也即是互为主体。所谓“感兴”，也并非诗人单方面的兴发情感，而是诗人与对象之间的互为感发。《文镜秘府论》中所载的“十七势”其中的感兴一势：“感兴势者，人心至感，必有应说，物色万象，爽然有如感会。”所谓“应说”，是指“物色”对诗人的回应。此处又以常建和王维的两首诗为例：“如常建诗云：‘泠泠七弦遍，万木澄幽音。能使江月白，又令江水深。’又王维《哭殷四诗》：‘泱莽寒郊

① [德]胡塞尔著，倪良康选编：《胡塞尔选集》，上海：上海三联书店，1997年，第878页。

② (梁)刘勰著，范文澜注：《文心雕龙注》，北京：人民文学出版社，1958年，第695页。

外，萧条闻哭声。愁云为苍茫，飞鸟不能鸣。'"①这两首诗都是"物色"如同有情之人，使诗人受到心灵的回应。李白诗中颇为有名的《独坐敬亭山》在这方面也是非常典型的："众鸟高飞尽，孤云独去闲。相看两不厌，只有敬亭山。"诗人与敬亭山，如同两个彼此青睐的知己互相欣赏，亹亹不厌。南宋大词人辛弃疾词中多有这种以"物色"为友生的篇章，如《鹧鸪天》下片："宁作我，岂其卿，人间走遍却归耕。一松一竹真朋友，山鸟山花好弟兄。"《菩萨蛮》上片："青山欲共高人语，联翩万马来无数。烟雨却低回，望来终不来。"《摸鱼儿》上片："更能消，几番风雨，匆匆春又归去。惜春长怕花开早，何况落红无数。春且住，见说道，天涯芳草无归路。怨春不语，算只有殷勤，画檐蛛网，尽日惹飞絮。"等。杨春时教授近年来就主体间性进行了系统的研究，写出了许多相关的论著，也曾专论中华美学的主体间性问题。其中的提出的一些观点，恰与笔者的思考相通。杨春时先生指出："中华美学也具有主体间性。在审美本质观方面，区别于西方美学的认识论，也区别于浪漫主义的表情论，中华美学是感兴论。它认为审美是外在世界对主体的感发和主体对世界的感应；而世界(包括社会和自然)不是死寂的客体而是有生命的主体，在自我主体与世界主体的交流和体验中，达到了天人合一的境界。"②这种以感兴论作为中华美学的主体间性的代表性理论，是我所认同的。我写过若干篇文章，研究审美感兴的本质，并认为感兴是最能代表中华美学的审美特质的。从主体间性的意义来看，中国文艺理论中的"感兴"，可以说是最为典型的。而感兴的哲学基础，就在天人合一、万物一体等思想观念之中。

"万物一体"的仁学内涵，是以天地万物为一体，是讲人与万物是相通为一的。其归结还在于"我"这个主体，而非主体的隐没。"万物一体"是"万物与我为一"，无我也就没有所谓"一体"。张载提倡的"万物一体"，是在"大其心"的前提之下。其言："大其心则能体天下之物，物有未体，则心为有外。"③"大其心"是扩大主体之心的功能，冲破闻见的限制。张载所说的大其心，是德行之知，所以能超越闻见之知。张载接着说："世人之心，止于闻见之狭。圣人尽性，不以闻见梏其心，其视天下无一物非我。孟子谓尽心知性知天以此。天大无外，故有外之心不足以合天心。见闻之知，乃物交之知，非德性所知；

① ［日］遍照金刚：《文镜秘府论》，台北：金枫出版社，1999年，第61页。

② 杨春时：《中华美学的古典主体间性》，《社会科学战线》，2004年第1期。

③ （宋）张载：《张载集》，北京：中华书局，1978年，第24页。

德性所知，不萌于见闻。”[1]可见，“万物一体”是以人的主体性为基础的。程颢则直接说：“仁者，以天地万物为一体，莫非己也。认得为己，何所不至？若不有诸己，自不与己相干。”[2]

“万物一体”观念中的主体意识，对于中国文艺理论中关于审美主体的地位的认知，是有深刻影响的。人之为主体，是“为天地立心”的主体。主体并非孤立的主体，而是与万物相通相连的主体；万物并非无知无灵的万物，而是在主体的映照洞明中的万物，孔子的“仁者乐山，智者乐水”，就是将山水置于仁智之士的情感映照之中了。刘勰在《文心雕龙》的开篇《原道》篇就从美学的角度将这个问题作为出发点了。刘勰是以“人文”的概念来谈人与天地万物关系的。《原道》篇：“文之为德也大矣，与天地并生者何哉？夫玄黄色杂，方圆体分，日月叠璧凤垂丽天之象；山川焕绮，以铺理地之形：此盖道之文也。仰观吐曜，俯察含章，高卑定位，故两仪既生矣。惟人参之，性灵所锺，是谓三才；为五行之秀，实天地之心。心生而言立，言立而文明，自然之道也。傍及万品，动植皆文：龙凤以藻绘呈瑞，虎豹以炳蔚凝姿；云霞雕色，有逾画工之妙；草木贲华，无待锦匠之奇：夫岂外饰？盖自然耳。”[3]有了“人文”，才有天文、地文。傍及万品，动植皆文，则是因为人文作为天地之心烛照万物的结果。宗炳《画山水序》开端即言：“圣人含道映物”，是说天地万物是在“圣人”的“道心”观照之下呈现其美的。宗炳又提出“畅神”，也是以主体的“神思”洞烛万物。《画山水序》中说：“峰岫峣嶷，云林森渺，圣贤映于绝代，万趣融其神思，余复何为哉？畅神而已。”[4]再如谢朓诗《暂使下都夜发新林至京邑赠西府同僚》《晚登三山还望京邑》等，以山水著称，然而，“大江流日夜，客心悲未央”的发端，使山水风光都笼罩在了诗人的心境之下。正如王夫之所评：“如此发端语，寥天孤出，正复宛诣，岂不夐绝千古，非但危唱雄声已也。”[5]杜甫的《江汉》一诗：“江汉思归客，乾坤一腐儒。片云天共远，永夜月同孤。落日心犹壮，秋风病欲苏。古来存老马，不必取长途。”在天地之间，一个自称“腐儒”的诗人形象兀立于万象之间，正如清人仇兆鳌所析：“思

① （宋）张载：《张载集》，北京：中华书局，1978年，第24页。

② （宋）程颢、程颐：《二程集》，北京：中华书局，1981年，第552页。

③ （梁）刘勰著，范文澜注：《文心雕龙注》，北京：人民文学出版社，1958年，第1页。

④ 沈子丞编：《历代论画名著汇编》，北京：文物出版社，1982年，第14页。

⑤ （清）王夫之：《古诗评选》，见《船山全书》第十四册，长沙：岳麓书社，1996年，第767页。

归之旅客，乃当世一腐儒，自嘲亦自负。”[1]南宋词人张孝祥的《念奴娇·过洞庭》的意境是最为典型的，词云：“洞庭青草，近中秋。更无一点风色。玉鉴琼田三万顷，著我扁舟一叶。素月分辉，明河共影，表里俱澄澈，悠然心会，妙处难与君说。应念岭表经年，孤光自照，肝胆皆冰雪。短发萧骚襟袖冷，稳泛沧浪空阔。尽吸西江，细斟北斗，万象为宾客。扣舷独笑，不知今夕何夕?”词人与天地万物成一整体，其核心却是词人。“万象为宾客”恰可说明这种审美关系。明代诗论家谢榛指出：“夫万景七情，合于登眺。若面前列群镜，无应不真，忧喜无两色，偏正惟一心；偏则得其半，正则得其全。镜犹心，光犹神也。思入杳冥，则无我无物，诗之造玄矣哉!”[2]谢榛最为主张情景的相融互济，称“景乃诗之媒，情乃诗之胚，合而为诗，以数言统万形，元气浑成，其浩无涯矣!”[3]无我无物，自是“万物一体”之境，但他又认为万景七情，都要“合于登眺”，就是纳入主体的观照视界。

四、“万物一体”的当代美学价值

“万物一体”的观念对于当代中国美学的发展具有积极的意义，不仅是理论的，也是实践的；不仅是历史的，也是现在和未来的。

首先是作为哲学资源，对生态美学的提升与持续发展能提供中华传统思想的有力支持。生态美学是近年来美学的一个新的重要分支，从美学的角度使我们对人与自然的关系予以重新的理解与认识。对于发生在全球范围内的环境危机提出了人在精神层面的应对策略。国内著名学者如曾繁仁、鲁枢元、袁鼎生等发表了大量的有关生态美学的论著，并且数次举办国际或国内的生态美学学术会议。中国美学家在生态美学方面在国际美学界产生了广泛的影响。生态美学主张人与自然应处于一种和谐的共生状态，破除人类中心主义，将主体性发展到主体间性，将人的平等扩展到人与自然的平等，将人的价值扩展到自然的价值。生态美学对于当代中国的生态文明建设，对于资源保护，都提供了相当有力的理论支持，同时，也深刻影响了当代的文学艺术创作。“万物一体”观念作为中国哲学的重要命题，主张人与万物的相通共生，以“民胞物与”的情怀尊重天地自然，这对生态美学而言，是非常重要的哲学资源。

---

① (唐)杜甫著，(清)仇兆鳌注：《杜诗详注》，北京：中华书局，1979年，第2029页。

② (明)谢榛：《四溟诗话》卷三，见丁福保辑：《历代诗话续编》，北京：中华书局，第1181页。

③ (明)谢榛：《四溟诗话》卷三，见丁福保辑：《历代诗话续编》，北京：中华书局，第1180页。

“万物一体”的观念在人与自然的关系上，是以体验为基本方式而非以认识为主要方式，有助深化理解审美关系的体验性质。“万物一体”观念中，主体与万物的关系，并非认识性的，而是体验性的。《中庸》引孔子语：“体物而不可遗”①，就是由于体察事物而与万物融合，从而产生了生机流行的微妙之感。蒙培元先生对此阐释道：“‘体物不遗’就是由微之显，显微之间的统一性由此得到说明。神即诚显现于万物，在万物中发生作用，使万物具有生命力，活泼泼地，天地之间充满了生机。”②这里的“体物”，就是在与万物相接中的体验。张载所说的“大其心则能体天下之物”，即是通过主体的体验工夫而与“天下之物”的连通。这种体验则是通过耳目身体与外物的相接。张载指出：“耳目虽为性累，然合内外之德，知其为启之之要也。”③又说：“体物体身，道之本也。身而体道，其为人也大矣。道能物身故大，不能物身而累于身，则藐乎其卑矣。”④何谓“物身”？依笔者的理解就是，通过身体体验的途径，连通把握万物。这种在对“仁者以万物为体”的哲学阐发中，前所未有地提高了体验的作用，而且对文艺理论产生了全方位的渗透。中国诗学中最能代表中华民族审美思维特质的感兴论，其实正是最为典型的审美体验，而非认识论。审美价值的产生，正是这种审美体验之中。在美学的范围内，体验的方式是产生艺术精品的根本之途。对“万物一体”观念的体认，可以深化艺术的审美创造实践，从而贡献出更多的不愧于时代的艺术品。

作为一个在中国思想史上具有重要意义的命题，“万物一体”虽由宋儒正式提出，而其作为仁学主要内涵，可上溯到先秦时期。不惟儒家，道家如庄子，也明确提出“万物与我为一”，在这个问题上，汇流而为这样一个基本观念。其虽然主要由宋明理学家加以系统性地阐发、建构，在中国的思想界却是具有普遍的认同感的。“万物一体”作为中国士大夫的价值观、宇宙观，对其审美思维发生着积极的普遍的影响，因而形成了中国美学一些特征，这在诗学理论和创作中都有很多呈现。笔者对“万物一体”的理解也许很不专业，而本文旨在从美学的立足点来发显一些东西而已。

致谢：

本文在思考与写作过程中，受到张世英、陈来、蒙培元诸先生的相关论著的启示，在此致以由衷的感谢和学术的崇高敬意！

---

① (宋)朱熹：《四书章句集注》，北京：中华书局，1983年，第25页。

② 蒙培元：《人与自然》，北京：人民出版社，2004年，第134页。

③ (宋)张载：《张载集》，北京：中华书局，1978年，第25页。

④ (宋)张载：《张载集》，北京：中华书局，1978年，第25页。

“网络互联”与“万有相通”辨析

王文革

内容提要：“万有相通”是张世英先生提出的一个哲学观点，指的是“万物各不相同而又相互融通”的状况。“万有相通”存在“显”与“隐”，即“在场”与“不在场”两种因素，其中“不在场”的因素更具有决定性作用。“万有相通”的含义与“万物一体”相同，“万物一体”的境界是审美的境界，也是人能达到的最高境界。张世英先生认为互联网为“万有相通”的实现提供了基本条件。笔者以为，”网络互联”虽然体现了不同人之间的广泛联系，而且为人们的主体性发展创造了有利条件，但它与“万有相通”在相通的对象、范围、方式、作用、时空等方面均存在较大距离，因而“网络互联”通向“万有相通”存在较大困难。

关键词：网络互联　万有相通

“万有相通”是张世英先生提出的一个哲学观点。他在其《万有相通的哲学》一文中特别论及互联网在实现“万有相通”方面将起到的作用。互联网的这种联通作用姑且称为“网络互联”。“网络互联”与“万有相通”之间是性质相同的“联通”吗？

一、关于“万有相通”

张世英先生说：“不仅人与人同根同源，而且人与自然、人与物、物与物也都是同根同源的。……所谓本体论上的‘万物一体’，就是指世界上的万物，包括人在内，千差万别，各不相同，但又息息相通，融为一体。”[①]张世英先生在其新作《万有相通的哲学》中再次阐发了他关于“万有相通”的思想。他说：“宇宙是一大互相联系的网络整体，任何一物（包括一人一事），都是这一大互联网上的一个交叉点，一方面每个交叉点都因其所处交叉地位（时间点和空间点）、交叉方式之不同而各有各自的特性……另一方面，每物又都不能脱离他者而独存。”他把这种“个体与天地万物融通为一体”的情况称为“万有相通”：“万物各不相同而又相互融通”。[②]

张先生还特别论述了“万有相通”中的“显”与“隐”，即“在场”与“不在场”：“每一物都是宇宙这一大互联网上的一个交叉点。就每一物、每一交叉点之构成因素来说，都可分为当前的表面和隐藏在后的背面两个方面……前者叫作‘在场的东西’，后者叫作‘不在场的东西’。每一物之当前在场的状态，都由其背后不在场的无穷因素所构成”，“这样，一人、一物、一事的内涵和意义，其实都不在表面在场的方面，而是蕴藏在其背面不在场的方面”。[③] 也就是说，“万有相通”之“通”，不仅仅是当前的“看得见”的“通”，更多是背后的“看不见”的“通”。这种“通”，在张世英先生看来，具有无限性，把握这种相通，就可以进入“万物一体”的境界。把握“万有相通”，要通过想象力。那些“不在场”的相通，只有通过想象力才能把握。在这里，想象力具有呈现、唤起或建构“不在场”因素的作用。作为一种境界，“万有相通”“万物一体”不仅是一种认识、意识，也是一种感悟、体察。

二、关于“网络互联”

张世英先生还特别结合互联网的特点来论述“万有相通”：“互联网既为人们提供了每个人自我表现的自由而又深入的平台，又为人们提供了迅速而又广泛的相互交流、相互融通的天地。这两个突出特点为‘万有相通’的实现提供了基本条件。”在这里，张先生为什么特别强调“每个人自我表现”以及互联网的“为人们提供了每个人自我表现的自由而深入的平台”这个特点呢？张先生认为，人的精神发展经历了三个阶段：原始的天人合一（欲求境界）、主客

---

① 张世英：《万有相通：哲学与人生的追寻》，北京：北京师范大学出版社，2013年，第43页。

② 《光明日报》，2017年6月26日。

③ 《光明日报》，2017年6月26日。

二分(包括求知的境界、道德的境界)、“后主客关系的天人合一”(审美的境界)(在审美阶段，“美既超越了认识的限制，也超越了功用、欲念和外在目的以及‘应该’限制，而成为超然于现实之外的自由境界”)。其中，主客二分阶段对于人的精神发展具有十分重要的意义。[①] 西方经过文艺复兴的洗礼，近代以来主体性思想得到极大张扬，主客二分思想得到充分发展，为其社会发展发挥巨大作用，当然，其弊端也不断显现出来。而在中国，“主客二分”以及与之相关的主体性思想一直没有得到充分发展，因而强调人的主体性仍然具有实际意义。这大约是张先生强调互联网具有让人自由而深入自我表现作用的用意所在。

张先生认为，“互联网中的每个人，既是独立的，有个性的，又不是孤立的，与他人隔绝的”，“自我之独特性与人我间之交融，结合成了一个有机的整体”。他说，“互联网既弥补了中华思想文化少有‘主—客’关系式之主体性的缺点，又超越了‘主—客’关系式而开始进入‘后主客关系的天人合一’阶段，‘万有相通’之‘不同’而又‘相通’的特点，在互联网这里得到了极其具体生动的体现。”[②]这就涉及“网络互联”能否联通“万有相通”的问题。

三、关于“网络互联”与“万有相通”的距离

互联网为人们之间的交流沟通创造了极为便利的条件，似乎可以视为“万有相通”的极好例子和生动体现。互联网对于促进人们的相互联系相互沟通、促进人类世界的一体化、促进人们主体意识的成长发展，都具有重要作用。这是没有问题的。但如果将“网络互联”作为“万有相通”的一个生动体现，似乎还是存在一定困难的，因为，毕竟二者之间有着相当距离。这种距离，体现在相通的对象、相通的范围、相通的方式、相通的时空、相通的作用等方面。

相通的对象不同。“万有相通”所指的是万物之间的不同而相通，而“网络互联”只是人与人之间的相通，现在的技术还不能实现人与物、物与物之间的相通。现在物联网时代已露端倪，似乎可以实现人与物的相通，但物联网下的人—物相通，只是一定条件下的人与人的创造物的相通。

相通的范围不同。受网络覆盖范围的限制，网络之内可以相通，网络之外则不可相通。而网络的覆盖，永远也不可能实现对世界的全面覆盖，所以，

① 《光明日报》，2017年6月26日。

② 《光明日报》，2017年6月26日。

通过网络与世界所实现的相通，只是人与人(人造物)以一定的方式在某些方面所进行的沟通。其相通的对象范围是有限的。

相通的方式不同。“网络互联”以虚拟的方式相通，其相通的介质乃是电子信号，是信息的相通。这与“万有相通”之近乎无限可能的方式不可同日而语。一个是虚拟的世界，一个是物理的世界，前者不管多大容量，都是无法与后者相比拟的。

相通的时空不同。人与世界的相通，除了意识的相通，还有感知的相通、行为的相通等。生活在世界上，与世界融为一体，这种立体的、全方位的、全过程的、全要素的相通，才是真正的人与世界的相通。网络世界是与现实世界不同的时空，人所接触的无非符号、图像之类。网络一方面将人与虚拟世界紧密联系起来，一方面又将人与现实世界隔离开来。信息只是相通的特例。信息不能代替实体。信息相通缺乏“在场的东西”的相通。

相通的作用不同。更重要的是，在物理的世界或现实的时空，每一物都与其他物发生着实际的关联，每一物的存在都以其他物的存在为条件，整个世界形成一个有机的命运共同体，“牵一发而动全身”。网络世界的虚拟属性则与此完全不同。

相通的影响不同。如前所述，“万有相通”的另一个同义词是“万物一体”。人们凭着想象力把握了“万有相通”、体察到“万物一体”，就达到了审美的自由的境界。张世英先生把这种美称为“显隐美”。张先生在万有相通观基础上倡导美(感)的神圣性思想，这是一种类似于宗教般的情感。但互联网的使用、发展所彰显的无不是人的主体性、创造性，世界在人面前大为敞开，世界不断被去魅。而且，互联网也往往成为娱乐、消费的场所。互联网作为交流沟通的工具性多于其栖居的时空性。要在这种语境下建立美(感)的神圣性，也是殊为不易。

“万有相通”观要建构一个人“诗意的栖居”的家园，但互联网只是一个虚拟的空间，由“网络互联”通向“万有相通”或“万物一体”，似乎存在较大困难。

自拍、弹幕和应援：“带宽革命”中的美学理论新问题

孙　焘

内容提要：基于最近的信息和媒体技术出现的手机自拍、软件修图、弹幕视频、粉丝组织及其应援文化等反映着精神生活形式和人际联结方式的深刻变化。这些围绕着影像制作、传播和信息互动的现象虽目前仍限于年轻人的时尚爱好，但从布罗代尔式“长时段”的历史视角来看却意味着“图像—文字—言语”所对应的社会等级结构出现根本的动摇，精神生活会更多地从气质、性情等心灵世界的特性获得直接的解释。新的局面和问题形成了中国美学发展的契机。

关键词：自拍　弹幕　偶像　粉丝　日常生活审美化

进入21世纪以来，在信息和媒体技术的推动下出现了一系列新现象，如手机自拍、软件修图、弹幕视频、粉丝组织及其应援文化等，提示着精神生活形式和人际联结方式的深刻变化。目前国内的相关研究主要集中于新闻学、社会学等领域，不同现象之间尚缺乏贯通性的反思。本文旨在从这些新现象中提炼更深层的美学理论问题，并以大历史的视角来观察变革的趋势和美学发展的契机。

一、自拍和修图

"自拍"，顾名思义是以自己作为拍摄对象，通常旨在向他人展示自我形象。当今中国城市人群多数对自拍行为有较多经验。一个有趣的对比是：20世纪80年代及以前出生的人往往会把自己的形象嵌到一个背景——或优美的风景，或有意义的建筑物等中，而90年代以后出生的人却倾向于"背景极简"，更突出自己的脸庞和表情。背景极简的首要原因是技术限制：他们更倾向于手持（而非用自拍杆）手机进行自拍。限于取景距离，大头照不可避免。手机自拍更接近"随时随地"，或许表明在"90后"人群那里，网络生活与现实生活的重合度更高。

在艺术史中，宗教圣人、政治家和贵族以及画家本人都曾是肖像画的主角。祁林指出，人物画像能让人既觉得画中人重要和有意义，又觉得他/她美。画家通过为自己画像，还建构了一种处于特定文化观念系统内的自我认知，借以回答"我是谁"的问题。现代摄影技术的发明推进了这种自我建构：不是要展现真实，而是要呈现一个非日常的理想化的自己。这种呈现一定是有待他人观看并期待赞美的，所以要认同和服从社交圈（如微信朋友圈）内的集体价值观念。在当今网络环境中的自拍展示，还是一种"随时随地偶像化"的过程——不仅要展示理想的自我，而且要在朋友的点赞和评论当中享受暂时充当众人偶像的快感。①

偶像一定不会是现实生活的日常态，修饰性的"再创作"成为必需。自拍爱好者会娴熟运用软件"修图"，或者直接运用"美颜相机"拍摄。对图像的剪裁、调色、组合是最基本操作，用软件工具抹去照片人脸上的斑点、让皮肤变白、瘦身和拉长腿等都是常见应用，更高级的则包括运用 Photoshop 技术（简称 PS）"抠图"修改背景或对人物改头换面。理论上，一张图片可以被制造出任意效果。

在多数情境中，自拍者所追求的不在于展示自己面容的"真相"，甚至也不在于表现自己有多"美"，而在尽量缩短自己的个体形象与一个大众传播中的理想形象之间的距离，或者说，是为了展示自己与理想形象之间的相似度。这种现象在艺术史中大量模式化的半身像、肖像画、人物绣像中都不鲜见。但以往的画作多出于工匠和艺术家之手，受制于颜料、画布等材质；如今的

---

① 祁林：《从画像到自拍——技术背景下自我形象的建构与认同》，《文艺争鸣》，2015年第12期。

自拍则是拥有智能手机的普通人与软件开发者的合作产物，主要限制因素是设备开发者的技术——比工匠和艺术家的技术更加复杂和非人化。

柏拉图用“洞穴”比喻真知被遮蔽的状态，他赞扬那些探索真理光芒的人。如今的图像技术则造就了一个个“炫目的洞穴”。从老子的“五色令人目盲”到王国维的“炫惑”，中国古人对此有更多洞见。这种洞见如何切中当代的新问题，仍需美学理论的继续探索。

二、弹幕：以作品为中介

“弹幕”(barrage)原为描述密集火力网的军事术语。2006 年，日本推出了一种观众可以在视频播放界面上发表评论的动画。评论文字从右向左平移划过画面，有如发射子弹，评论密集的时候就在视频画面上形成了“弹幕”效果。这种形式遂得名“弹幕视频”。后来该视频形式传入我国，并从青少年爱好的日本动画逐渐扩散到更广泛的视频内容。目前最有代表性的视频网站是 AcFun 和 Bilibili(哔哩哔哩)，分别简称 A 站和 B 站。

习惯了传统视频观看方式的人会抱怨说弹幕干扰甚至完全遮盖视频画面，但对那些习惯于以更轻松随意的姿态面对视频内容的人而言，弹幕本身也是一种新的视觉体验。观看者可以选择关闭弹幕来完整地欣赏电影，然后再打开弹幕参与到表达和互动活动中。

弹幕的一大意义是造成“与他人共同观看”的感觉，用以缓解孤独感。跟家庭成员围坐电视机旁的“无共鸣”观看不同，通过弹幕而在网络空间中聚集起的“在线伙伴”更有可能是兴趣接近的同好。他们分享着属于特定小圈子的“槽点”(“吐槽”的触发点)、“梗”(小范围周知的隐藏笑点)。即便视频内容已经过时或无聊，引起共鸣的“吐槽”本身就成为参与观看的理由。观看者也可以给画面上出现的剧中人物发弹幕，例如当某个剧中人历尽艰辛终成正果的时候，屏幕上就会涌出大量“发来贺电”“喜大普奔”等文字，观看者们与剧中人一起庆祝，有如节日。这种联结感甚至使观看视频成为一种仪式，强化着参与者的自我认同和群体心理建构。有人会发“打卡”“签到”的弹幕文字，表明观剧已经成为了他/她生活的日常组成部分。随着观影、表达与日常生活界限逐渐模糊，作品内容的创作与欣赏、“演员”与“受众”之间已倾向于融合不分。①

① 丁依宁：《受众的表演与想象：弹幕使用族群研究》，《新闻春秋》，2015 年第 4 期。

画面与文字的结合在传统中国画中出现过，而随着影片内容而随时发送的评论流也可以让我们联想到中国传统戏曲里的"喝彩"。但无论是中国画还是戏曲仍是以作品(画作或表演)为中心的。在信息供给极大充沛的环境中，表演者/作品已不再是一个被众人仰望的神圣物，而更接近一个促成人们彼此交流的中介。有时，电脑屏幕前的某个不知名 ID 可能是比剧中人更受重视的表演者。创作、表演与欣赏之间的界限比以往更为模糊以至趋于消失。这些现象给有关于"艺术"的理论反思提供了新的讨论空间。

三、"偶像养成"：粉丝群与应援文化

除了新颖的作品形式，更有意味的现象是围绕"偶像"形成的粉丝(英语 Fans 的音译)社群。在粉丝社群内部，偶像当然是神一般的存在，而在"路人"(所有粉丝群之外的人的通称)眼中，粉丝群本身的言行比偶像更能吸引注意力。这跟二十多年前粉丝刚成规模、香港出现"四大天王"的时代形成鲜明的对比。

在网络时代，"粉丝"不再是一个个分散个体的代名词，而是借助互联网媒介联结起来的群体象征，开始出现从文化消费者向生产者转化的趋势。人数规模以千万计的粉丝群体常整齐划一地在网络上掀起点击、留言狂潮。某男明星一次生日的微博评论数曾达 1 亿条，甚至还有专门的翻译推广团队把偶像的活动信息实时译成英、韩、日、德、法等语言发往海外粉丝组织。粉丝们在"狂热"的同时，又格外注重"秩序"。某明星贴吧的规则严明，计有四大项、四十四条、六条补充，仅"删帖相关规定"就有十九条，还有对新吸收粉丝进行"谨言慎行"的规则教育。

粉丝群的组织力延伸到线下，体现在"应援"活动中。"应援"是一种起于日本，盛于韩国，并随着韩国娱乐风潮进入中国的一种追星方式，其主要表现为粉丝购买统一的周边产品、为偶像庆祝生日、巡演接机、社交媒体造势等，也包括粉丝追随偶像的巡演路线，自费奔赴各地声援助阵。不同偶像的粉丝群会在规模、创意方面攀比，比如粉丝会在户外公共设施、游艇、飞机等载体上集中打庆生广告，每次活动花销可达数千万元。[①]

---

① 以上有关信息的来源：王倩：《虚拟社区"鹿晗吧"的"迷群"身份认同建构研究》，《教育传媒研究》，2017 年第 2 期；王艺璇：《网络时代粉丝社群的形成机制研究——以鹿晗粉丝群体"鹿饭"为例》，《学术界》，2017 年第 3 期；喻彩华、姚琴琴：《TFBOYS 式粉丝帝国养成记：愿为信仰花尽所有》，《电脑报》，2016 年 10 月 10 日第 3 版。

有批评者指出，某些明星的演唱、表演水准一般，甚至没有一部能给人留下印象的代表作品。其实，明星的表演确已不再重要，因为真正的表演者是粉丝。明星偶像脱离了具体的作品，以整体的个人形象充当“美”“善”等价值理想的肉身化。这种肉身化让粉丝在一个可感形象中体验到理想与现实的联结，建立起类似于马丁·布伯所说的“我—你”关系。① 经济领域的聪明人把这种关系迅速导向“明星同款”的商业模式——偶像出演的电视剧里穿的某款衣服、鞋子在网店里同步销售。粉丝热衷购买“同款”，不是因为美观或适合自己，而是因为可以通过这种简便的方式与偶像共在，甚至“分有”了偶像的光芒。

粉丝与偶像更深刻的关系在于“养成偶像”。偶像的光环不再取决于他们的演艺水准和经纪公司，而是粉丝们用自己的热情和财力倾心塑造的结果；偶像也以满足粉丝对于“颜值”“人品”等的理想期待而得以聚集人气。另一方面，偶像享有神一般的荣耀，也承受极高的代价和风险。他们牺牲了自己的私人空间，无数双眼睛在时刻盯着他/她的言行举止。一旦偶像的言行背离了粉丝心目中的理想形象设定，就会招致严厉的指责，甚至导致“粉转黑”(由狂热的迷恋者转为不遗余力的否定和攻击者)。不吝投入大量热情、金钱和精力的粉丝们才是这场偶像养成游戏的真正主人。

借助网络形成的强大而集中的声势给粉丝提供了巨大的权能感——“你不是一个人在战斗”。粉丝群的堂堂之阵能跟资本力量展开博弈，影响媒体的话题走向；此粉丝团与彼粉丝团之间的骂战为释放攻击欲提供了安全场合；在团体内部，志同道合的群体则给人提供了在现实生活中少有的归属感，还通过个性化的昵称、头像和知名度来提升个人的存在感。网络空间和线下生活的打通，定时打卡等日常仪式更让他们的整个生活都沉浸在一种准信仰的氛围中。在社会评判(如考试分数)重压下的渺小个人就从这种“集体归属”中收获到极大的——即便是虚幻和暂时的——充实感。集体的力量表现得越大，就越能刺激更多人加入，形成一个循环。不过，粉丝的预期也随之无限抬高。偶像被捧得越高和越快，就越有可能跌落，那些最忠心的粉丝也就越可能遭遇幻灭。

① [德]马丁·布伯著，陈维纲译：《我与你》，北京：商务印书馆，2015年，第7页。

四、以"长时段"看"带宽革命"

随时随地自拍、在电影和电视剧的画面上实时留言、以偶像之名参与声势浩大的社会事件……这些新现象都基于一个事实：信息联结的"带宽"极大拓展了。如果用人类历史的大视角来看，这些小现象折射出的大变革颇值得深思。下面将借助布罗代尔的"长时段"概念来讨论"带宽革命"。

年鉴派史学家布罗代尔运用"长时段"的概念解释文明史。他把历史比作河流，通常的历史叙述关心的大事件只是河流表层的浪花和漩涡，它们受制于群体集团的兴衰等更深层暗流，而规定了河床走向的则是人与环境的关系史。① 这种史观强调，决定性的历史因素往往来自于人与物质的关系、日常生活的技术要素等。本文所谓"带宽革命"就是指在互联网技术的推动下，由于信息传播能力的空前飞跃而造成的人际联结、生活方式和价值观念的深刻变革。

社会阶层的差别反映在占有和支配资源的能力上，也直接对应着对于信息量的占有和传输能力。信息量最大、传输最困难的是画像、雕塑，它们多为国王和贵族专属；仅次于图像的是文字，是官僚、教士、文人的立身之本；下层百姓则分享着口耳相传的歌谣、传说、故事等。"礼不下庶人"(《礼记·曲礼上》)也是对平民的保护，因为简朴的物质资源远不足以支撑以视觉符号为主的礼仪活动。中国唐代以后文字符号的流动成本下降，平民可通过科举向上流动，社会结构为之一变；欧洲史上印刷术与宗教改革、启蒙运动之间的关系也早已被揭示。但直到 20 世纪普及摄影和电影以前，图像还带有贵族气味。

在传统社会，信息的生产和发布本身就体现着权力，信息的垄断程度对应着权力的集中程度。早在两千多年前的中国秦朝和欧洲罗马就有了发达的公路网和驿站系统，而 20 世纪 50 年代出生的多数中国人还要为看一本书跑十几里路。如今，互联网技术促成的"带宽革命"让信息垄断成为事实上不可能的任务，也在根本上动摇了这个"图像—文字—言语"的等级结构。祁林指出的"随时随地偶像化"现象也只有在当今的摄影设备和传输带宽中才能实现。

互联网技术和日益增大的带宽也深刻改变了人际联结的方式。如果没有足够的"带宽"，如今的粉丝社群和应援文化就不可能出现。20 世纪 90 年代以

---

① [法]费尔南·布罗代尔著，唐家龙等译：《菲利普二世时代的地中海和地中海世界》上卷，北京：商务印书馆，1996 年，第一版序。

前出生的中国人还能以出生年代作为辨别共性的标签。而今，即便共处一个寝室的同龄年轻人也很可能彼此互不理解。网络连接突破了地域、身份、年龄、教育程度等外部条件的制约，让人主要以性格、气质、思想（“三观”）等精神特征为认同依据。越来越多的软件还会分析用户喜好，自动推送类似或相关风格的产品、服务。人会越来越容易找到与自己气味相投的人和产品，并与陌生者更加隔阂。生活范围的扩展和狭小同时并存，信息极大供给的社会不必然会变得更加开放。

重大技术发明引起人类生活变化的时间尺度在大幅减小，演变曲线会越来越“陡峭”。如果说火、农业革命奠定的社会格局以万年为单位，城市、文字、宗教的影响以千年计，印刷术、火炮、电的发明造成的变革以百年为单位，信息技术的更新迭代则是以十年为阶段的。从网络论坛上文字性的公开辩论演进到对图像的“戏仿”和“恶搞”，其间不过十余年而已。

当然，我们绝不能去故意夸大新技术引发的变革速率，原因至少有二：其一，技术的影响目前还限于少数地区和阶层；其二，个人的生活和观念都需要较长的整合过程。当变化时段长达数代乃至数十代人时，生活方式和价值观念是整体变迁的，如今“三五年一个代沟”，社会文化的调适要有一个更长的过程。曾经为看一本书跑十几里路的中老年人对世界的理解肯定跟作为“网络原住民”的年轻人不同。而年轻人目前也还来不及让新的生活方式和观念跟自己从家庭和学校教育中接受到的观念相协调，所以常常自称“迷茫”。未来的经济、社会、思想乃至艺术风尚的变革会随着“网络原住民”渐成社会中坚而提速。将会是何面貌，我们目前还不能预见。

五、新的问题与美学的新空间

由互联网技术推动的“带宽革命”正在开启人类历史的广阔空间，也伴随着新的问题：对人的首要考验就是信息的整合能力和选择能力。美学对此有着独特的意义。

正如麦克卢汉说的，媒介是人身的延伸。① 在信息渠道狭窄的时代，占有并能运用媒介的人就相当于获得了三头六臂，能处于“超人”的统治地位。而在媒介接近无限供给的当今，几乎所有人都有了“三头六臂”或相当于掌握了“天眼通”“天耳通”和“七十二般变化”，但统治和被统治的鸿沟依然存在，或

---

① ［加拿大］马歇尔·麦克卢汉著，何道宽译：《理解媒介：论人的延伸》，南京：译林出版社，2011年，第58页。

者还变得更大。今后人们要面对的考验是：被媒介技术极大延伸的器官功能能否得到有效整合，而不是成为冗余、累赘甚至肿瘤；压缩时空的"神通"能否为我驾驭，而不是让自己更加迷失。在纷繁的信息面前，越是能保持整体感的人，越能够自我管理，以至管理他人的信息、时间、注意力。人的时间和注意力越破碎，就越处于被统治的地位。

就此新局面，美学有其新的发展空间。

其一，从"心灵"的角度对人际联结提出新解释，为人的精神自觉提供有益的参考。民族和历史习俗、阶层、地域、身份等曾被认为是个人观念、兴趣的决定性因素。在"带宽革命"的影响下，以上社会性因素仍然有效，但越来越退居为背景。个体的精神生活会更多地从气质、性情等心灵世界的特性获得解释。中国古代哲学和美学有充足的思想资源，例如，"感"为心灵解释提供了直接的理论概念和思考角度，以"感"为基础的"兴"则提示了美感的提升作用。[①] 这方面的研究还有待展开。

其二，美学反思与心性实践的互动。随着信息带宽的成千百倍扩大，人的眼、耳、鼻、舌、身所接受的感性刺激空前增强。其结果是导致"炫惑"，还是引向充实丰富的美感，主要不归因于这些形式本身，而在于人心对外物的驾驭力。这种驾驭力取决于人在多大程度上能够保持内心体验的完整性，以及能否区分人为符号与真实感受。心性实践虽不直接是理论性美学反思的内容，但美学可为其提供思想资源，而心性实践也为美学提供了常新的问题。

六、小结

本文列举的修图、弹幕、应援文化等都不过是历史长河中的几朵浪花，也许并不足以涵盖当今所有新现象，也可能即将被其他现象取代。但这并不意味着对它们的关注只有局部和短暂的意义。

美学的关注重点从"感性学""艺术哲学"转向"日常生活审美化"，反映着美学尺度的时代变迁。在信息带宽极大增加的当今，美感和艺术活动的内涵及其之于精神生活的意义即将经历更大的变革，同时也在理论上要求对心灵生活给出更深、更广的反思。这种任务为当代美学汲取传统资源提供了契机。

---

① 孙焘：《相感于象：为"美的社会性"寻回"心灵"》，《北方工业大学学报》，2017 年第 3 期。

微媒介环境中的感知转向及对个人自我建构的影响

于　隽

内容提要： 随着技术的发展，由微博、微信等微媒介构成的传播环境改变了人们感知世界的方式，呈现了感知器官媒介化、感知效力制式化、感知内容他者化以及感知比率再分配等特新的感知经验。感知是人们认识世界的开端，也是个人自我建构的重要途径。微媒介环境对于个人感知系统的影响直接导致了个人建构中的丰富性、媒介性、身份飘移等特征。积极利用微媒介作为人的补充和延伸所带来的各种便利，有利于达到个人的逐渐完善。同时，也应当警惕对于虚幻感知的沉迷，明确自身位置，更好地认识与把握自己和愈加丰富多彩的世界。

关键词： 微媒介　感知　自我建构

随着智能手机、平板电脑等移动终端和无线网络技术的发展，一个以微博、微信等媒介应用为技术构形，以短小精练、传播速度快、富有冲击力，以及极具个人抒写特质为精神内涵的“微媒介环境”已经悄然进入大众生活。据资料统计，截至 2016 年年底，国内微博月活跃用户增至 3.13 亿，其中移动端占比达 90%。截至 2017 年 3 月，微信活跃用户已经超过 7.5 亿，其中 50%的用户，每天使用微信时长达到 90 分钟。不仅在即时通信层面，微媒介还渗透进了公共生活的诸多层面，如微支付、微课程、微公益、微消费、微投资等。可以说，无论是使用时间，还是使用黏度，微媒介都令传统媒介黯然失色。

加拿大媒介理论家马歇尔·麦克卢汉在他的著作《理解媒介：论人的延伸》中指出，“媒介即是讯息，任何媒介对个人和社会的影响，都是由于新的尺度产生的；我们任何一种延伸或曰新技术，都要在我们的事物中引进一种新的尺度”①。而技术所造就的新环境，“都将反过来影响人的生活、思维和历史进程”②。作为一种塑造历史和社会的“隐蔽力量”，微媒介也正在扮演着调整当今时代中人与世界的关系以及人与自身的关系的角色，其中最为显著的特征就是，微媒介已使人们的感知系统发生了前所未有的改变，并由此对于这个时代人们感知活动的焦点——自我建构产生了重要的影响。

一、微媒介环境中的感知转向

感觉和知觉是人们认识世界的开端，是其他一切复杂心理活动的基础。麦克卢汉认为，媒介是人感觉能力的延伸或扩展。加拿大传播学者罗伯特·洛根在《理解新媒介——延伸麦克卢汉》中谈及了“新媒介”的 14 种特征，同样适用于对于“微媒介”的描述，它“使信息双向传播；使信息更易获取；有利于继续学习；导致社群的创建；具有便携性和时间的灵活性，赋予使用者跨越时空的自由；融合许多媒介，同时发挥一种以上的功能；从产品到服务的转变；生产者和消费者鸿沟的弥合……”③总之，微媒介是区别于以往大众媒介的一种全新的“个人使用的互动媒介，它本身就是一个创新的机制和过程”④，微媒介既彰示了一种建立在新兴互联网技术基础上的生活方式，又表征出一种当下社会的新型文化特质。

在微媒介环境中，人们的感知对于媒介的“依赖性”大大增强，并呈现出新的感知特征。

---

① [加拿大]马歇尔·麦克卢汉，何道宽译：《理解媒介：论人的延伸》，北京：商务印书馆，2007 年，第 33 页。

② [加拿大]马歇尔·麦克卢汉，何道宽译：《理解媒介：论人的延伸》，北京：商务印书馆，2007 年，第 10 页。

③ [加拿大]罗伯特·洛根，何道宽译：《理解新媒介——延伸麦克卢汉》，上海：复旦大学出版社，2012 年，第 42—43 页。

④ [加拿大]罗伯特·洛根，何道宽译：《理解新媒介——延伸麦克卢汉》，上海：复旦大学出版社，2012 年，第 5 页。

1. 感知器官的媒介化

感知本应是人们对世界的直接接触，但是在微媒介环境中，手机等移动终端越来越小巧、轻盈，具有流动性，使它们“越来越和人之间形成一种身体的依附关系”①，微媒介与人们的无限亲密在让各类信息信手拈来，在给人们的生活带来巨大便利的同时，也创造了人们对于微媒介“新的沉浸形态”。

从这个意义来讲，微媒介并不仅仅是作为一种工具实现了对人们身体器官的功能性延伸，长此以往，它也将造成个人主体性的弱化和磨灭，一旦失去微媒介，就如同切去器官那般痛楚，也就是，人再也无法“裸身地返归”，最终形成像马尔库塞笔下所说的“单向度的人”。

2. 感知效力的制式化

微媒介成为当下人们感知的重要工具和器官，媒介的特性会塑刻与之相应的感知模式，微媒介的特性也不免会投射到人们感官的重构当中。其中，微媒介制式之“微”就对个体的感知效力产生了重要的影响。发布者只有通过不断的剪裁、修饰，甚至改造感知经验才能将其转化为进入微媒介的适合文本。那么，那些仅仅凭借微媒介去获取感知经验的人们，不仅被感知器官的媒介化推远了与真实世界的距离，又因感知效力的制式化又被推远了一次，感知经验呈现碎片化特征以及犹如镜花水月、海市蜃楼的“印象主义”风格。

3. 感知内容的他者化

凭借微媒介进行感知，感知信息的源头不仅来自于传统媒体的微媒介客户端，更来自于无数个看不见、摸不到，甚至完全陌生的自媒体。感知内容来自他人，带有他人的立场、他人的价值观和审美趣味等，呈现出明显的他者化特点。人们对关注事物的感知只能以“他者的感知”作为“自己的感知”，虽然他人感知的表达往往只是社会生活和个人经验的一角，但是，由于个人从微媒介获取经验，体验和审美都失去了“亲自性”。

4. 感知比率的重新分割

媒介技术对人的影响“不是发生在意见和观念的层面上，而是要坚定不移、不可抗拒地改变人的感官比率和感知模式”，“媒介作为我们感知的延伸，必然要形成新的比率。不但各种感知会形成新的比率，而且它们之间在相互

---

① 汪民安：《机器身体：微时代的物质根基和文化逻辑》，《探索与争鸣》，2014 年第 7 期。

作用时也要形成新的比率”①。在这场图像的生产、消费以及价值不断溢出的循环中，感官系统中的视觉被过分地强调出来，而相应的是触觉、嗅觉、味觉等感觉的弱化和消失，感官平衡被打破，从而呈现出感官之间新的比率关系。

二、微媒介环境中的个人自我建构

“认识你自己”是著名的德尔菲神谕。个人的成长、完善，“主体对自身行为意义和身份价值的象征性确认”②，以及个人在自我、他人心中和社会中的形象的建树，构成了自我建构这一每个人生命中最重要的主题。自我建构与感知经验息息相关，微媒介环境中感知活动的中心也指向了对于自身存在的体验和自我意义的重塑，微媒介导致的感知转向对当代人自我形象的建构产生了新的意义和影响。

1. 自我建构的丰富性

感官被微媒介所延伸，使人们在获取信息、情感沟通、思想表达、意愿宣泄等方面都更加迅速便捷，拓展了个人的内涵空间以及人际交往空间。同时，微媒介也使得个体在琐碎生活中的感性诉求获得了极大满足。

2. 自我建构的媒介性

微媒介环绕的时代是个展示的时代，微博、微信以及微信功能中衍生的个人公众号都成为了展示的平台，展示的核心是作为以往“媒介使用者”的自己。按照麦克卢汉的说法就是，“媒介的使用者会将自己变成媒介的内容”③。

3. 自我建构的身份漂移性

微媒介是“拟态环境”，微媒介中的“自我”也是“拟态的自我”。真实的自我和媒介中的“拟态自我”本身就构成了身份的差别。

此外，微媒介还通过“群”与“圈”的方式，划分了不同的微空间，在这些由不同的“微众”构成的新的场景空间中，每进入一个团体就代表着一种新的文化身份的确立，个人可以扮演不同的角色。

---

① ［加拿大］马歇尔·麦克卢汉著，何道宽译：《理解媒介：论人的延伸》，北京：商务印书馆，2007年，第87页。

② 吴震东：《身份、仪式与表述——“微时代”网络亚文化的人类学反思》，《民族艺术》，2016年第5期。

③ ［加拿大］马歇尔·麦克卢汉著，何道宽译：《理解媒介：论人的延伸》，北京：商务印书馆，2007年，第128页。

三、结语

综上，任何一种媒体的变革都会改变人们既有的认知形态和思维方式。微媒介环境的变革打开了新的感知经验，引进了新的生活尺度，改变了人与世界和人与自我之间的关系。认识并正视微媒介带来的感官变化以及对于个人自我重构的影响，是关乎“现实的存在模式，以及我们对现实作为总体的认知”①。我们应当积极利用微媒介作为人的补充和延伸所带来的各种便利，达到个人的逐渐完善。同时，也应当分清虚拟世界与现实世界的差别，分清何为手段，何为目的，警惕对于虚幻世界的过度沉迷。

① ［德］沃尔夫冈·韦尔施著，陆扬、张岩冰译：《重构美学》，上海：上海译文出版社，2002 年，第 10 页。

一种新时代的美学范式何以可能

宋奕璇

内容提要： 美国实用主义哲学家舒斯特曼通过对身体概念进行本土实用主义资源的吸收和结构主义反思，提出了一种以身体为基础的新美学体系，即身体美学。舒斯特曼对身体概念进行了分析的、实用主义的和实践的三个维度的分析，展现了身体训练经由发展身体知觉和身体经验造成身体意识的觉醒，进而实现人的全面自由的过程。身体美学以身体概念取代了传统唯智主义美学的思辨观念，并尝试用这套理论解释诸多的美学和艺术现象，这套理论尽管存在诸多不足，但在解释诸如通俗艺术的流行这样的艺术现象和日常生活审美化、应用美学的崛起这样的美学现象的时候，还是具有不可替代的说服力的。

关键词： 舒斯特曼　身体　身体美学　身体意识

当代美学研究的前沿领域主要有三个，即环境美学（Environmental Aesthetics）、日常生活美学（Aesthetics of Everyday Life）和身体美学（Somaesthetics）。[①] 而无论是生活美学还是环境美学，都需要依赖身体美学作为元理论进行构建。正如韦尔施

① ［美］阿诺德·柏林特著，程相占、宋艳霞译：《美学与环境——一个主题的多重变奏》，郑州：河南大学出版社，2013年，总序。

(W. Welsh)所言，当今美学正在经历一场“美学的重构”，这实际上是在美学领域进行的一场范式革命，而身体美学无疑是这个新范式的“硬核(Hard Core)”①。当代以来，许多美学家都思考过“身体”在美学中的地位，而真正将身体作为美学的元理论的构建者是美国实用主义哲学家舒斯特曼(R. Shusterman)。他强调“一种实用主义美学必定要回归身体本身，而美学研究只有从身体出发才能实至名归地回到真正意义上的‘感性学’。”②要想真正对身体美学的硬核地位有深刻的反思，首先必须审视舒斯特曼身体美学中的身体观念。

一、身体概念的观念谱系

身心问题是哲学中的重要问题，但身体概念却长期处于被心智概念遮蔽的状态。正如鲍德里亚(J. Baudrillard)所言，“这种为身体进行的长期祛魅及世俗化贯穿了整个西方历史：身体的价值曾在于其颠覆性价值，它是意识形态最尖锐矛盾的策源地。”③

(一)身体概念的遮蔽

传统的西方哲学，无论是柏拉图的理念论，奥古斯丁的基督教哲学，黑格尔的思辨唯心论，都呈现出一种高扬理性、贬斥身体的倾向，而在笛卡尔的主体哲学中，身体完全被遮蔽、被遗忘。

笛卡尔是近代唯理论哲学的奠基人，唯理论哲学“完成了、或者说极尽乎完成了由柏拉图开始而主要因为宗教缘由经基督教哲学发展起来的精神、物质二元论”④。在笛卡尔哲学中有三个方面展现了他对身体概念的压抑和轻视。

首先，笛卡尔的方法论是一种理性主义的方法论，所谓理性主义就是认为理性是先验的、天赋的、自明的，是知识的唯一来源，而感官经验则不具有这种确定性，因此“盲目信任曾经欺骗过我们的事物，也是很鲁莽的。”⑤因

① “硬核”是拉卡托斯科学哲学中的概念，是指能够使得一个范式成立的唯一的不变的中心，也是其本体论的基础，范式的转换即是“硬核”的改变。

② [美]舒斯特曼、张再林：《东西美学的邂逅——中美学者对话身体美学》，《光明日报》，2010年9月28日。

③ [法]鲍德里亚著，刘成富、全志钢译：《消费社会》，南京：南京大学出版社，2008年，第128页。

④ [英]罗素著，马元德译：《西方哲学史》(下卷)，北京：商务印书馆，1976年，第91页。

⑤ [法]笛卡尔著，关文运译：《哲学原理》，北京：商务印书馆，1986年，第33页。

此，在笛卡尔的哲学里，“自我”实际上是一个先验的理性主体，用笛卡尔的话说就是，“这个我，也就是说我的灵魂，即我之所以为我的那个东西，是完全、真正与我的肉体有区别的，灵魂能够独立于肉体而存在，所以，即便肉体不存在，灵魂也仍然是灵魂”①。这也就意味着，在笛卡尔看来，身体只不过是一个可有可无的偶性，甚至可以是完全被取消的对象。

其次，笛卡尔哲学的本体论基础是机械论的世界观，这种机械论的世界观实际上就把身体降格为一种在遵循机械原理进行物理运动的机械，也就是所谓的“人是机器”。与此同时，笛卡尔又设定了一个思维主体——心灵，心灵所主导的精神世界是非物质的，因而不必遵守物质世界的机械运动规律。一切的思维活动、情感理智都根源于这个精神世界，因此精神世界具有更高级的地位。这就是笛卡尔所谓的心身二元论，心灵具有比身体更能动、更根本的实体性。

最后，在《论灵魂的激情》中，笛卡尔对身心关系进行了说明，他认为，“自发或主动的状况绝对在灵魂的权力以内，只能间接地由身体引起变化；而被动的情形绝对依赖于生理的原因，只间接地由灵魂引起变化，除非有时候灵魂本身就是它的原因。”②这就是说，灵魂的活动完全独立于身体的，而反过来身体的活动却是由灵魂引起的，换句话说，身体是随附于灵魂的。这种身体的随附性实际上就暗示了灵魂在自我中的更根本的位置，即灵魂才是究极的，而身体只不过是一个没有确定性的可以被取消的对象。

笛卡尔的这种观点实际上是柏拉图主义在近代的复活，按照柏拉图的说法，“灵魂是统治者，身体是他的下属”③，尽管笛卡尔采取了一种二元论的立场，但实质上还是柏拉图这种思想的重复。在笛卡尔以后，这种贬低身体的思辨哲学成为了哲学的主流。在一个个哲学家大谈“理性”“思辨”“精神”的时候，身体就彻底被遮蔽了，仿佛人完全可以在没有身体的状态之下去思辨一般。这样的思潮也深刻地影响了美学的发展，审美被当成一种“自律”的、“无利害”的纯心灵的活动，美感和快感、身体和心灵、自然美和艺术美被截然割裂，美学彻底陷入了思辨的囚笼之中。

---

① [法]笛卡尔著，庞景仁译：《第一哲学沉思集》，北京：商务印书馆，1986 年，第 208 页。

② [美]梯利著，葛力译：《西方哲学史》，北京：商务印书馆，1995 年，第 318 页。

③ [古希腊]柏拉图著，王晓朝译：《蒂迈欧篇·柏拉图全集(第三卷)》，北京：人民出版社，2002 年，第 285 页。

(二)身体概念的复苏

思辨哲学在黑格尔庞大但犹如空中楼阁的哲学体系之中达到了顶峰，也走向了没落，以马克思、尼采和祁克果(S. Kiekegaard)为代表的哲学家开始反思传统思辨哲学体系的缺陷和困境，而马克思和尼采都注意到了身体在哲学中的地位应当比思辨哲学所理解的要高。马克思认为，“有生命的个体的存在是全部人类历史的第一个前提。因此，首先需要确证的事实就是这些个体的肉体组织以及由此产生的个体和其他自然的关系。”①而尼采甚至直接宣称，“根本的问题：要以肉体为出发点，并且以肉体为线索。肉体是愈加丰富的物理现象，肉体能够仔细观察。肯定对肉体的信仰，胜过肯定对精神的信仰。”②在马克思和尼采之间，存在着一种新哲学的涌动，这一涌动要求对传统的形而上学做出历史性的颠覆，身体在这其中逐渐获得了哲学家的重视。

但是，正如舒斯特曼所批评的，“尼采将身心关系的传统秩序颠倒过来，更多是出于一种自发的主观意愿。”③一种自觉的身体哲学只有在梅洛-庞蒂(M. Merleau-Ponty)那里才真正得以体现。梅洛-庞蒂称自己的哲学为“身体现象学(Body Phenomenology)”，用他自己的话说，“灵魂和身体的结合不是由两种外在的东西——一个是客体，另一个是主体——之间的一种随意决定来保证的。灵魂和身体的结合每时每刻在存在的运动中完成。”④因此，身体即主体，灵魂和肉体在作为主体的身体之中是完全统一的，这是一种“身体图示(Body Schema)”，意即“我的全部身体不是空间并置的各个器官的组合，而是我在一种共有中拥有我的整个身体。”⑤这也就意味着，在梅洛-庞蒂这里，身体并不是一种较低级的偶然属性，而是和灵魂统一的认知主体，是一个“最终的概念”，在此基础上，梅洛-庞蒂为身体提供了一种本体论的架构和地位，一种以身体为本体论建构的哲学语言，然而这种身体语言是“沉默跛脚”的，

---

① [德] 马克思、恩格斯：《德意志意识形态(节选本)》，北京：人民出版社，2003年，第11页。

② [德]尼采著，张念东、凌素心译：《权力意志——重估一切价值的尝试》，北京：商务印书馆，1991年，第178页。

③ Richard Shusterman. *Body Consciousness: A Philosophy of Mindfulness and Somaesthetics*, New York: Cambridge University Press, 2008: 52.

④ [法]莫里斯·梅洛-庞蒂著，姜志辉译：《知觉现象学》，北京：商务印书馆，2001年，第125页。

⑤ 汪民安、陈永国编：《尼采的幽灵——西方后现代语境中的尼采》，北京：社会科学文献出版社，2001年，第123页。

仅仅将身体语言看作身体向外的知觉延伸，而不是身体对自我的自发觉醒和自我意识的知觉性认识。

真正伟大的身体哲学家是福柯(M. Foucault)，他的全部哲学都力图呈现“一个充满历史印记的身体，和摧毁了身体的历史”。① 在他的著作《临床医学的诞生》和《疯癫与文明》中，福柯就通过对疾病的审视，将身体和权力结合起来，呈现了在现代社群之中身体和对身体的压制与摧毁所占据的根本位置。按舒斯特曼的观点，福柯在三个方面都为身体哲学起到了里程碑的作用：首先，福柯向我们呈现了社会的压迫和控制如何塑造身体的过程；其次，作为实用主义者的福柯提倡通过诸如性虐待和吸毒的方法，实现身体对压抑其的社会的反抗；最后，福柯还亲身实践了他的身体哲学。这样的评论和舒斯特曼自己对身体美学的三个维度的划分是契合的，从中也可以看出舒斯特曼和福柯的学术亲缘性。当然，舒斯特曼并不赞同福柯那种暴力和虐待的肉欲主义，深受东方文明影响的舒斯特曼则更加希望通过修习禅定、太极、瑜伽这样的身体训练，来获得身体的解放和自我实现。

(三)实用主义中的身体问题

舒斯特曼认为，真正的身体哲学只能是实用主义(Pragmatism)，而真正的实用主义美学也只能是身体美学。无论是作为哲学家的詹姆斯(W. James)、杜威(J. Dewey)和罗蒂(R. Rorty)，还是作为美学家的桑塔亚纳(G. Santayana)、丹托(A. Danto)和迪基(G. Dicky)，都呈现出对身体的强烈关注。

詹姆斯不仅是一位哲学家，而且还是美国心理学的开创者，他认为人的心理活动和身体密不可分，他提出，“我们对精神活动的全部感受，或者对这个名称通常所指的东西的全部感受，实际上就是对身体活动的感觉，这些身体活动的确切性质被大多数人忽视了。”②因此，心理学的基础乃是神经科学，因为，“心理的变化始终伴随着身体方面的变化而产生。”③杜威也持同样的观点，他指出，“生理的有机体和它的结构，无论在人类还是在低级动物中，都

① 汪民安、陈永国编：《尼采的幽灵——西方后现代语境中的尼采》，北京：社会科学文献出版社，2001 年，第 123 页。

② [美]威廉·詹姆斯著，庞景仁译：《彻底的经验主义》，上海：上海人民出版社，2006 年，第 130 页。

③ [美]威廉·詹姆斯著，田平译：《心理学原理》，北京：中国城市出版社，2010 年，第 7 页。

是与适应和利用材料以维护生命的过程有关的，这一点是不容置疑的。"①从两位古典实用主义的代表人的著作中可以看出，"实用主义哲学是一种生活哲学，它把体验置于哲学的中心地位，充满活力而敏锐的身体处于组织体验的核心。"②这也就是说，实用主义不是一套抽象的哲学理论，而是对具体的人的活动和实践的关切，无怪乎皮尔士(C. Peirce)认为实用主义事实上应该是"实践主义"(Pragmaetism)。这种注重实践的实用主义哲学从诞生之日起，就强调身体的重要性，强调感受和经验的意义。因此，从实用主义发展出舒斯特曼的身体美学是一种逻辑的必然。

在美学层面，就像韦尔施所言，"经验和娱乐近年来成了文化的指南。一个逐渐扩张的节庆文化和娱乐，服务于一个休闲和经验的社会。"③美学在新时代的重构指向了一种新的经验世界，这种新的审美范式就要求美学必须从康德所引导的那种精英化的"无利害"中解放出来，让审美真正回到美学一开始所强调的"感性学"层面，这实际上就是要求美学必须真正关注到日常生活中经验的美，而不是哲学家理性中构造的"美"的理念。美学在新的历史语境中必须回归生活和经验，换句话说，美学呼唤具体的人的登场，生活经验的塑造以身体为基础又必须回到身体，因而"完美的审美生活追求，将包括经过身体的、语言的、认识的、心理的和社会的改变——如果不是协作也是彼此支持——的自我和社会的丰富。"④

二、舒斯特曼身体美学的"身体"内涵

在上文中，我们梳理了身体概念在哲学史上的流变，实际上通过身体哲学和实用主义哲学两条理路阐明了身体美学在当代产生的原因，同时呈现了身体概念在当代语境中的意义沿革，也历史地证明了身体概念作为当代新美学范式的硬核的原因。而舒斯特曼作为身体美学的实际开创者，在他对身体美学的论述中充分呈现了业已成为学科的身体美学的"身体"内涵。

---

① [美]约翰·杜威著，傅统先译：《经验与自然》，南京：江苏教育出版社，2005年，第17—18页。

② Richard Shustennan. *Body Consciousness: A Philosophy of Mindfulness and Somaesthetics*, New York: Cambridge University Press, 2008: XII.

③ [德]沃尔夫冈·韦尔施著，陆扬、张岩冰译：《重构美学》，上海：上海译文出版社，2002年，第5页。

④ [美]理查德·舒斯特曼著，彭锋译：《实用主义美学》，北京：商务印书馆，2002年，第344页。

(一)“身体”语境

在舒斯特曼的伦理学、艺术评论等思想中，都出现了关于身体的讨论。而在其身体美学中，对“身体”的探讨更加集中与明确。舒斯特曼认为，从事哲学的方法有两种，一种是从事理性的实践，这是传统哲学家们常常做的，另一种是作为生活艺术的哲学实践。前一种哲学标榜着纯粹的思辨过程，强调哲学活动的纯粹性和自律性，将这样一种“无功利”的思维活动当作处理哲学问题的唯一方式。后一种方式将哲学当作对良好生活的追求和实践，在舒斯特曼看来，这才是真正的哲学，因为这意味着“哲学家通过将他的思想和行为以及将他的心灵、身体和个人历史细致雕琢为一个在审美上完好无损的整体，而努力将他的生活塑造成一件充满魅力的艺术作品。”①在此基础上，舒斯特曼反对一切将美学抽象化和理性化的哲学家，认为这是将美学从“感性学”中驱逐出去，关进理性思辨的囚牢之中，这样的美学与其说是美学，不如说是哲学家精英主义的傲慢。因此，舒斯特曼就希望自己的哲学可以“终结鲍姆嘉通开拓性地引入美学之中的，并被19世纪主要的唯智主义美学传统所强化的对身体的否定”。② 在此基础上，舒斯特曼做了“一个羞怯的尝试”，提出了一种“作为我们感觉—审美欣赏和创造性自我塑造场所的身体及其经验与作用”③的身体美学。所谓身体美学，实际上是Soma(希腊语中的身体)和aesthetics(鲍姆嘉通所言的感性学)的结合，意即“身体的感性学”。Soma和Body最大的不同在于，Soma“表现了我们既是客体又是主体的双重属性：我们既是存在于世界中的客体，又是一个有感觉的主体，体验、感觉着世界，并做出行动。”④这也就是说，Soma意味着身体的生命意志和生命冲动，它没有被笛卡尔以来的身心问题中的机械论倾向所污染，更不具有任何二元论的意味，而是一个有机的、具体的、大写的身体，这个身体既包含灵魂和身体，也包含了我们所赖以生存的场所。

身体美学是以身体概念为核心建构的美学体系，因此这样一种美学与传

---

① [美]理查德·舒斯特曼著，彭锋等译：《哲学实践》，北京：北京大学出版社，2002年，中译本序言。

② Richard Shusterman. *Pragmatist Aesthetics*: *Living Beauty*, *Rethinking Art*, Maryland: Rowman and Littlefield Publishers. Inc, 2000: 267.

③ Richard Shusterman. *Pragmatist Aesthetics*: *Living Beauty*, Rethinking Art. Maryland: Rowman and Littlefield Publishers, 2000: 267.

④ Richard Shusterman. *Thinking Through the Body*, *Educating for the Humanities*: *A Plea for Somaesthetics*, Journal of Aesthetic Education, 2006(1): 1-21.

统的唯智主义美学完全不同，它坚决反对将美学变成与身体无涉的纯粹智性活动，而是将身体看作心智的依托，这种身体是一种“有心智的身体”，是处在不断运动和思维中的身体，因而身体美学也是一种富有实践意味的美学，是舒斯特曼诸多有关身体的思想的集大成者。

(二)“身体”维度

“身体”概念的内涵可以从三个维度进行观照：分析的、实用主义的和实践的。三个维度密不可分，分析的维度从本体论和认识论层面为身体观念提供形而上学支撑，实用主义的维度旨在为身体观念提供一种方法论视角，实践维度则更加强调知行合一地进行身体训练和身体意识的培养。

分析的维度是第一个维度，是其最具理论性和形而上学的维度，主要讨论了身心关系问题、延展认知和具身认知问题，以及与身体使用相关的生理学机制问题等。当然，舒斯特曼并不是要把美学变成生理学和神经科学的一个分支，而是强调美学学科和相关自然科学领域的跨学科互动，这实际上就是要把身体经验看作人类经验活动整体中的一环，因此，舒斯特曼也广泛运用了社会学和其他社会科学的思想，比如费瑟斯通(M. Featherstone)的日常生活审美化(aestheticism of daily life)、鲍德里亚的消费社会(consumer society)、福柯的权力文化等。通过利用福柯的谱系学方法和布迪厄(P. Bourdieu)的历史—社会分析法，将社会实践和审美实践活动有机结合起来，呈现了身体美学的哲学深度和关注的广度。

实用主义的维度是第二个维度，是介于理论和实践之间的维度，旨在通过对具体的改造身体的方法的分析和比较，发掘身体美学从理论转向实践的可能，因此，实用主义的维度虽然依赖于分析的维度，但却更加靠近处在日常生活的审美经验活动中的身体概念。福柯在意识到了权力对身体的摧残和破坏之后，强调以一种暴力的方式为身体赢得救赎，但舒斯特曼认为，“他(福柯)单方面鼓吹同性恋自虐，显示出一种狭隘的聚焦于大男子主义的性取向；好像除此以外，再也不可能有一种同样富于创造性和愉悦感的情色之爱，能够表达另一种性别的主体性与欲望，同时又采用更加温和和优雅的性接触方式。”[①]舒斯特曼承认了福柯的前提，也认为通过对身体的训练和审美活动可以达成自我实现，但在舒斯特曼看来，“最悦耳动听、感动人心的音乐往往不

---

① Richard Shusterman, *Body Consciousness: A Philosophy of Mindfulness and Somaesthetics*, New York: Cambridge University Press, 2008: 34.

是最响亮的。温柔的轻抚，能够比雷鸣般剧烈的刺激带给人们更强烈的愉悦。”①因此，适当的身体训练应当是更加民主和柔和的，通过这样的身体实践，我们不是以暴力应对暴力，也不是用消极抵抗来获得片面和短暂的自由，而是通过身体审美，训练我们的身体感知和身体经验，进而获得个人的全面自由。

实践的维度是第三个维度，这实际上就是对一些专注于身体训练的方法，比如舞蹈、体操、军事艺术等的审美反思。这样的身体训练活动“不是为了制造与身体有关的理论或文本，甚至也不是为了提供身体关怀的实用主义方法，而完全是要躬体力行地介入这种关怀，以有计划的、反思性的、规范化的身体实践实现身体的自我完善(无论是外观的、经验的还是执行的方式)。”②因此，实践的身体不是一种逻各斯的话语表述，而是一种仪式性的表演。正如舒斯特曼在日本进行身体修行的时候所进行的茶道和坐禅活动，当舒斯特曼完全融入修行之中的时候，身体经验所引发的身体意识的觉醒以一种绝对直观的方式成为了生活经验的一个环节。经过这种实践的身体训练，美学真正走出了书斋，走向了生活，一粥一饭、一起一坐，在一种审美的意趣之中，都可以成为引导人走向良好生活的审美实践和艺术实践。与实用主义的维度不同，实践的维度不是一种文字和书写式的美学理论建构，而是将这种美学理论转换为身体的实际操作过程，通过这种过程，身体美学不再是书斋式的思辨美学，而真正成为了可以具体操作的实践美学。

(三)身体训练与身体意识

舒斯特曼的身体美学是一种实践的美学，他所强调的身体也不是单纯概念意义上的身体，而是处在现实生活经验和环境中的具体的个体的身体，这一身体是可训练的，而身体训练则包含了对内、对外两个向度，对内的身体训练即身体审美，这种训练是要求个体通过有意识的身体活动，体会到身体所具有的美感，比如通过瑜伽的训练体会身体的延展性和柔韧性，通过体操训练体会身体的力量和平衡性，这种训练可以让个体正视自己的身体并愿意理解自己的身体。对外的身体训练则是通过对身体的塑造，发掘身体的潜能，使得身体具有更加敏锐的感知力和更加富有审美性的仪态，这样的训练不仅

① Richard Shusterman, *Body Consciousness*: *A Philosophy of Mindfulness and Somaesthetics*, New York: Cambridge University Press, 2008: 34.

② Richard Shusterman, *Body Consciousness*: *A Philosophy of Mindfulness and Somaesthetics*, New York: Cambridge University Press, 2008: 37.

可以使身体的线条更加具有美感(比如健身训练),也可以使个体感知美的能力(比如禅定训练和茶道)得到提升。然而,舒斯特曼的这种划分并不是说有些身体训练是向内的,有些身体训练是向外的,比如化妆,表面上是一种向外的身体训练,但这同样也是对自我身体美感的体悟。任何身体训练都一定同时具有两个向度,因为二者实际上是一体的。身体训练的目的是强化身体感知和身体经验,经由身体感知和身体经验可以使人的身体意识得以觉醒,而身体意识的觉醒有助于引导人形成良好的生活态度,最终实现全面自由。

感知(perception)即是感官的直接知觉,也是我们认识的最主要来源,而身体感知则是通过身体进行的感知活动,由于身体在舒斯特曼那里实际上承担着塑造自我乃至追寻良好生活的诸多责任,因此身体感知便有着在全部认识中最基础的地位。在美学中,舒斯特曼认为,“如果我们的身体就是音乐必备的最终乐器,如果身体能够在动觉感受中被更好地调整,以期实现审美地感知、应对和表演的目的,那么,通过关注身体感知来了解和训练这种‘乐器中的乐器’无疑是一个适当的选择。”[①]这也就是说,身体感知引导人意识到身体绝不仅仅是一具困住灵魂的肉身,而是实实在在的认知主体,是人一切审美活动的基础,这种觉醒的身体意识使人开始认识到审美不是对象化的,而是具身式的审美参与。同时,由于身体感知是一种超越了语词的直接感知,因此它就构成了对逻各斯中心主义和人类中心主义的反叛,一个具有身体意识的人就能够从不同的语言、文化和习俗中发现相似的身体体验,从而使得我们可以以一种经验式的直接体验去参与不同文化的表演仪式,有助于消除民族和政治的仇恨,真正实现个体的良好生活和自由。

身体经验,实际上就是身体在世界之中的自我意识,即“活生生的身体直接与世界接触,在世界之内体验它。通过这种意识,身体能够将它自身同时体验为主体和客体。”[②]这是一种被动的身体意识(body consciousness),即身体在与世界的互动之中被动地体验到它自己。舒斯特曼注意到,在今天的消费语境中,这种被动的身体意识已经觉醒,人们越来越愿意为身体训练和身体本身的美感而付出时间和精力。这种关注在今天的社会学家那里已经是一门显学,但是大多数学者对其采取一种极其傲慢的态度,认为这是一种低级

① [美]理查德·舒斯特曼著,彭锋等译:《生活即审美:审美经验和生活艺术》,北京:北京大学出版社,2007年,第174页。

② [美]理查德·舒斯特曼著,程相占译:《身体意识与身体美学》,北京:商务印书馆,2011年,中译本序。

的大众活动，而舒斯特曼却注意到了更深层次的审美需求，因为这种被动的身体意识之中蕴藏着主动的身体意识，这种主动的身体意识并非一种简单的肉体享乐，而是“将其(身体)提升为美的容器，进而使我们发掘潜藏在我们内部的更加强烈的力量和愉悦，使我们成为一个居于更高层次的自我，甚至成为一个神圣的灵魂或超验的上帝。”①从这个角度讲，身体美学是真正的人道主义，它要求个体的身体意识的觉醒，通过身体训练使身体意识朝向真正的自由，以培养一种和谐的身体举止，从而使得“我们可以像分享我们的心灵一样，分享我们的身体和身体愉快，身体可以像我们的思想一样成为公共的。”②这样的身体美学，它实际上是引导已然觉醒的身体意识如何通过规范化的训练获得最根本的提高，其意义远比简单地将其贬斥为不入流要深远得多。

三、“身体”的实践方式与美学的重构

前文已经说明，身体美学实际上是新美学转向中的形而上学架构，是当代美学语境的内核，伴随着“二战”后实用主义的重新崛起和资本主义社会的消费文化转型，新的美学只能在身体的基础上建立。实现对自笛卡尔以来的思辨哲学，从鲍姆嘉通就产生、在康德那里被表述到极致的唯智主义美学传统和因其而造成的诸多对立的颠覆和消解，也只能依靠身体美学。

(一)身体美学与通俗艺术

通俗艺术(pop art)是艺术吗？这是当代美学必须要面对的一个问题。所谓通俗艺术，就是指那些产生于技术革命之后，借助于大众传媒而产生的新艺术门类，比如：电影、电视、摄影、电子游戏，它们在表达形式和传播手段上都与传统艺术有很大的差别。本雅明(W. Benjamin)认为，传统艺术最大的特点——不可复制性在通俗艺术中已经消失不见。舒斯特曼就认为，通俗艺术的特点乃是，“重复使用而不是独特原创，折中混合的风格，热情拥抱新技术和大众文化，挑战审美自律和艺术纯粹的现代主义观念，以及强调地方化和暂时性而不是假定的普遍与永恒性的原则。”③从这段话就可以看出，通俗

---

① Richard Shusterman. *Body Consciousness*: *A Philosophy of Mindfulness and Somaesthetics*, New York: Cambridge University Press, 2008: 44.

② Richard Shusterman. *Pragmatist Aesthetics*: *Living Beauty*, *Rethinking Art*, Maryland: Rowman and Littlefield Publishers, Inc, 2000: 263.

③ [美] 理查德·舒斯特曼著，彭锋译:《实用主义美学》，北京：商务印书馆，2002年，第202页。

艺术在美学上就是以对抗传统美学而出现的。

受康德的影响，美学家对艺术的定义是极端狭隘的，在他们眼中，好像只有那些原创的，独一无二的、整体性的、永恒而不朽的、与人性和价值观相关的、自律的、无目的而无功利的、主客二分的才是艺术。在这种狭隘的艺术观影响下，一些美学家对通俗艺术采取了极其傲慢的态度，“通俗艺术或者被轻蔑地完全忽视，或者被典型地贬斥为不知所云、毫无趣味的垃圾。”①

对这样的观点，舒斯特曼是极其反感的，因为按照实用主义的态度，一种艺术是传统的、精英的，还是通俗的、大众的，根本没有什么非此即彼的界限，今天的精英艺术，在过去可能就是通俗艺术，而今天的通俗艺术也可能是未来的精英艺术。因此对精英艺术和通俗艺术的划分本质上只是某些精英学者的自以为是，用杜威的话说，就是一种“博物馆谬论”，认为艺术仿佛只能出现在博物馆里，被供奉在神坛之上。舒斯特曼以说唱(Rap)艺术和爵士乐为例，证明了通俗艺术的价值。舒斯特曼认为，通俗艺术给人带来了巨大的审美满足，而这种审美满足本身就可以使人感到愉快，因此，通俗艺术具有审美价值。这也就意味着，舒斯特曼反对传统美学对快感的贬低和排斥。一些人根据自康德以来形成的用先验性的判断力活动为艺术提供合法性的艺术形态，以唯美主义者和精英主义者的姿态，打着“为艺术而艺术”的旗号，认为艺术独立于生活、超然于现世，为艺术划定界限，将艺术与生活完全割裂。然而，随着艺术自身的不断发展和艺术边界的不断扩张，诸多新的艺术形态如波普艺术、装置艺术、大众文化等用日常生活经验实现了对艺术自律的巨大冲击和解构，也使其走向了终结，面对这些艺术现象，传统的艺术自律论失去了解释力，然而作为美学新范式的身体美学无疑是对这些现象的有力辩护。舒斯特曼认为，所谓的艺术自律，不过是一个已经过时的神话，艺术本来就是特定历史文化条件下的产物，从来没有真正自律的艺术，而不可复制性只是传统艺术区别于通俗艺术的特点，而并非判定艺术的绝对标准，判定艺术的标准只能是它是否给人带来了相应的审美愉悦。比如，以工业复制和现代传播技术为物质手段的电影艺术，能够为观众带来一场视听盛宴，在观影的过程中人们突破了时间和空间的局限，获得极大的审美愉悦；再如，随着现代科技的发展，音乐不再局限于音乐厅、歌剧院等特定的场所中，通过电视、网络等媒介一样可以欣赏一场精妙绝伦的古典音乐会，甚至许多艺

① Richard Shusterman. *Pragmatist Aesthetics*: *Living Beauty*, *Rethinking Art*, Maryland: Rowman and Littlefield Publishers. Inc, 2000: 169.

术家都致力于将古典音乐与现代音乐进行融合的尝试，使人们的视觉、听觉、触觉等多重感官被充分调动，从而获得悦心悦意、悦神悦志的美感。这一切的现象都说明，艺术自律的观点在今天已经过时了，需要一种新的美学体系作为艺术的判定标准。舒斯特曼的这一辩护，其本体论基础便是身体美学。如果按照传统的唯智主义美学，审美是一种高级精神享受，那么身体的愉悦和快感自然不能成为判定艺术的标准，但身体美学强调身体的感知和经验，强调审美活动与身体意识的直接关系，因此能热情拥抱新的语境之下的通俗艺术。

任何哲学理论都是为了解释现象，面对今天的审美文化现象，舒斯特曼为通俗艺术的辩护是有力的，他既不像以阿多诺(T. Adorno)为代表的精英美学家那样盲目贬斥通俗艺术，也没有对通俗艺术不假思索的吸收和接纳。这一思想无疑可以为我们思考更多的当代通俗艺术提供思路和方案。采取身体美学的进路，将审美和身体的愉悦当作判定艺术价值的标准，必然有助于我们放开对艺术本体论问题的思考，从而真正构造出可以解释新时代艺术现象的美学体系。

(二)身体美学与日常生活

日常生活审美化是当今社会出现的一种文化现象，这一现象意味着艺术和审美的界限被彻底打破，生活美学作为一种潮流，广泛出现在经济、文化、政治的各个领域，打着生活美学旗号的商业机构屡见不鲜。这种日常生活审美化所带来的审美泛化现象，是传统美学无法解释的，韦尔施就认为，“作为一门只是关于艺术的学科，美学已经失去其特征，而成为一种更广泛更普遍的理解现实生活的方式。这对当今的美学思想具有一般的意义，并引发了美学学科结构的改变，它使美学成为了超越传统美学、包含在日常生活、科学、政治、艺术和伦理等之中的全部感性认识的学科。”①解释现象是哲学的任务，因而面对这样一种审美泛化的现象，一味地批判显然于事无补，而真正有力的解释又呼唤着新美学的产生。

一种真正可以解释日常生活审美化现象的美学应该是怎样的？显然，它必须彻底打破所谓的审美无利害、有距离的观点，因为日常生活审美化就意味着那种静观凝神的伪审美体验必须被颠覆和消解，正如舒斯特曼所宣称的，“我的实用主义哲学，旨在通过愈加认可超出美的艺术范围之外的审美经验的

① ［德］沃尔夫冈·韦尔施著，陆扬、张岩冰译：《重构美学》，上海：上海译文出版社，2002年，第92页。

普遍性而将艺术与生活更紧密地整合起来。”①这也就是他所倡导的“生活即审美”。而要想实现这种“生活即审美”的学术倡导，一种以身体为核心，将审美体验和身体经验等同起来的美学体系无疑是十分必要的。

在以往的哲学里，哲学家们往往认为审美体验是不同于其他经验的，是用以判定审美对象是否具有审美价值的标准，这种审美体验势必会和日常生活彻底割裂，而舒斯特曼将审美体验看作身体经验的活动，将实践的维度引入美学，从而使得美学成为了一种修行，审美主客体的二分被打破，审美真正成为了身体训练的一个活动，生活则真正成为了一件艺术品。比如书法创作，按照既有的传统美学的观点，只有最终完成的书法作品才是艺术品。然而，在舒斯特曼那里，书法写作过程本身就是一种审美活动，也是一种美学观照。在书法实践过程中，身体的感知力、敏锐度、协调性和审美能力都得到了不同程度的提高，书法的创作过程同时也是创作者身体的跃动过程，运笔的轻重、肌肉的舒张、气力的把握等都与身体有着密切的关联，比如曾被杜甫称为“饮中八仙”之一的唐代草圣张旭，用头发濡墨，一挥而就，在这个过程之中，他的创作本身就形成了一种审美活动，甚至是具有极高观赏价值的艺术表演。在他的狂草中，创作过程和创作的结果、创作者和作品乃至创作者和欣赏者是无法区分的。他的狂草不是局限于博物馆中的藏品，而是回到了直抒胸臆、快意恩仇的书画训练中，这种身体训练使生活经验与审美经验得以连续，他自己也坦言日常生活中接触到的事物都能启发写字，偶有所获，便融汇于自己的书法中，生活是一个不断进行艺术构思与创作的过程，因此，生活成为了艺术。

同时，舒斯特曼也注意到，通过有系统的身体训练能够使得“对身体的审美修养为按照优雅与和谐的方向来培育一个人的整个品性提供一种媒介，并且通过个人与公众领域的交往以及激发他人以同样优雅与和谐的行为，这种富有魅力的榜样可以有助于使更大的公众领域变得和谐。”②也就是说，在身体美学的语境之下，生活美学不再仅仅是日常生活的审美化，更是生活的艺术化，不仅是被动地用身体感受生活中的美，更是通过主动的身体训练，用身体创造美，最终成为美的过程。比如瑜伽，既是一种身体训练方法，又是一

① ［美］理查德·舒斯特曼著，彭锋等译：《生活即审美：审美经验和生活艺术》，北京：北京大学出版社，2007年，中译本前言。

② ［美］理查德·舒斯特曼著，彭锋等译：《生活即审美：审美经验和生活艺术》，北京：北京大学出版社，2007年，中译本前言。

种生活方式，瑜伽强调身体的修行和训练，在此过程中，身体敞开自身，成为身心统一的生命有机体，以身体出发建立起的审美共生关系，使人成为最美的艺术品，这也就是为什么瑜伽大师往往都是哲学或者宗教上的了悟者，瑜伽训练使他们的身体意识能够产生和他人、万物生灵、世界的共情，正是在这个基础上，圣雄甘地阐发了“非暴力不合作”的政治立场，彼得·辛格成为了动物权利运动的奠基者。再如舞蹈，通过对身体的训练，塑造更加挺拔的姿态和更高的修养，在整个社会范围内获得人们更高的评价，从而约束自己的言行举止，进而实现社会的和谐。

(三)身体美学与环境美学

环境美学是在近年来随着环境污染和生态破坏愈发严重而兴起的一种新的应用美学，但由于其强烈的应用性和现实关注，以及和环境伦理学在关注问题方面的相似性，一直难以取得合法的美学地位。环境美学自然不是环境伦理学，但是环境美学所要倡导人与自然的和谐共处、绿色生态和可持续发展的经济理路又呈现出十分强烈的伦理学倾向，这是环境美学的困境，也是环境美学亟须解决的问题。

在环境美学的美学化工作中，柏林特无疑是最出色的一位。他强调“环境不只是我们的外部环境。我们越来越认识到人类生活与环境状况密不可分，我们与我们居住的环境之间并没有明显的界限。”①因此，应当用一种连续性的眼光将身体与环境、自然与人工、艺术与非艺术、审美与道德统一在一个系统之中。正如柏林特所说，“我们每天在呼吸的同时，也吸入了空气中的污染物并把它吸收到了我们的血液之中，它成为了我们身体的一部分。”②因此，环境并不是一个亟待处理的伦理对象，而是与我们息息相关的一个审美处境。在此基础上，柏林特倡导一种“介入美学(Aesthetics of Engagement)”的美学观，认为审美活动本质上就是一个人介入自然和参与自然的过程，因此并没有什么人工物和自然物的界限，艺术与非艺术也不能简单地以是否是人所创造的来区别，生态活动本身也完全可以理解为一种艺术活动。

柏林特的思路无疑可以让环境美学的美学属性凸显出来，而这一思路背后所蕴含的，正是身体美学的基本内核。如果不是柏林特把身体训练和身体

---

① [美]阿诺德·柏林特著，陈盼译：《生活在景观中——走向一种环境美学》，长沙：湖南科学技术出版社，2006年，第8页。

② [美]阿诺德·柏林特著，陈盼译：《生活在景观中——走向一种环境美学》，长沙：湖南科学技术出版社，2006年，第8页。

的愉悦当成审美活动的话，他也不可能注意到身体所处的环境实际上就构成了身体审美的一个环节，而他所提出的这种介入美学，甚至可以说就是身体美学第二和第三个维度的翻版，舒斯特曼也早就提到，“身体美学更大的想法是，它比整个人更宽，它包含了整个社会，整个环境。”①舒斯特曼甚至提出了“共生性的身体”的观念，认为这种共生性的身体观念能够“激发我们更多地欣赏环境的他者(人类和非人类)——正是这些他者界定和维持着身体”。② 例如，中国古典园林的造景和借景，就非常关注身体在其中的体验，在身体与环境的相融相生中营造文人士大夫的生活家园，也更有助于达到天人合一、身心共生的境界。而与之相对应的，如果我们生活在一个环境污浊不堪的处所之中，离开了口罩和空气净化器就无法生存，那么我们身体的感知力将会显著下降，甚至身体基本的健康都将受到影响。因此，身体从来不是生活在空中楼阁中的，它必须时时刻刻与周围的人和环境发生关系，这就和他者形成了一种共生，他者就在我们的身体之中。共生性的身体观念是舒斯特曼身体观念的重要体现，它更加强调处于环境之中的身体对环境的参与和介入，强调身体与周围环境的互动，通过这种互动，身体成为了身心合一的共生体，这绝不是一个简单的巧合，因为在身体美学内部本来就存在关于环境的张力，身体意识本身就向往着更加舒适和自由的环境以实现其自由的发展，而身体美学也要求我们必须以一种身体关怀的方式去实现更大的民主和自由。这种对身体的关怀要求人们更加关注生活中的他者，从而实现更大范围内的和谐。而应用美学的目的正是试图让人可以在更加具有美学意趣的处所中生存，这种处所包括生态环境、言谈举止、交往互动，正是这种要求使得诸如环境美学、生态美学、城市美学、交往美学等应用美学应运而生，而身体美学无疑是一切应用美学的理论基础。

环境美学绝不只是个例，今天的美学正在走向应用化，越来越多的应用美学需要一个具有本体论维度的形而上学体系对其进行支持，而身体美学由于强调了身体意识和身体经验的主体地位，因此就为美学提供了一个鲜活的、处在不断流变之中的人，一切哲学所关注的问题，无疑都是围绕着这个活生生的人展开的。因此，一切的应用美学都可以在身体美学中获得相应的形而上学基础。

---

① [美]理查德·舒斯特曼、曾繁仁等：《身体美学：研究进展及其问题——美国学者与中国学者的对话与论辩》，《学术月刊》，2007 年第 8 期，第 21—28 页。

② Richard Shusterman. *Body Consciousness: A Philosophy of Mindfulness and Somaesthetics*, New York: Cambridge University Press, 2008: 215.

四、结语

理论的价值在于更好地解释世界，乃至引导我们更加主动地改造世界。舒斯特曼将身体看作美学的基础概念，力图通过对身体的重视，治理传统美学过分重视思辨而造成的与现实脱节的弊病。在这样一个日新月异的时代里，新的艺术现象层出不穷，对于这些新的现象，身体美学都做出了较为有力的解释。更为难能可贵的是，这种以身体观念为核心的美学体系绝不将自己局限在理论的视野中，而是积极参与社会实践，试图通过美学的革命，实现个人乃至社会的全面自由。也许以身体概念作为内核的身体美学在今天还远不够成熟，但这样一种以塑造人、发展人为目的的美学，必然可以为我们走向更加美好的未来提供更多新的可能。

论宗白华的“中国艺术哲学”体系之构成

张都爱

内容提要：宗白华的“中国艺术哲学”体系之构成包括五个部分：第一，“艺境”的诞生；第二，“艺境”的本体表现：道与禅；第三，“艺境”的各门艺术的表现：时间、空间与时—空合一体；第四，“艺境”的审美类型：错彩镂金和芙蓉出水、充实和空灵；第五，以“艺境”为核心的人生观：艺术化的人生、人格与生活。这五个部分是一个有机的生命体，而背后是宇宙、艺术、人格和人生相辅相成、上下贯通于其间。

关键词：艺境　道与禅　虚实相生　仰观俯察　充实和空灵　艺术化的人生

宗白华是现代中国美学的奠基者。21 世纪以来，在回归中国本土经验研究的当代学术主潮下，宗白华思想研究呈现出中国美学研究的一个热点甚至一个热潮。因为宗白华思想根本性地接续了中国古典传统之精神，因为宗白华思想深刻地触及了中国古代思想的创造性转换，因为宗白华思想开创出朝向世界文化的现代性价值。对于 21 世纪以来的宗白华思想的研究状况，学者汤拥华做了如此的概括：“研究者的兴趣主要集中在以下几个问题上：宗白华的形而上学体系；宗白华美学对中国古典艺境的阐发；宗白华美学与传统美学的现代性转化问题；宗白华美学作为比较诗学；宗白华美学作为文化诗学；宗白华的美学文体等。虽然不同的研究者各有其侧重点，但是这些研究工作都逐渐向一个新的理论术语汇集：宗白华范式。”[①]同时汤拥华给出了“宗白华范式”五个方面的含义，而这五个方面的含义所凸显的正是宗白华思想所禀赋的“中华性”：一是其“中国体系”，二是其“文化关怀”，三是其“比较方法”，四是其“诗性文体”，五是其“知行合一”。而汤拥华被所强调的“中国体系”，是指宗白华以中国古代哲学的形上学思想为核心所创构的一个沟通文史哲的理论体系，这一体系囊括了宗白华全部思想。可是汤拥华并没有具体呈示出这一体系内容。宗白华思想的体系问题越来越被研究者们所关注，正如学者章启群所肯认：“宗白华是20世纪中国唯一的可以称为有自己思想体系的美学家。宗白华对中国的哲学、美学、艺术有一个全面、精深的整体思考。”[②]而宗白华的思想体系是一个怎样的有机体系，仍是一个有待深入研究的重大课题。

在精深广博的宗白华思想中，本文最为关注宗白华的“艺境”理论；在宗白华思想的深入研究中，本文最为关注宗白华“艺境”理论的研究成果。因为正是在中西艺术强烈的对照、比较意识中，宗白华以一篇篇论文的形式厘定和诠释了“中国艺术”的根本特征和基本精神，以“艺术意境”“艺术境界”为内核和原点，完整地构筑了一个“中国艺术哲学”体系。本文认为，宗白华的“艺境”理论根本上就是关于“中国艺术”的艺术哲学，“艺境”理论的具体展开根本上就是关于“中国艺术”的艺术哲学体系之构成。因为“艺境”自身即是“道”“禅”之生命本体的表现，“艺境”开启的艺术世界即艺术的形上学的达成和艺术的形上学价值的实现。本文认为，研究者们所关注的宗白华思想的体系问题或许正是宗白华的“中国艺术哲学”之体系。正如学者彭锋所指出：“将艺术、美落实在宇宙的生命本体之上，这是宗白华美学最为深邃的地方。它一方面为审美、艺术找到了自明的基础，另一方面也看到了艺术、美学对哲学的贡献。”[③]也正如学者章启群所强调：“宗白华重视的是哲学与艺术作品这两端。他的形上学是美学的，他的关于中国艺术的思考又追溯到中国哲学的根源。而他认为成为中国美学问题的，也在于这两者之间，即抓住中国艺术的独特性，从具体艺术作品入手，达到哲学层面的解释。”[④]而我们基于宗白华关

① 汤拥华：《宗白华与“中国美学”的困境》，北京：北京大学出版社，2010年，第21页。
② 章启群：《百年中国美学史略》，北京：北京大学出版社，2005年，第168页。
③ 彭锋：《中国美学通史·现代卷》，南京：江苏人民出版社，2014年，第240页。
④ 章启群：《百年中国美学史略》，北京：北京大学出版社，2005年，第168页。

于“艺境”理论的文本，以文本解读的方式，尝试着勾勒宗白华的“中国艺术哲学”体系之构成。为了有利于勾勒，为了有利于体系构成的逻辑清晰，我们舍掉了宗白华关于西方艺术的观点和材料，也舍掉了个人性的评论和评判，只是在这里关涉宗白华关于“中国艺术”的观点和材料所展现出的体系结构的有机构成。若无多余材料和观点的干扰，若能够清晰地勾勒出“中国艺术哲学体系”的有机构成，已实属不易了。本文所勾勒出的宗白华的“中国艺术哲学”体系之构成包括五个部分，这五个部分是一个有机的生命体，而宇宙、艺术、人格和人生相辅相成、上下贯通于其间。

一、“艺境”的诞生

“意境”概念和“意境”理论是中国古代艺术理论的重要内容，是对艺术之为艺术、艺术的本质和精神的指称。“意境”强调情感与景象的互动互生，与作品创造一个情景合一、主客同构的艺术世界。宗白华不仅采用前人的“意境”含义，而且深知“意境”理论于民族文化自省和民族文化自信的重要性，但是宗白华在“意境”之前着重添加了“艺术”的限定，即称为“艺术意境”和“艺术境界”，以此强调艺术活动本身的创生、创化的特质。宗白华更倾向于使用“艺境”一词，以此试图与传统上的“意境”概念相分别。宗白华毕生“笃情于艺境”的探索，毕生致力于中国艺术精神的重识和重建。

（一）“艺境”的含义

从“艺境”概念的溯源上看，首先是在《新诗略谈》(1920)一文中，宗白华用了“诗的意境”一语，意指诗人的心灵与自然景物相互接触和映射所激起和涌出的“直觉灵感”。[①] 在《〈艺术学〉讲演》(1926—1928)一文中，宗白华用了“作者的意境”一语，意指每一艺术作品中所表现的“艺术家心中所见的境界。”[②]在这里，“意境”是指艺术家的创作灵感以及主观心灵境界。而在《中西画法表现的空间意识》(1935)一文中，“意境”便是指称艺术作品中的“灵的境界”[③]。在《中国艺术意境之诞生》(1943)一文中，“意境”“灵境”与“艺术境界”互称，宗白华揭示出了一个步步递进的层级性构架：以宇宙人生为艺术的具体对象，艺术家妙赏艺术对象的色相、节奏、秩序与和谐，同时艺术家以自我的最深心灵给予最深的反映，倘若进一步发展，便会有“化实景而为虚境，

① 宗白华：《宗白华全集》第1卷，合肥：安徽教育出版社，1994年，第169页。
② 宗白华：《宗白华全集》第1卷，合肥：安徽教育出版社，1994年，第544页。
③ 宗白华：《宗白华全集》第1卷，合肥：安徽教育出版社，1994年，第145页。

创形象以为象征”的“艺术境界”的创化。于“艺术境界”的创化中，宗白华鲜明地强调了艺术心灵为第一性元素，因为艺术心灵是美的源泉，因为艺术心灵映射万象，因为艺术心灵创化形象。艺术家“他所表现的是主观的生命情调与客观的自然景象交融互渗，成就一个鸢飞鱼跃，活泼玲珑，渊然而深的灵境。而这灵境就是构成艺术之所以为艺术的‘意境’。”①从这个描述性的定义可以看出，“艺术境界”“艺术意境”的诞生确切是指主观心灵与客观对象彼此遭遇而共同创化一个情景交融、虚实相生、生气盎然、空灵自足的艺术世界，此世界因其神奇的表现力量亦是一片化境、一片神境、一片灵境。“艺境”即人类最高心灵的具体化、肉身化的最高成果，“艺境”即美，“艺境”即是中国艺术的本质与精神。

(二)“艺境”的创构

“艺境”是主观生命情调与客观的自然景象相遇而共同创化生成的艺术世界，宗白华用“艺境的诞生”称之。这种主客同构、主客一体的意象创构，必然蕴含着虚实相生、即情即景、真美同一的创构原理。

“艺境”的创构过程是一个主体和客体彼此映现、交融互渗的创化过程。在此过程中，首要的是“艺术心灵”的生成和诞生。一方面，就主体言，“艺术家以心灵映射万象”，“艺术家禀赋诗心，映射着天地的诗心”，把心灵映射于客体，把情思“移情”于对象，把人格象征于自然，此主体必然是一个“移情”“寄情”的主体。宗白华围绕情感的“移情”来阐述主客体同构的境况。“艺术意境的创构，是使客观景物作我主观情思的象征。”②这种“移我情”是艺术形象诞生的必要条件。另一方面，就主体言，富有“道”“禅”意识的心灵必是空灵、空明的心灵，禀有此心灵的主体即是一个“虚灵且跃动”的主体，宗白华围绕艺术家的精神“静照”来阐述主客体相互显现、冥合无间的境状。而其中所发生的人生之忘我的“静照”，即是艺术心灵的诞生。与世务绝缘，心无挂碍，空诸一切，如此“静照”之心灵的诞生，动静皆宜，使得物回到物本身，使得人回到人本身，使得生命复归本根，一切皆如其所是、成其所是，一切皆自足、自在、自满。显而易见，“静照”之艺术心灵的诞生同时即生命澄明之境的诞生。“静观万象，万象如在镜中，光明莹洁，而各得其所，呈现着它们各自的充实的、内在的、自由的生命，……这自得的、自由的各个生命在静默

① 宗白华：《宗白华全集》第2卷，合肥：安徽教育出版社，1994年，第358页。

② 宗白华：《宗白华全集》第2卷，合肥：安徽教育出版社，1994年，第360页。

里吐露光辉。”①这里宗白华强调艺术心灵对于“艺境”创构的第一性义，而艺术心灵恰恰就是“道心”“禅意”于艺术创造中的真实呈露，艺术心灵成其所是即“道心”“禅意”了。

与作为主体的艺术心灵的生成和诞生同样重要的是作为客体的艺术对象的生成和诞生，而艺术对象在本质上是彰显宇宙活力和生命精神的生命对象。就客体而言，作为客体的自然对象在宇宙间皆禀赋生命活力、生机流贯其间，此客体自然是一个显现“生生条理”“气韵生动”和富有“生命活力”的客体。宗白华一再强调客体本身就蕴藏生生的节奏、气韵和活力，这里集中体现了宗白华的生命活力论的思想。在宗白华看来，正是这神秘、隐秘的生命活力流贯于大自然中，推动着无机界进入有机界，推动着有机界创造出最高的生命、理性和感情，生命活力的种种生成与创化正是宇宙本体及其精神的体现，生命活力创生宇宙万相。宗白华时时处处都把自然景物理解为：于千变万化之万象中包孕着无限活力，宗白华称此为“深沉浓郁的大精神”。同时宗白华把“易理”的健动、流转、生生之精神也用于对生命万相的体认。因此“气韵生动”就是客体的生命本质，所以“艺境”的创构以创构“气韵生动”的生命意象为目的。就客体的生机盎然的生命的艺术表现而言，宗白华强调其生生的节奏和气韵是中国艺术境界的最后源泉，同时也是一切美的源泉。

就艺术创造而言，主客相映相迎，主客相互推动，主客互为生成和创化的尺度，有什么样的主体便有什么样的客体，有什么的客体便有什么样的主体，主客同构而创生化合，此情此景正是中国艺术境界之诞生。“他看了一枝花、一块石、一湾泉水，都是在那里表现一段诗魂。能将这种灵肉一致的自然现象和人生现象描写出来，自然是生意跃动、神采奕奕，仿佛如‘自然’之真了。”②所以宗白华在具体深入的中西艺术精神的比较中，阐发了“艺境”为中国艺术之精神，而指出了西方主客二分的艺术创构方法。“文艺复兴的西洋画家虽然是爱自然，陶醉于色相，然终不能与自然冥合于一，而拿一种对立的抗争的眼光正视世界。”③宗白华认为物我的正面对立自然地会造成物我之间的一种紧张、一种分裂。所以这主客创生化合之境、浑化为一之境即中国艺术的特质所在。

① 宗白华：《宗白华全集》第2卷，合肥：安徽教育出版社，1994年，第345页。
② 宗白华：《宗白华全集》第2卷，合肥：安徽教育出版社，1994年，第143页。
③ 宗白华：《宗白华全集》第2卷，合肥：安徽教育出版社，1994年，第434页。

(三)“艺境”的创构原理：虚实相生、即情即景与真美同一

一个创化生成的“艺境”必然地具有三重创构原理：虚实相生、即情即景、真美合一，这三重创构原理之间是交错融合的。

“艺境”之虚实相生的创构是贯穿在中国艺术各门类之中的具有普遍性的一种创构原理。虚实相生的创构原理是由作为本体的“道”“禅”意识所要求的。在宗白华看来，“一阴一阳之谓道”是中国人的最根本的宇宙观，这种虚体的宇宙观体现和落实在艺术活动中，便会要求艺术创造和艺术表现必须有无相成、虚实相生。虚实相生、有无相成是中国艺术最根本的创造原理，中国各门艺术都集中表现为对虚空意识和空无意识的追求。“中国画中所表现的万象，正是出没太虚而自成文理的。画家由阴阳虚实谱出的节奏，虽涵泳在虚灵中，却绸缪往复，盘桓周旋，抚爱万物，而澄怀观道。”①宗白华尤其重视虚实的辩证关系，若是纯粹以虚为虚，那完全的虚无则会成为顽空，若是纯粹以实为实，那严严实实的景物则会因不透气为死物，这两者皆不可能有意象生成；若是化实为虚，若是以实为虚，才会有空灵的美的境界生成。所以宗白华说，“以虚带实，以实带虚，虚中有实，实中有虚，虚实结合”②是中国艺术如何真实地反映生命世界的问题，是中国美学思想的核心问题。中国艺术各门类形成了虚实结合的艺术创作方法，创造虚实相生的艺术境界成为中国艺术精神的根本特征。

“艺境”之即情即景的创构也是贯穿在中国艺术各门类之中的具有普遍性的一种创构原理。“艺境”是“情”与“景”的结晶品，情景相契、情景交融构成了“艺境”的特质，而情景相契、情景交融是一个相互推动、相互深入的过程。宗白华如此生动明晰地表述这一过程：“发掘出最深的情，一层比一层更深的情，同时也透入了最深的景，一层比一层更晶莹的景；景中全是情，情具象而为景，因而涌现了一个独特的宇宙，崭新的意象。”③为了实现即情即景的艺术境界，中国各门艺术就形成了一套情景交融互生的艺术创作方式，与西方的情景分立、纯粹写实的“自然主义”方法相对立。因为“逼真的假象往往令人更感为可怖的空幻。”④所以创造情景交融的艺术境界就成为中国艺术的特质。

“艺境”之真美同一的创构特指在艺术表现中充分呈现“道”“禅”之生命本

① 宗白华：《宗白华全集》第2卷，合肥：安徽教育出版社，1994年，第440页。
② 宗白华：《宗白华全集》第2卷，合肥：安徽教育出版社，1994年，第455页。
③ 宗白华：《宗白华全集》第2卷，合肥：安徽教育出版社，1994年，第360页。
④ 宗白华：《宗白华全集》第2卷，合肥：安徽教育出版社，1994年，第146页。

体的自发自动、自满自足的创化、生成、节奏、跃动、流行、生生之特质。宗白华主张艺术形式的根本价值，“不止是化实相为空灵，引人精神飞跃，超入美境。而尤在它能进一步引人由美入真，深入生命节奏的核心。”①“艺境”所启示的真也就是美，“‘真’、‘神’、‘美’在这里是一体。”②为了表现这种“真”“美”，艺术家必然需要一个真的自我，这个真的自我必然具有“真自由”“真精神”“真生命”“真性情”甚至“真道德”。所以，宗白华强调：“一切艺术虽是趋向音乐，止于至美，然而它最深最后的基础仍是在‘真’与‘诚’。”③只有“真的自我”才能创造真美同一的“艺境”。就“艺境”之创造的真实性而言，宗白华说：“艺术的描摹，不是机械的摄影，乃系以象征方式，揭示人生情景的普遍性。……艺术里面，不只是美，且饱含着真。……艺术同哲学、科学、宗教一样，也启示着宇宙人生最深的真实，但却是借助于幻像的象征力，以诉之于人类的直观心灵与情绪意境。”④“艺术要刊落一切表皮，呈显物的晶莹真境。”⑤所以“艺境”即“真境”。因此衡量艺术之美之真的标志，在于它深刻地表达了人类的心灵，深入了生命的节奏的核心。

二、“艺境”的本体表现：道与禅

“艺术表演着宇宙的创化”⑥，艺术家别具匠心地运用和组织线、点、光、色、形体、声音、文字等艺术形式，运用虚实相生、即情即景、真美同一的创构原理，所创构的一切“艺境”皆是“宇宙意识”和“生命情调”的具象化、肉身化。在宗白华看来，“艺境”基于“道”，归于“禅”，“道”是宇宙生命本体，“禅”更是“道”的最高表现，“艺境”中的生命情调和宇宙意识都归结于此。“艺境”是中国艺术和中国哲学相结合的产物，“艺境”于“道”“禅”不仅获得了本体论的根据与基础，而且获得了本体境界具体而微的显现与生成，“道”“禅”与“艺”体合无间。在宗白华看来，中国艺术不仅可以直接有效地显现宇宙生命本体，而且具有表现宇宙生命本体的优先性。正如研究者所指出：“宗白华美

① 宗白华：《宗白华全集》第2卷，合肥：安徽教育出版社，1994年，第71页。
② 宗白华：《宗白华全集》第3卷，合肥：安徽教育出版社，1994年，第388页。
③ 宗白华：《宗白华全集》第2卷，合肥：安徽教育出版社，1994年，第112页。
④ 宗白华：《宗白华全集》第2卷，合肥：安徽教育出版社，1994年，第72页。
⑤ 宗白华：《宗白华全集》第2卷，合肥：安徽教育出版社，1994年，第365页。
⑥ 宗白华：《宗白华全集》第2卷，合肥：安徽教育出版社，1994年，第366页。

学核心在于赋予审美和艺术以表现宇宙生命本体的崇高地位。"①

(一)"道""艺"合一

宗白华吸取了易学和道家的本体思想，确立了"艺"与"道"的体用不二的关系，他常用"真宰""造化""玄冥""溟滓""混茫"等概念来指称"道"之生命本体的呈现，常用"阖辟""阴阳""乾坤""天地"等概念来称呼"宇宙、时空和里面的创造力的动力。"②而中国艺术的本质和精神就是根植于对宇宙意识、时空意识及其内部创化力量的表现。宗白华说"'道'，就是这宇宙里最幽深最玄远却又弥沦万物的生命本体。"③这"道"的显现和作用就在生命的创化、生命的节律、生命的活力与秩序之中，就在最大程度得以凸显的"蓬勃生发的宇宙意识"④之中。关键在于，在本体与其表现形式的内在关联上，"道"尤表象于"艺"，对于"道"同"艺"之间的内在关系，宗白华阐述得既明晰又深刻。"'道'具象于生活、礼乐制度。道尤表象于'艺'。灿烂的'艺'赋予'道'以形象和生命，'道'给予'艺'以深度和灵魂。"⑤宗白华反复阐明中国各门艺术形式及其呈示的节奏"所表现的是生命的内核，是生命内部最深的动，是至动而有条理的生命情调。"⑥

对"道"之生命本体的表现也存在于艺术家的自我心灵。在宗白华看来，作为人类最高精神创造活动的艺术境界与哲理境界诞生于一个"最自由最充沛的深心的自我。"⑦而艺术家的"自我"是一个小宇宙，这小宇宙与天地万物的大宇宙相互契合。倘若投身于宇宙人生的广大的整体中，小我则扩张而为大我，而体验到"自己就是大自然创造生命之一体。"⑧如果艺术家的自我意识是"道"之本体的呈现，那么他必然具有涵容宇宙的胸怀和挚爱生命的情怀，此即艺术家的胸襟和人格的表征。所以宗白华强调艺术家如大哲学家、大宗教家一样，就宇宙人生来说，"因有着最虔诚的'爱'与'敬'，从情感的体验发现真理与价值。"⑨于是宗白华一方面把这种胸襟和人格归于一种"宇宙的深情"："深

---

① 彭锋：《中国美学通史》现代卷，南京：江苏人民出版社，2014 年，第 241 页。
② 宗白华：《宗白华全集》第 2 卷，合肥：安徽教育出版社，1994 年，第 476 页。
③ 宗白华：《宗白华全集》第 2 卷，合肥：安徽教育出版社，1994 年，第 278 页。
④ 宗白华：《宗白华全集》第 2 卷，合肥：安徽教育出版社，1994 年，第 372 页。
⑤ 宗白华：《宗白华全集》第 2 卷，合肥：安徽教育出版社，1994 年，第 367 页。
⑥ 宗白华：《宗白华全集》第 2 卷，合肥：安徽教育出版社，1994 年，第 98 页。
⑦ 宗白华：《宗白华全集》第 2 卷，合肥：安徽教育出版社，1994 年，第 368 页。
⑧ 宗白华：《宗白华全集》第 2 卷，合肥：安徽教育出版社，1994 年，第 8 页。
⑨ 宗白华：《宗白华全集》第 2 卷，合肥：安徽教育出版社，1994 年，第 61 页。

于情者，不仅对宇宙人生体会到至深的无名的哀感，扩而充之，可以成为耶稣、释迦的悲天悯人。”①另一方面把它们归于一种“心灵的超脱”：“这种精神上的真自由、真解放，才能把我们的胸襟象一朵花似地展开，接受宇宙和人生的全景，了解它的意义，体会它的深沉的境地。”②所以在本体存在上，艺术家是“天际真人”，艺术家创作的最后目的在于“动天地泣鬼神，参造化之权，研象外之趣”③，艺术家创作的最高使命就是“创造意境，以窥探宇宙人生之秘”④。“艺境”就是从艺术家与道契合的心灵中最后开出的花朵。

（二）“禅”“艺”合一

宗白华把中国艺术境界的最高理想的表现称之为“禅境的表现”。他认为，艺术境界是一个“境界层深”的创构，“境层”是“境界层深”的简称，因境层由三层级构成，宗白华则称它为“三境层”。“三境层”由“直观感觉的模写”“活跃生命的传达”和“最高灵境的启示”以由低到高递进性的三层级构成，而最高灵境的启示便是禅境的表现，便是中国艺术表现的最高的理想境界。具体而论，中国艺术表现的最高理想境就是“在拈花微笑里领悟色相中微妙至深的禅境。”⑤因而宗白华进一步解释“禅境”于“意境”的作用在于，一方面“澄观一心而腾踔万象”成为意境创造的始基；另一方面“鸟鸣珠箔，群花自落”，意味着意境表现的圆成。因为“禅”一方面是动静不二的本体，动中极静，静中极动，寂中常照，照中常寂，皆为生命本源。因此宗白华指出“空寂中生气流行，鸢飞鱼跃，是中国人艺术心灵与宇宙意象‘两镜相入’互摄互映的华严境界。”⑥另一方面“禅”直指艺术家自足的性灵，“禅是中国人接触佛教大乘义后体认到自己心灵的深处而灿烂地发挥到哲学境界与艺术境界。静穆的观照和飞跃的生命构成艺术的两元，也是构成‘禅’的心灵状态。”⑦因而“禅”于中国艺术境界是即动即静、即空即色的本体境界，“禅境”即“灵境”。中国艺术创造的过程根本地就是“禅悟”的过程，比如中国画，“由丰满的色相达到最高心灵境界，所谓禅境的表现，种种境层，以此为归宿。”⑧比如中国诗，“色即是空，空即是

① 宗白华：《宗白华全集》第2卷，合肥：安徽教育出版社，1994年，第273页。
② 宗白华：《宗白华全集》第2卷，合肥：安徽教育出版社，1994年，第274页。
③ 宗白华：《宗白华全集》第2卷，合肥：安徽教育出版社，1994年，第323页。
④ 宗白华：《宗白华全集》第2卷，合肥：安徽教育出版社，1994年，第325页。
⑤ 宗白华：《宗白华全集》第2卷，合肥：安徽教育出版社，1994年，第363页。
⑥ 宗白华：《宗白华全集》第2卷，合肥：安徽教育出版社，1994年，第372页。
⑦ 宗白华：《宗白华全集》第2卷，合肥：安徽教育出版社，1994年，第372页。
⑧ 宗白华：《宗白华全集》第2卷，合肥：安徽教育出版社，1994年，第364页。

色，色不异空，空不异色，这不但是盛唐人的诗境，也是宋元人的画境。”[1]在禅境的表现中，“艺境”即禅境，艺术仿佛本体一般，哲学的本体问题在这个形上学中的艺术意境中根本上转变为美学的、艺术的问题了，艺术、美学、哲学在这里难以区分。

三、“艺境”的各门艺术的表现：时间、空间与时空一体

“道”“艺”合一，“禅”“艺”合一，“道”“禅”与“艺”体合无间，宗白华始终强调中国艺术表现“道”“禅”之形上本体、形上精神的优越性，始终赋予中国艺术表现形式以形上的追求和形上的意味。宗白华把中国各门艺术的表现形式皆落实于对“空间意识”和“时间意识”的具体表现，具体来说，集中体现“空间意识”的是画、书、诗词、建筑，集中体现“时间意识”的是音乐，而集中体现时空融合的是舞蹈，而“时间意识”“空间意识”皆是“宇宙意识”的本体显现，各门艺术所创构的“艺境”是以“空间意识”和“时间意识”得以展开的。可以说，中国艺术就是中国人的宇宙观的艺术反映，宗白华致力于研究的正是中国艺术和中国哲学相互渗透的时空意识，这正是中国艺术和中国哲学的特殊精神和个性所在。

（一）空间意识与“空白”“节奏”的强调

“空间意识”集中于中国艺术表现上的“空白”要素的强调，这是中国宇宙观的具体体现。中国人所观察的宇宙，中国人所认识的宇宙，在其根本之处和深处则是无限的虚空，这无限的虚空包孕生命、创化生命、创造万有，是“万象的源泉、万动的根本。”[2]宗白华透彻地把宇宙观的“虚空”“虚无”的根本特征与中国艺术追求和探求“空白”的表现力勾连在一起。宗白华主张中国画里的空白“不复是包举万象位置万物的轮廓，而是溶入万物内部，参加万象之动的虚灵的‘道’。”[3]可以说，“空白”所凸显的空间意识就是“道”之本体的无、虚、空的表现，中国艺术追求“空白”的表现，其目的是要成功地表现“道”的虚体性质。那么艺术上怎么表现空，一切就在于发现“空白”的表现力，并且彰显“空白的表现力”，而这“空白”的表现力量便生成了气化流行、氤氲生生与空灵往来的生命力量。比如，中国画的灵魂正是画幅中显现的无穷的空间和充塞其中激荡其中的生命。所以，空间意识于艺术表现上绝不是一个抽象

---

① 宗白华：《宗白华全集》第2卷，合肥：安徽教育出版社，1994年，第364页。

② 宗白华：《宗白华全集》第2卷，合肥：安徽教育出版社，1994年，第45页。

③ 宗白华：《宗白华全集》第2卷，合肥：安徽教育出版社，1994年，第101页。

的、僵化的、死寂的顽空，而是“力线律动所构的空间境”①，是“由生动线条的节奏趋势以引起空间感觉”②。所以“节奏”是中国艺术表现空间意识的另一个关键点。宗白华强调空间意识的“节奏化”特征，而节奏正是“时间意识”的具体表现，由于中国人的宇宙是由时间的节奏统领着空间方位构成的，因此“我们的空间感觉随着我们的时间感觉而节奏化了、音乐化了！”③正是这时间的节奏使得空间意识赋有了一种“动力学”的宇宙运化和生命流动的含义。因此时间统领着空间的宇宙意识就是“节奏化、音乐化了的‘时空合一体’。这是‘一阴一阳之谓道’。”④因为生命的运化、流行就在节奏之中，因为节奏趋向音乐，空间时间化了，空间音乐化了。因此，在中国艺术的表现中，空间意识、生命节奏、音乐境界和时间意识四者交汇。

（二）时—空意识与“仰观俯察”“游目”的强调

这种对虚空和节奏的观察、把握就产生了中国人特有的空间观照法，即仰观俯察的视觉感受方式。这里中国艺术的观照法和中国哲学的观照法同一，即俯仰往还，远近取与。“这观照法表现在我们的诗中画中，构成我们诗画中空间意识的特质。”⑤一方面，“仰观俯察”是一种全视角的观察法，完全不同于西方艺术的焦点透视法；另一方面，“仰观俯察”是一种富有节奏性的观照法。这里中国哲学对于宇宙天地自然的观复意识与中国艺术对于万有生命的体察意识合二为一，所以中国艺术家皆有“俯仰自得，游心太玄”“目既往还，心亦吐纳”的内外通透、优游不迫的审美视线，皆有“澄怀味象”的审美高峰体验，皆有“乾坤万里眼，时序百年心”的审美超越，艺术家通过“仰观俯察”，最后要通达天地、古今，天地即宇宙，古今即历史，这种观照法是含融了宇宙视线和历史视线、宇宙感和历史感的。所以，它是一种宇宙的胸怀，是一种世界的眼睛，是一种历史的视野。那么，中国艺术怎么表现这种“仰观俯察”的意识，这正是宗白华所强调的“三远法”“以大观小，小中见大”“神与物游”等散点透视的方法。用心灵的眼，笼罩全景，宗白华以“游目”来概括，“游目”也即“游心”。正因为是“游目”“游心”，所以它成就的是一个全景流动的、万物化醇的宇宙天地。宗白华强调中国画的透视法的独特的原理在于：“提神太

---

① 宗白华：《宗白华全集》第 2 卷，合肥：安徽教育出版社，1994 年，第 433 页。

② 宗白华：《宗白华全集》第 2 卷，合肥：安徽教育出版社，1994 年，第 433 页。

③ 宗白华：《宗白华全集》第 2 卷，合肥：安徽教育出版社，1994 年，第 431 页。

④ 宗白华：《宗白华全集》第 2 卷，合肥：安徽教育出版社，1994 年，第 437 页。

⑤ 宗白华：《宗白华全集》第 2 卷，合肥：安徽教育出版社，1994 年，第 436 页。

虚，从世外鸟瞰的立场观照全部的律动的大自然，他的空间立场是在时间中徘徊移动，游目周览，集合数层与多方的视点谱成一幅超象虚灵的诗情画境。”①一旦时间的动态因素进入空间的表现，时空交汇，时空一体，空间的开合和时间的节奏打成了一片。所以，“空白”的表现是为形上意蕴服务的，“节奏”的表现是为气韵生动服务的，“仰观俯察”的观照是为宇宙意识服务的。

(三)“艺境”的各门艺术的表现：画、书、诗词、建筑、音乐与舞蹈

宗白华对中国画的空间意识分析最为用力。“以一管之笔，拟太虚之体”“以追光蹑影之笔，写通天尽人之怀”“中国画的光是动荡着全幅画面的一种形而上的、非写实的宇宙灵气的流行，贯彻中边，往复上下。”②宗白华给出的这些认识都是对中国画的本质特征的认识。中国画的本质之处就在于无笔墨之处的空白、虚白因素，画面在一片空白之上，以笔墨点线为载体，勾勒出山水、花鸟、人物的形象，表现着无限的空间意识、宇宙的生机与生命的意趣。宗白华分析得十分精辟，这“白”是“道”的吉祥之光。从本质上来说，中国画家是借着看得见的画幅和意象来画看不见的“道”。同时宗白华把“三远法”蕴含的观照视线赋予了节奏和运动的含义，从而宗白华把中国画家的目光和视线描述为“流动的，转折的，由高转深，由深转近，再横向于平远，成了一个节奏化的行动。……这种空间的体验有如鸟之拍翅，鱼之泳水，在一开一阖的节奏中完成。”③节奏使人跃入空间，折高折远自有妙理，从而“气韵生动”“生命的节奏”“有节奏的生命”的创造和表现成为中国画的主题、最高法则与灵魂。所以宗白华主张中国画呈示的宇宙意识与生命情调就在于“以各式抽象的点、线渲皴擦摄取万物的骨相与气韵，其妙处尤在点画离披，时见缺落，逸笔撇脱，若断若续，而一点一拂，具含气韵。以丰富的暗示力与象征力代形相的实写，超脱而浑厚。”④中国画是对宇宙意识和生命情调的真实写照。

中国书法创造着艺术的“灵境”，这种“灵境”就是“空间意境”，这种“空间意境”就是节奏的充分表现，节奏的充分表现成就出音乐的“乐境”，而“乐境”是趋向时间的。“书境同于画境，并且通于音的境界……作书可以写景，可以寄情，可以绘音，因所写所绘，只是一个灵的境界耳。”⑤中国书法之为书法的

---

① 宗白华：《宗白华全集》第 2 卷，合肥：安徽教育出版社，1994 年，第 110 页。
② 宗白华：《宗白华全集》第 2 卷，合肥：安徽教育出版社，1994 年，第 336 页。
③ 宗白华：《宗白华全集》第 2 卷，合肥：安徽教育出版社，1994 年，第 434 页。
④ 宗白华：《宗白华全集》第 2 卷，合肥：安徽教育出版社，1994 年，第 102 页。
⑤ 宗白华：《宗白华全集》第 2 卷，合肥：安徽教育出版社，1994 年，第 145 页。

空间表现和空间意境在于实现其气势、结构、力透纸背的生命情境，因而宗白华概括中国书法的本质在于“表达着深一层的对生命形象的构思，成为反映生命的艺术。”①那么中国书法如何表现这空间意识，正是借助书法的用笔、结体和章法。“用笔怎样能够表现骨、肉、筋、血来，成为艺术境界呢？……笔蘸墨画在纸帛上，留下了笔迹(点画)，突破了空白，创始了形象。”②

“唯道集虚，中国建筑也表现着中国人的宇宙意识。”③为了表现虚空意识，中国建筑强调一种飞动的特质，飞动的特质即“飞动之美”。这种“飞动之美”被强调于中国建筑的“飞檐”上。为了加强建筑自身的虚空意识，中国建筑更加突出了“望”的功能，而“望”的功能主要体现在建筑的门窗、走廊、亭阁、楼台所直接给予和展现出的无限的时间空间以及种种的生命情调和美的感受。“通过门窗，接触外面的大自然……都是小中见大，从小空间进到大空间，丰富了美的感受。”④“望”是为加强人对“道”“宇宙意识”“天地精神”的体悟默会服务的。在宗白华看来，具体到建筑的空间布置、空间组织、空间构造和空间理想的追求上，关键是采用借景、分景和隔景等多样化的创作方法。就是对于借景的创作方法来说也是多样化的，借景的创作方法里可分为远借、邻借、仰借、俯借和镜借等，多样化的借景方法的运用都是为了丰富对景的效果而服务的。所以，中国建筑和园林不相分离，中国建筑一能体现中国人对于宇宙的理解，二能够营造出自己的“宇宙之境”。

诗词所表现的空间意识和宇宙意识集中于诗人词人登高远望中的仰观俯察的生命体验，诗画同源便是在此点上。宗白华反复主张，中国诗和中国画中所表现的空间意识是“‘俯仰自得’的节奏化的音乐化了的中国人的宇宙感。”而中国赋诗填词中最常流露最常使用的有关心绪情感于景物的回环回荡之词，如“徘徊”“盘桓”“流连”“来回”“周旋”“往复”，都是诗词所里的空间意识的呈现。中国诗人纵身大化，与物推移，以诗词摹写天地，“诗者天地之心”正是中国诗词境界的最高写照。

音乐是纯时间表现的艺术形式，集中体现着对时间意识的创造和探求。“大乐与天地同和”是中国音乐追求的最高境界。就中国音乐的本质性质而言，宗白华认为，音乐的节奏就是生命的节奏，音乐的形式构造及其和谐就是生

① 宗白华：《宗白华全集》第3卷，合肥：安徽教育出版社，1994年，第612页。
② 宗白华：《宗白华全集》第3卷，合肥：安徽教育出版社，1994年，第409页。
③ 宗白华：《宗白华全集》第2卷，合肥：安徽教育出版社，1994年，第372页。
④ 宗白华：《宗白华全集》第3卷，合肥：安徽教育出版社，1994年，第478页。

命的形式构造及其和谐，在一切艺术门类中，音乐最能表现生命的内容和精神。“音乐和建筑的秩序结构，尤能直接地启示宇宙真体的内部和谐与节奏，所以一切艺术趋向音乐的状态、建筑的意匠。”①音乐以其节奏、和声和旋律充分显现着宇宙万物的一切生机律动、气韵情状和生命精神。同时，音乐的节奏也是心灵的节奏，音乐的律动也是心灵的律动，在一切艺术门类中，音乐最能深切地、深刻地并且充分地表现人类心灵最内在的、最隐秘的震颤和情调，人类心灵奏出的琴弦、弦乐以及有声无声的反响才是音乐的真正源泉。内外通透，主客同一，所以中国音乐因其生生节奏与和谐的韵律而充分地显现了形上的本体境界。

“舞”是中国一切艺术境界的典型，“舞”富有生命动力学的意义，“舞”直接反映着宇宙的生命精神。宗白华认为，“舞”本身不仅赋有生命的最高的节奏、韵律、秩序和理性，而且赋有生命的最高的旋动、力和热情，“能使这深不可测的玄冥的境界具象化、肉身化。”②因此“舞”作为宇宙创化过程的象征，是一切艺术表现的究竟状态，宗白华认为舞蹈所创造的“艺境”包括三个内容：一是舞蹈是宇宙创化的象征形式，二是生命意识的直接呈现，三是最饱满的跃动是舞蹈的灵魂。所以，舞蹈和音乐不可分离。所以，舞蹈统领着各门艺术表现中的韵律、律动，同时中国各门艺术又十分善于运用舞蹈的形式。“由舞蹈动作延伸，展示出来的虚灵的空间，是构成中国绘画、书法、戏剧、建筑里的空间感和空间表现的共同特征。”③因而时空一体，“舞境”是“艺境”的最高的艺术表现形式，一切艺术表现都最终趋向的“舞境”正是中国艺术的特殊风格。

四、“艺境”的审美类型：错彩镂金和芙蓉出水、充实和空灵

在美学意义上，审美类型是指艺术表现和艺术创造所凸显出的鲜明审美风格。中国艺术的审美类型被宗白华概括为“错彩镂金”“芙蓉出水”“充实”“空灵”等，这种对“艺境”的审美性质的分类是以宇宙意识和生命情调为其本源的。

（一）错彩镂金和芙蓉出水

“错彩镂金”概念是出自六朝诗人鲍照比较谢灵运的诗和颜延之的诗之差

① 宗白华：《宗白华全集》第2卷，合肥：安徽教育出版社，1994年，第366页。
② 宗白华：《宗白华全集》第2卷，合肥：安徽教育出版社，1994年，第366页。
③ 宗白华：《宗白华全集》第3卷，合肥：安徽教育出版社，1994年，第390页。

异问题时对颜延之的诗风的概括，鲍照说颜诗“列律镂锦，雕缋满眼”，鲍照虽未直接用“错彩镂金”之词，但是“列律镂锦，雕缋满眼”的含义就是“错彩镂金”。然后，钟嵘《诗品》在谈到颜诗就引用了汤惠休的评论，汤惠休说：“颜诗如错彩镂金。颜终身病之。”①“错彩镂金”是六朝诗品中的一种诗歌的风格，以颜延之的诗风为代表。颜延之的诗风是华丽、繁复的，辞采是灿烂似锦、彩绘如金的，这是一种富丽堂皇、纷靡艳丽的美。所以，宗白华以此作为审美的类型来概括中国艺术特有的一种审美特质和格调，其审美特质和格调集中于“楚国的图案、楚辞、汉赋、六朝骈文、颜延之诗、明清的瓷器，一直存在到今天的刺绣和京剧的舞台服装。”②而从中透显出的美即是“镂金错彩、雕缋满眼”的美。

“芙蓉出水”概念出自鲍照对谢灵运诗品的概括，鲍照说谢灵运的诗如“初发芙蓉，自然可爱”，然后汤惠休评论谢诗为“芙蓉出水”。“芙蓉出水”是魏晋诗歌的一种突出风格，以谢灵运的诗风为代表。谢灵运的诗风是纯朴的、自然的，辞采如芙蓉初发、清新可爱，此风格以清丽、以自然为美。所以，宗白华以“芙蓉出水”作为审美类型来归纳中国艺术精神的另一种特质和格调，这种特质和格调集中于“汉代的铜器陶器，王羲之的书法，顾恺之的画，陶潜的诗，宋代的白瓷。”③而从中透显的美即是“初发芙蓉，自然可爱”的美。“芙蓉出水”的美在唐代李白的诗歌中被加以强调为一种“清真”精神。

宗白华对“错彩镂金”和“芙蓉出水”这两种美感类型有着更深层次的哲学认识。以儒家思想作为积淀的礼乐文化更多突出了“错彩镂金”之匠心华贵的一面，这一面尤其被朝廷皇家的审美趣味所强调。而以禅道思想为核心的人格修养则更多突出了“芙蓉出水”之脱俗自然的一面，这一面尤其被士人文人画所追求的平淡简约的审美精神加以强调。可以说，“错彩镂金”是入世的人格象征，是入世的美；“芙蓉出水”是出世的人格象征，出世的美。这一面尤其在宋元时代的各门艺术中被强调，而“错彩镂金”趋向于“俗”，“芙蓉出水”趋向于“雅”，它们之间就有了一种审美上的对立。清淡、清雅、清真、清新、平淡、淡雅就成为以士人为代表的审美情趣，而成为诗、书、画、园林、音乐等艺术的最高追求。王国维在《人间词话》中提出的“隔”与“不隔”的问题时，也强调陶谢“不隔”，颜延之“隔”。

① 宗白华：《宗白华全集》第3卷，合肥：安徽教育出版社，1994年，第450页。
② 宗白华：《宗白华全集》第3卷，合肥：安徽教育出版社，1994年，第450页。
③ 宗白华：《宗白华全集》第3卷，合肥：安徽教育出版社，1994年，第450页。

而在宗白华看来，这两种审美的类型并没有优劣之分，可以相融相济。平淡绝不是枯淡，宗白华以“玉”的美质来指认这两种审美类型的包容和融汇，而玉的美质即是“绚烂之极归于平淡”的美质。就中国文化而言，宗白华认为，从人格的美到艺术的美都把玉之美当作美的理想，“内部有光彩，但这是含蓄的光彩，这种光彩是极绚烂，又极平淡。”①实在的说，“绚烂之极归于平淡”意味着从“错彩镂金”上往更高的境界走便是“出水芙蓉”，宗白华认为“这是美感的深度问题。”②万物化生，其生命有其富丽堂皇的一面，也有其清新淡雅的一面，也有艳丽绚烂的一面，也有平淡纯朴的一面，这两面归于一体，皆是宇宙意识和生命情调的表现。

（二）充实和空灵

“空灵”与“充实”也是“艺境”的两种审美类型。宗白华很重视《易经》，认为《易经》的刚健、笃实和雄浑的精神代表了中华民族一种十分健全的美学精神。《孟子·尽心下》篇言：“可欲之谓善，有诸已之谓信，充实之谓美，充实而有光辉之谓大，大而化之之谓圣，圣而不可知之之谓神。”在孟子这里，孟子描述了人的道德心灵的递进式的壮大之路，而“充实之谓美”是指道德人格的充实美。“充实”由道德的人格美转到中国艺术表现上的美学风格，是在六朝艺术风格中。清代词学家周济在《宋四家词选》将“空灵”与“充实”作为词品和词境的审美境界和审美类型加以高度强调，周济认为，起初学词之人应该求空，空即空灵，当空灵自成格调后，便应该求实，实即充实，即精力弥满。宗白华也以“充实”和“空灵”来概括中国艺术凸显的审美风格，所以他说“空灵和充实是艺术精神的两元。”③

“充实之谓美”有两个方面的内涵。一方面是指艺术家丰厚的生命体验和充沛的创造力，“艺术家精力充实，气象万千，艺术的创造追随真宰的创造。”④所以杜甫的诗歌“最为沉着深厚而有力”。另一方面是指作品的雄浑、壮硕、强健的艺境，一如司空图《二十四诗品》对充实境界的呈现，比如“天风浪浪，海山苍苍。真力弥满，万象在旁”“返虚入浑，积健为雄”“吞吐大荒，由道反气”“行神如空，行气如虹”等。而这种充实之美在艺术创造中主要彰显为一种深美闳阔的力量，在宗白华看来，艺术境界的充实之美归根结底以充实

① 宗白华：《宗白华全集》第 3 卷，合肥：安徽教育出版社，1994 年，第 453 页。
② 宗白华：《宗白华全集》第 3 卷，合肥：安徽教育出版社，1994 年，第 453 页。
③ 宗白华：《宗白华全集》第 2 卷，合肥：安徽教育出版社，1994 年，第 345 页。
④ 宗白华：《宗白华全集》第 3 卷，合肥：安徽教育出版社，1994 年，第 348 页。

的人生为源泉，艺术境界的广大与人生的广大间有着深密的联结，艺术境界的深邃与人生的深邃间有着深刻的反响。

空灵之美也有两个方面的内涵。空灵一方面是艺术家的“静照”，这“静照”就是艺术家的宁静、空明和灵动之心的映射，所以忘我、静观、静默、自得、灵气往来是此心灵的具体表现。正如前文所述，艺术心灵诞生于静照，艺术心灵已与“道心”“禅意”难以分别。并且宗白华用心理距离理论来解释空灵，比如诗的节奏和韵脚，比如建筑的台阶和栏杆，雕像的石座，舞台的帘幕等，以及“从窗户看山水、黑夜笼罩下的灯火街市、明月下的幽淡小景，都是在距离化、间隔化条件下诞生的美景。”①这种外界条件造成的“隔”是为心灵的“空灵”服务的，而心灵内部的距离化则体现为一种心灵的“自远”意识，具体指向艺术家胸襟的淡远和精神的淡泊，即为陶渊明称道的“素心人”。空灵另一方面是指作品的艺境，空灵的艺术境界是一个“超凡入圣，独立于万象之表，……冰清玉洁，脱尽尘滓”②的世界，一如司空图于《二十四诗品》中“形容艺术的心灵当如‘空潭泻春，古镜照神’，形容艺术人格为‘落花无言，人淡如菊’，‘神出古异，淡不可收’。艺术的造诣当如‘遇之匪深，即之愈稀’，‘遇之自天，泠然希音’。”③

“充实之美”和“空灵之美”可以同存于“艺境”，同存于艺术心灵，二者不像“错彩镂金”和“芙蓉出水”在中国艺术的发展中有高下优劣之分的倾向。宗白华强调艺术境界中的虚、空、白、远恰恰包孕着生命的丰厚、充实、灿烂、通透与真意。所以，宗白华把艺术心灵的最高表现表述为“由能空、能舍，而后能深、能实，然后宇宙生命中一切理一切事无不把它的最深意义灿然呈露于前。”④所以，他评论宋元文人画是“最写实的作品，而同时是最空灵的精神表现。”⑤“趋向简淡，然而简淡中包具无穷境界。”⑥其实在空灵和充实互对的美与美感问题上，宗白华揭示了艺术心灵的二元性，其二元性既具有屈原式的缠绵悱恻，又具有庄子式的超旷空灵。因为缠绵悱恻，因为一往情深，因为深入生命的核心，方有艺术心灵的“得其环中”的一面。因为超旷空灵，因

① 宗白华：《宗白华全集》第 2 卷，合肥：安徽教育出版社，1994 年，第 346 页。
② 宗白华：《宗白华全集》第 2 卷，合肥：安徽教育出版社，1994 年，第 345 页。
③ 宗白华：《宗白华全集》第 2 卷，合肥：安徽教育出版社，1994 年，第 347 页。
④ 宗白华：《宗白华全集》第 2 卷，合肥：安徽教育出版社，1994 年，第 347 页。
⑤ 宗白华：《宗白华全集》第 2 卷，合肥：安徽教育出版社，1994 年，第 349 页。
⑥ 宗白华：《宗白华全集》第 2 卷，合肥：安徽教育出版社，1994 年，第 349 页。

为水中月镜中花，因为羚羊挂角无迹可寻，方有艺术心灵的“超以象外”的一面。总之，不论是“错彩镂金”和“芙蓉出水”，还是“充实”和“空灵”，在宗白华看来都是“艺境”所必然呈现的两两相对的审美类型，二者相辅相成，共同表现着生命本体的二元生成性、二元构成性。

五、以“艺境”为核心的人生观：艺术化的人生、人格与生活

宗白华在他学术研究早期发表了一系列关于人生观的文章，如《说人生观》(1919)、《中国青年的奋斗生活与创造生活》(1919)、《新人生观问题之我见》(1920)、《青年烦闷的解救法》(1920)、《艺术生活》(1921)等，在这些文章中探讨了人生观问题，提出了艺术化的人生观的主张。他所怀有的志趣就是“积极地去研究这个‘科学人生观与艺术人生观’的问题。”①可以说宗白华起初的学术研究是以人生观的问题探究为起点的，他起初的问题意识就是人生观问题，是由对人生观问题切入到艺术问题中，同时艺术问题的研究也最终归于艺术化的人生观的课题上。人生观问题之所以是首要的问题，是因为它直接与国民性的改造相联系。在宗白华看来，中国社会的平民应该养成一种富有精神生活和理想生活的需要，使得他们能够在现实生活之外求得一种理想生活，使得他们能够在物质生活之上求得一种精神生活，只有这样，“我们的文化运动才可以在这个平民‘需要’的基础上建立一个强有力的前途。”②宗白华认为关键的第一步要做的事情就是去树立和创造一个新的正确的人生观。那么，如何着手去创造一种富有精神性、理想性的、正确的新的人生观，而艺术就是其中的一条基本途径。

(一)艺术化的人生与新人格建设

宗白华主张艺术化的人生观就是从艺术的角度和艺术的态度上去观察、去认识人生应该如何，去观察、去认识生活应该如何，以及人生的活动和人生的行为都应该如何。具体而论，艺术化的人生观就是把“人生生活”“一生生活”真正地“当作一种‘艺术’看待，使他优美、丰富、有条理、有意义。……当作一个艺术品似的创造。这种‘艺术式的人生’，也同一个艺术品一样，是个很有价值，有意义的人生。”③运用类比推延法，宗白华把人生活动比作艺术活动，把人生的创造比作艺术品的创造，把人生的价值比作艺术的价值，“理

① 宗白华：《宗白华全集》第1卷，合肥：安徽教育出版社，1994年，第208页。
② 宗白华：《宗白华全集》第1卷，合肥：安徽教育出版社，1994年，第204页。
③ 宗白华：《宗白华全集》第1卷，合肥：安徽教育出版社，1994年，第179页。

想的艺术的人生观”是“一个优美高尚的艺术品似的人生。”①倘若人生如艺术一样富有优美高尚的价值，必然需要一种艺术的人生态度。艺术化的人生观的内涵就是要使人生得到艺术的净化、美化和升华，得到艺术的直接指导和影响，把生活建设为一种高尚、优美、和谐和有机的生活。

人格问题是人生观要解决的首要问题。创造“新人格”是宗白华终其一生都在探求和践行的重大的人生课题。他认为人类最高的幸福在于“实施创造更高的新人格。”②他认为做人的首要职责就是去培育自己健全的人格，然后再去发展积极向上的新人格，日日不息地前进，最后再朝着“超人”境界行动。具体而言，有了这三种递进的新人格的建设格局，人在其智慧、感觉、意志与体魄四个方面都会发生巨大的改变。“对于小己的智慧要日进于深广，对于感觉要日进于优美，对于意志要日进于宏毅，对于体魄要日进于坚强，每日间总要自强不息。对于人格上有所增益，有所革新，才不辜负这一天的生活。”③所以，艺术化的人生观的核心是艺术化的人格的养成，宗白华提出了两种途径。途径之一是培育和葆有一颗艺术的心灵，宗白华称此为唯美主义的人格和人生。这唯美主义式的人生观的积极意义在于它积极地向社会倡导艺术的创造和艺术的教育，因为艺术的创造和艺术的教育能够使社会成员的人格变得高尚。途径之二即是培养和葆有一颗欣赏自然的心灵，宗白华认为创造小我的新人格最好的地方就是在宇宙的自然境界里，流连观察自然境界必然于人格和胸襟有很大影响，他提倡年轻人需要在大自然的天地里净化自己、深化自己、升华自己然后去创造高尚的优美的人格。所以，具体到一个富有创造活力的精神生活的人，艺术化的人格必然怀抱宇宙意识和生命情调于其中。总之，“艺境”贯穿其中的人生不仅富有形上的人生意义，而且富有本体境界的澄明。从艺术到人生，由人生到艺术，以“艺境”为核心的人生观蕴含着对生命的终极目的和终极价值的揭示，这里人生观与宇宙观相互蕴含，人生、艺术和宇宙三者归一。

(二)艺术化的人生与新生活建设

艺术化的人生必然落实为艺术化的生活建设。宗白华主张艺术化的生活就是真正地去过一种富有同情的生活，而富有同情的生活则蕴含着艺术和美感的创造于其间。宗白华一方面明确分析了富有同情的生活是一种富有艺术

① 宗白华：《宗白华全集》第1卷，合肥：安徽教育出版社，1994年，第207页。

② 宗白华：《宗白华全集》第1卷，合肥：安徽教育出版社，1994年，第99页。

③ 宗白华：《宗白华全集》第1卷，合肥：安徽教育出版社，1994年，第98页。

化的美感的生活，因为美感本身就是一种呼应生命和贴近生命的同情情感。宗白华另一方面明确分析了富有同情的生活是一种指向社会并且同社会联系的同情的生活，其中艺术的功用在于它既可以保护和促进人心的和谐，也在于它可以维护和促进社会的团结。“艺术的目的是融社会的感觉情绪于一致。”①同时宗白华主张富有同情的生活可以扩展到宇宙自然中去，与宇宙自然发生深厚的审美移情，从而从个人到广大自然、从社会情感到自然生命都能够在审美移情中得以亲近得以交流。“你看一个歌咏自然的诗人，……看到一枝花，觉得花能解语，遇着了一只鸟，觉得鸟亦知情……它们都是我们有知觉、有感情的姊妹同胞。这时候，我们拿社会同情的眼光，运用到全宇宙里，觉得全宇宙就是一个大同情的社会组织。”②所以，这种艺术化的同情的生活连接着艺术、社会和宇宙。

艺术化的生活建设本质上就是建设一种富有创造活力的生活，其中必然包含着人生的奋斗力量。在宗白华看来，人类的生活本身就包含着奋斗与创造的内容和方面，而真正的生活就是奋斗的生活和创造的生活。同时建设这种创造活力的生活必然需要一种独立的主体人格，这样，我们所建设的新生活就可以实现人格与事业一体，兴趣与工作一致，并且一切皆自觉发展于人的心灵自由的表现，相辅相成，这良好的一切又能够复返于人的心灵来增强人的人格的涵养。为实现这种生活理想，在宗白华看来，最可行的策略就是实施和推行“美的教育”，其目的和目标就是教人如何将生活变为艺术。得益于“美的教育”的生活所实现的是这样一幅崭新且圆融的生活图景：第一，在道德生活上实现了“从心所欲不逾矩”的境界，在此境界中，道德义理和生活行动自然合二为一，而且中间不夹杂一点的勉强。第二，在实际的日常事功上实现了“无为而无不为”的境界，在此境界中，心灵与人格能够自由地应付一切琐碎的事物，给予周围的每个事物以恰当的适当的意义和安排。“不为物役，不为心役，心物和谐底成于‘美’。”③这种奋斗的、创造的、美的生活必定是充实又空灵的、丰足又高远的。

建设艺术化的新生活是针对旧生活而言的，在宗白华看来，所谓旧生活是指僵化的、腐朽的、麻木的、空虚的、机械的、物质的、死气沉沉的生活，要改变旧的生活，必须要树立崭新的生活观念，而崭新的生活观念即艺术化

---

① 宗白华：《宗白华全集》第1卷，合肥：安徽教育出版社，1994年，第318页。

② 宗白华：《宗白华全集》第1卷，合肥：安徽教育出版社，1994年，第319页。

③ 宗白华：《宗白华全集》第2卷，合肥：安徽教育出版社，1994年，第114页。

的生活观念。扩大地说，宗白华提倡的艺术化的新生活建设是为建设一个强健的、文明的、富有创造力量的“少年中国”服务的。在五四新文化运动的大背景下，宗白华提倡的艺术化的生活观念和生活建设是切进到现代国民性问题上去的，是属于国民性问题之艺术的解决办法。宗白华看来，倘若每一个人都能投入到新生活的建设中去，都能实现新生活的理想，那么获得新生的人们便能够建设一个真正自由的、真正幸福的新社会和新国家。“明哲之士，智越常流，感生世之哀乐，惊宇宙之神奇，……思穷宇宙之奥，探人生之源，求得一宇宙观，以解万象变化之因，立一人生观，以定人生行为之的。”①什么样的人生，什么样的人格，什么样的生活，什么样的国民，什么样的社会，什么样的国家，归根结底皆奠基于一个什么样的人生观和生活观之上，在宗白华看来，艺术化的人生观和艺术化的生活意识就是其中最重要的。

---

① 宗白华：《宗白华全集》第1卷，合肥：安徽教育出版社，1994年，第17页。

蔡元培“以美育代宗教说”的历史语境和现代价值

刘成纪

内容提要：中国现代美育开启于蔡元培的“以美育代宗教说”，这使对宗教问题的讨论成为理解美育现代价值不可回避的背景。从中国民末清初的历史看，蔡元培之所以提倡以美育代替宗教，除了宗教与封建专制及迷信具有天然的共生关系外，还在于两者之间存在类似性。蔡元培的贡献在于：他一方面将“纯粹之美育”从宗教中剥离出来，另一方面则成功保留了美育之于人类精神的神圣价值。同时，蔡元培反宗教，并不必然意味着他必然反传统。相反，他正是通过对孔教的批判，将真正意义上的中国传统纳入到了现代美育体系之中。据此，理解蔡元培“以美育代宗教说”的现代价值，两个长期被忽视的维度也就彰显出来：一是他赋予了美感神圣性，二是他使中国传统美育具有了现代性。

关键词：蔡元培　以美育代宗教说　美感的神圣性　中国美育传统

现代以来，中国启蒙思想者提出了一系列关于宗教的替代方案，如陈独秀的“以科学代宗教”、蔡元培的“以美育代宗教”和梁漱溟的“以道德代宗教”等。但近一个世纪的精神实践证明，无论科学、美育还是道德，均没有取代宗教。相反，宗教反而显现出日趋恒久的生命力。由此反观蔡元培关于“以美育代宗教”的论断，似乎只能被视为未必太过当真的笑谈。但是，从20世纪以降中国美学的发展看，“以美育代宗教说”对于美学学科而言依然显现出无以复加的重要性，重点在于它赋予了美学一种类似宗教的特质，使其具有了神圣价值。这种神圣性一方面使美学在中国现代人文教育中始终占据了超越其他学科之上的价值，即审美境界被视为人生的最高境界，另一方面则使美育在中国历史上原本占据的地位得到了现代理论的强化，使中国美学之于中国文化乃至国家层面制度文明建构的价值日益得到彰显。下面我将结合这一学说产生的历史语境，重新揭示它的价值和意义。

一、“以美育代宗教说”：历史语境与时代共识

从历史看，在清末民初，新兴思想者提出的诸多社会变革方案，几乎都是以对宗教的批判为前提的。之所以出现这种状况，直接的动因在于当时中国面临的列强环伺的背景。如李鸿章讲：“今日所急，实为数千年未有之变局”，“又为数千年来未有之强敌。”①作为对这种情势的应激性或防御性反应，1898年，以康有为为代表的维新派提出了“保国”“保种”“保教”②三大主张。其中所谓的“保教”，就是要维系孔门之教在国家意识形态方面的主导性。此后，康有为及其追随者则直接将国疲民弊的主因归于中国缺乏一种可以与西方抗衡的宗教，并据此主张将儒学国教化。如其所言：“今则各国皆有教，而我独为无教之国。各教皆有奉教、信教、传教之人，坚持其门户，而日广大之。”③“将欲重道德之俗，起畏敬之心，舍教何依焉。”④而“中国数千年来奉为国教者，孔子也。”⑤但值得注意的是，在清末民初，自戊戌变法至袁世凯称帝，再到北洋政府、张勋复辟，凡是社会的守旧势力大多是康氏孔教主张的

---

① 张勇、蔡乐苏主编：《中国思想史参考资料集·晚清至民国卷》(上篇)，北京：清华大学出版社，2005年，第21页。

② 康有为著，姜义华、张荣华编校：《康有为全集》(第四集)，北京：中国人民大学出版社，2007年，第54页。

③ 康有为著，姜义华、张荣华编校：《康有为全集》(第九集)，北京：中国人民大学出版社，2007年，第342页。

④ 康有为著，姜义华、张荣华编校：《康有为全集》(第九集)，北京：中国人民大学出版社，2007年，第325页。

⑤ 康有为著，姜义华、张荣华编校：《康有为全集》(第九集)，北京：中国人民大学出版社，2007年，第341页。

拥护者，也即“保教”与“保皇”显现出惊人的一体关系。这预示着宗教信仰虽然是跨越中西的人类普遍现象，但在当时的中国却成为阻碍社会变革的最显在力量。这种状况，不能不引起具有新思想的启蒙知识分子的警惕。

清末民初，梁启超是康氏将孔子国教化的最早批评者，他在1902年发表《保教非所以尊孔论》一文。此后近10年，刘师培、张东荪、章太炎等先后介入讨论，其主旨在于恢复孔子作为思想者（而非教主）的本来面目。至五四新文化运动时期情况则有新变，启蒙思想者开始考虑在反孔教的基础上，如何寻找替代方案，以为未来中国开出新的文化和思想远景，这种思考显然比一味反对孔教更具建设性和前瞻性。其中的代表是陈独秀的“以科学代宗教”说和蔡元培的“以美育代宗教”说。

从学理上讲，蔡元培为替代宗教开出的美育方案，要比陈独秀的科学方案更具合理性。这是因为，在科学和美育之间，科学解决的是对对象世界的客观认识问题，美育则奠基于人的情感，以给人带来精神抚慰为目的，这种目的与宗教的功能具有类似性。同时，宗教关注超验世界，而美育给人提示的正是从现象世界向超验（实体）世界上升的通道，与宗教最相切近。如蔡元培所讲：“美感者，合美丽与尊严而言之，介乎现象世界与实体世界之间，而为之津梁。……故教育家欲由现象世界而引以到达于实体世界之观念，不可不用美感之教育。”①与此比较，近代以来，科学虽然是宗教的最大否定性力量，但它也极易因此将人类引向另一个反人性的极端。如蔡元培所言：“我以为现在的世界，一天天往科学路上跑，盲目地崇拜物质，似乎人活在世上的意义只为了吃面包，以致增进了贪欲的劣性，从竞争而变成了掠夺。”“要知道科学与宗教是根本绝对相反的两件东西。科学崇尚的是物质，宗教崇尚的是情感。科学愈昌明，宗教愈没落；物质愈发达，情感愈衰颓。……我的提倡美育，便是使人类能在音乐、雕刻、图画、文学里又找见他们遗失了的情感。”②从这些言论不难看出，蔡元培提出“以美育代宗教”，并不是从宗教彻底走向反宗教，而是要找到一个既反对宗教迷信又与宗教具有类似性的替代者。易言之，在美育与宗教之间，两者并不是因敌对而相互取代的关系，而是因类似而相互接替的关系。

也许正是基于美育与宗教之间的这种类似性，五四运动前后，虽然学界针对宗教提出了诸多替代方案，但围绕蔡元培的美育形成的共识却最大。如

① 蔡元培：《蔡元培美学文选》，北京：北京大学出版社，1983年，第4—5页。

② 蔡元培：《蔡元培美学文选》，北京：北京大学出版社，1983年，第214—215页。

陈独秀讲："至于宗教有益部分，窃谓美术哲学可以代之。"①梁漱溟后来提出"以道德代宗教"，但他所谈的道德，主要是指中国传统道德中最具审美性的侧面，即礼乐。如其所言："礼乐使人处于诗与艺术之中，无所谓迷信不迷信，而迷信自不生。孔子只不教人迷信而已，似未尝破除迷信。他的礼乐有宗教之用，而无宗教之弊；亦正惟其极邻近宗教，乃排斥了宗教。"②此外，后来提出"以哲学代宗教"的冯友兰，当时则直接讲出宗教的诗性或审美特征，如其所言："近来中国有非宗教运动，其目的原为排斥帝国主义的耶教，其用意我也赞成。至于宗教自身，我以为只要大家以诗的眼光看它就可以了。许多迷信神话，依此看法，皆为甚美。至于随宗教以兴之建筑、雕刻、音乐，则更有其自身之价值。"③从这种观点的趋同性可以看出，鉴于宗教与当时西方文化入侵以及与中国专制传统的共生关系，虽然以科学、道德、哲学等取代宗教均具有必要性和合理性，但在学理和功能层面，美育却因为与宗教的高度类似而在其中占据了优先性和主导性。或者说，美育的情感特征和精神抚慰功能，使其既成为宗教的近亲，又避免了宗教的虚妄；既属于宗教中的"有益"部分，又具有超越宗教的现代性。

与此比较，科学和道德则均不具有这种特性。如冯友兰所言："科学与宗教，常立于相互反对之地位。若宗教能自比于诗，而不自比于科学，则于人生，当能益其丰富，而不增其愚蒙。"④同样，在中西历史上，宗教的一项重要功能就是引人弃恶向善，具有鲜明的道德价值，但没有情感基础的道德则极易成为伪道德，就此而言，梁漱溟将他的"以道德代宗教"更具体地解释为"以礼乐代宗教"，其实无非将道德问题情感化、审美化。也就是说，一种美好的道德必然是从美育出发的道德。在美育和德育之间，"以美育代宗教"构成了"以道德代宗教"不可动摇的基础或前提。

二、两种传统：蔡元培的历史态度与美学选择

在中国现代学术史上，美育是一个从西方传入中国的概念。关于它向中国的译介，蔡元培曾讲："美育的名词，是民国元年我从德文 Asthetische

① 李建主编：《儒家宗教思想研究》，北京：中华书局，2003 年，第 35—55 页。

② 梁漱溟：《 中国文化要义》，上海：上海人民出版社，2011 年，第 110 页。

③ 冯友兰编：《三松堂全集》(第二卷)，郑州：河南人民出版社，2001 年，第 19 页。

④ 冯友兰编：《三松堂全集》(第二卷)，郑州：河南人民出版社，2001 年，第 19 页。

Erziehung 译出，为从前所未有。"①这种背景，极易使人将美育视为纯粹的西学或新学，甚至认为他的反宗教(孔教)就是反传统。确实，从史料看，蔡元培确实对孔教缺乏好感。1912 年他就任国民政府教育总长，首先就对清政府的癸卯学制(1904 年)进行改造，即删掉其中的"忠君""尊孔"条目，增加美育。如其 1912 年主持颁布的《教育宗旨令》："兹定教育宗旨，特公布之，此令。注重道德教育，以实利教育、军国民教育辅之，更以美感教育完成其道德。"②此后，他又在《在信教自由会之演说》《致许崇清函》中抨击孔教，认为"所谓'以孔教为国教'者，实不可通之语。"③但同时必须指出的是，蔡元培的反孔教并不是反孔子，更不是反传统，而是要通过反康有为捏造的国教，恢复孔子在中国历史上的本来面目。如其所言："夫孔子之说，教育耳，政治耳，道德耳。……孔子自孔子，宗教自宗教，宗教、孔子，两不相关。"④这也意味着，在清末民初中国思想界的整体动荡中，其实存在着两种传统：一种是维新派根据"保教"即"保国""保种"的逻辑，炮制出的将孔子神道化、迷信化的伪传统；另一种是启蒙思想者试图恢复的，孔子作为理智清明的人文主义者，作为教育家、政治家和道德家的真传统。

今天，我们已习惯于根据清末至五四时期中国知识分子对于传统文化的态度，将其分为保守派和新文化派两大阵营。事实上问题要复杂得多。像梁启超，他本是清末康有为阵营的干将，但对康氏将孔子奉为"万世教主"的举措却持尖锐批评态度。如其所言："孔子者，哲学家，经世家，教育家，而非宗教家也。西人常以孔子与梭格拉底并称，而不以之与释迦、耶稣、摩诃末并称，诚得其真也。"⑤另像章太炎，既是清末的革命派，也是文化上的国粹派，也直斥康有为的国教运动。如其所言："孔教之称，始妄人康有为，实今文经师之流毒。"⑥认为孔子传历史、开儒术、言名教、言教育，皆与宗教无关。再如当时著名的"西化派"人物陈独秀也指出，孔教之教"是教化之教，非宗教之教"⑦，"孔子精华，乃在祖述儒家，组织有系统之伦理学说。宗教玄

① 蔡元培：《蔡元培美学文选》，北京：北京大学出版社，1983 年，第 186 页。

② 璩鑫圭、唐良炎编：《中国近代教育史资料汇编·学制演变》，上海：上海教育出版社，1991 年，第 651 页。

③ 高平叔编：《蔡元培全集》(第二卷)，北京：中华书局，1984 年，第 491 页。

④ 高平叔编：《蔡元培全集》(第二卷)，北京：中华书局，1984 年，第 491 页。

⑤ 李建主编：《儒家宗教思想研究》，北京：中华书局，2003 年，第 177 页。

⑥ 李建主编：《儒家宗教思想研究》，北京：中华书局，2003 年，第 21 页。

⑦ 李建主编：《儒家宗教思想研究》，北京：中华书局，2003 年，第 154 页。

学，皆非所长。”①这意味着，在清末至五四新文化运动时期，虽然思想界对中国传统文化的价值评估存在差异，但共识依然存在，即与当时甚嚣尘上的孔教运动保持截然切割的态度。换言之，他们大多仍对中国传统文化怀有敬意，并将其作为建设新文化的重要资源来看待。

与此一致，从蔡元培一生的言论看，他不但不反孔子和中国传统，而且对受儒家教化陶冶出的传统给予了高度肯定。甚而言之，在他看来，由于中国传统美育没有受到宗教的过度钳制，它的艺术精神往往比西方更宽容，更具有社会传播价值。如其所言：“我国古代乐与礼并重；科举时代，以文学和书法试士，间设画院，宫殿寺观的建筑与富人的园亭，到处可以看出中国人是富于美感的民族。”②基于这种评价，他把中国传统形态的美和艺术作为审美教育的重要资源。如其谈到中国古代的礼乐之教：“中国古代之教育，礼乐并重，亦有兼用科学与美术之意义。”③在现代艺术教育机构的创设上，他也主张中西并举，兼容并包。像民国早期由其倡导成立的多所艺术院校，其中有西画科，也有国画科，中国传统的书法摹印也在其中。这种跨越中西的美育观念被实践证明，现代以来，学术界长期将蔡元培归类于西化派是有失公允的。他从来没有将中国漫长的美育传统排斥在现代教育体系之外。或者退而言之，他至多不过是反对被近代保教派捏造的伪传统，而回归一种更具真实性的中国传统罢了。

确实，在五四新文化运动时期，中西之分是一个相当复杂的问题，尤其面对宗教更是如此。像康有为等保教派，表面上好像在捍卫传统，但他炮制孔教并力图将其定为国教的作为，则实是对西方的模仿，即以西方标准为中国补宗教，具有明显的西化倾向。与此相反，一些被视为西化的启蒙知识分子，他们反对孔教，试图恢复孔子作为教育家、道德家的本来面目，则更像一批儒家的原教旨主义者。据此可以看到，蔡元培对中国美育传统的发现，比当时一般公认的保守派更具真切性，更接近中国历史的实然状况。同时，由于有西方视野，他也更有能力激活传统并使其获得现代性。这是对中国现代美育的重大贡献。

蔡元培将中国传统美育纳入现代美育体系，使中国现代美育具有了本土化的历史深度。除此之外，他对这一学科的理论认识和边界把握也极具洞见。

① 李建主编：《儒家宗教思想研究》，北京：中华书局，2003年，第172页。

② 蔡元培：《蔡元培美学文选》，北京：北京大学出版社，1983年，第181页。

③ 蔡元培：《蔡元培美学文选》，北京：北京大学出版社，1983年，第9页。

如他讲：“美育者，应用美学之理论于教育，以陶养感情为目的者也。”①这一简单定义摆正了美学理论、美术作品与美育实践之间的关系。直至现在，大多数美育实践者仍然忽视理论，直接将美育等同于艺术教育，这是这一领域长期流于浮浅的主因。关于美育的范围，他也澄清道：“我向来主张以美育代宗教，而引者或改美育为美术，误也。我所以不用美术而用美育者，一因范围不同，欧洲所设之美术学校，往往只有建筑、雕刻、图画等科，并音乐文学，亦未列入；而所谓美育，则自上列五种外，美术馆的设置，剧场与影戏院的管理，园林的点缀，公墓的经营，市乡的布置，个人的谈话与容止，社会的组织与演进，凡有美化的程度者均在所包；而自然之美，尤供利用。”②蔡元培的这一观点提出于1930年，在五四前后，他所说的美术往往指“美的艺术”，包括音乐等时间性艺术，但这显然不符合世界通例，有校正的必要。更重要的是，他将美育的范围从视听觉艺术一直拓展到城市设施、乡村建设以及社会组织演进、自然等，几乎世界所在便是美育所在。这种空间广度加上由对中国美育传统的发现达至的历史深度，共同为中国现代美育展现出了一幅“大美育”的图景。

三、“以美育代宗教说”：现代意义的再开启

从以上分析可知，在清末民初至五四时期，宗教成为知识界思考的重点问题，有其独特的历史语境，也具有较大的偶然性。也就是说，没有康有为等人对孔子宗教化的近代改造在先，便很难想象会有诸多“代宗教”的现代方案被提出。但是，这种时代命题的偶然性并不能减损蔡元培提出“以美育代宗教说”的重大意义。列述如下：

第一，“以美育代宗教说”赋予了美育类似宗教的性质，这种类似使中国现代美育有了宗教所具有的精神高度和神圣性。如上所言，蔡元培选择美育作为宗教在新时代的替代者，一个重要原因是美育为人从现象世界通向实体世界提供了通道。在他看来，美育是引人从现象界向实体界擢升的手段，但最终“必以实体世界之观念为其究竟之大目的”③。也即美育能够使人超越现象世界的人我之别、人物之别，将人的精神引向高远、神圣之境。如其所言：“人既脱离一切现象世界相对之感情，而为浑然之美感，则即所谓与造物为

① 蔡元培：《蔡元培美学文选》，北京：北京大学出版社，1983年，第134页。
② 蔡元培：《蔡元培美学文选》，北京：北京大学出版社，1983年，第179页。
③ 蔡元培：《蔡元培美学文选》，北京：北京大学出版社，1983年，第3页。

友，而已接触实体世界之观念矣。”①这个由美育陶冶出的实体世界之观念，不是宗教，但具有宗教性。它为人性提供了超拔的目标，“足以破人我之见，去利害得失之计较”②。据此不难看出，在五四新文化运动时期，美育确实具有改造并重塑国民性的重大功能。今天，中国美学日益生活化、心灵鸡汤化，与此相关的美育则日益坠入世俗化的小资情调。面对这种状况，重提蔡元培由宗教剥离出的“纯粹之美育”的神圣性，重提精神境界的超拔和高远问题，无疑具有重要的校正意义。

第二，“以美育代宗教”是中国启蒙思想者关于现代国家建构的诸多设想的组成部分，美育因参与了这一进程而使其意义变得宏大。如前所言，康有为在清末民初主张将孔子宗教化，将孔教立为国教，是与其帝制思想密切相关的，有鲜明的政治动机。与此比较，蔡元培的“以美育代宗教”虽然更多涉及人性养成和情感陶冶，其影响也多在于文化领域，但这种人性和文化目标是天然指向国家政治建构的。或者说，鉴于宗教在传统国家政治中发挥的重大作用，与其直接构成接替或取代关系的美育，也必然有其相应的价值关注。像在《以美育代宗教说》中，蔡元培最推崇美的普遍共享性，这正是他在政治层面追求共和的基础。在五四时期，明确而系统地将美引向政治的是张竞生，他提出美的社会组织法、美的政府等主张，被后人称为美治主义。与此比较，蔡元培虽然没有明确强调美育在国家治理层面的作用，但他讲的美育却又远远溢出了美和艺术的边界，与城乡建设、社会的组织与演进密切相连。这意味着蔡元培所讲的美育，并没有自我设限于仅关乎个体精神的层面，而是有着宏大的家国关切。这种关切昭示着一种审美政治，对当代形态的“美丽中国”建设具有重要的参考价值。

第三，蔡元培将中国传统美育资源纳入现代美育体系，这为重新定位美和艺术在中国传统教育中的地位提供了契机。如前所言，蔡元培之所以提倡“以美育代宗教”，是因为美育类似宗教。同时，包括他在内的五四思想者，也大多认为中国传统教育尚未充分达到宗教的高度。这意味着，美育和中国传统教育在类似宗教这一点上具有高度的契合性，或者说中国传统教育天然地就是美育性质的。事实也是如此，中国社会自西周始，诗教、礼教、乐教构成了中国成人教育的主干，其最终目标是“游于艺”。在国家层面，历代王朝无不以“兴礼乐”作为国家治理成功的标志，这种礼乐政治无疑也是一种雅

① 蔡元培：《蔡元培美学文选》，北京：北京大学出版社，1983年，第5页。

② 蔡元培：《蔡元培美学文选》，北京：北京大学出版社，1983年，第72页。

化的审美政治。据此可以看到，在中国文明史上，美育不仅关乎历代士人对艺文的雅好，更关乎这个国家延续数千年的立人和立国目标。换言之，在传统中国，美育从来没有必要取代宗教，因为美育本身就构成了中国人的宗教；在中国传统教育体系中，不是存不存在美育的问题，而是整个传统教育本身就是美育的问题。当然，今天我们能对这门学科之于传统中国的价值给予更高的肯定，其起点仍要追溯到蔡元培。也就是说，在五四这个以西学为时尚的时代，他能不抱偏见地接纳传统，为后世重论美育之于传统中国的价值开了先声。

第四，蔡元培的美育观和美育实践，为重建美学与美育实践的一体关系提供了一个具有恒久价值的方案。如前所言，蔡元培所讲的美育，是应用美学理论于教育。这一定义确立了美学理论之于美育实践的先导性、奠基性和引领性。从史料看，蔡元培首先是一位对德国美学有专深研究的美学家，然后才是美育的倡导者、政策制定者和实践者。如果没有美学理论的先行指引，所谓的美育实践必然陷入盲目和肤浅。目前，我国美育和艺术教育界之所以长期饱受技术化和实利化的诟病，根本原因在于疏离于美学理论，丧失了这一领域应有的人文目标和精神底蕴。相反，一些理论造诣深厚的美学家也并非适任美育工作，这则是因为他们艺术实践能力的匮乏。20 世纪 80 年代，朱光潜曾讲：“不通一艺莫谈艺，实践实感是真凭。”①这明显是说良好的艺术感知和实践能力是介入美育的必备条件。据此来看，由蔡元培关于美育的定义，昭示的是一条美学理论与艺术实践重建一体关系的道路。唯有两者融会，才能为未来中国的美育开出光辉前景。

① 朱光潜：《朱光潜全集》(第十卷)，合肥：安徽教育出版社，1993 年，第 504 页。

插入的美学起点

——王国维《红楼梦评论》中的悲剧问题

王德岩

内容提要：本文以王国维为范例，以《红楼梦评论》为中心，以“悲剧”问题为线索，考察中国现代美学建构初期的逻辑起点与文化生态，重点考察文章中所显示的王国维接受悲剧理论的前结构，以及以西方尺子量中国文学所产生的内在矛盾。悲剧作为现代美学的核心范畴是插入式的现代建构。

关键词：王国维　悲剧　红楼梦评论　叔本华

一

王国维先生的《红楼梦评论》一文虽然只有一万四千多字，在现代学术史上却影响深远，美学中的悲剧理论、现代红学，以及文艺理论中的国民性研究，都可以在这篇文献中寻到它们的现代起点。

在“红学”的贡献上，李长之先生1933年在《红楼梦批判》中说：“1904年(光绪三十年)，王国维作《红楼梦评论》，这是第一个会赏鉴《红楼梦》的人。”“他最了解《红楼梦》了。不但过去，就在现在，也无人及他。”①当代著名红学家胡文彬先生说，“新红学

① 李长之，《红楼梦批判》，见吕启祥、林东海主编：《红楼梦研究稀见资料汇编》(上)，北京：人民文学出版社，2001年，第395页。

从王国维开始；王国维是新红学中的文学批评派的开山者。”①

在悲剧理论方面，从《红楼梦评论》起，西方的悲剧理论开始成为中国现代文艺理论的一个引人注目的核心范畴，是建立现代文艺理论的基石之一。鲁迅、胡适、朱光潜、宗白华等人都对悲剧理论进行了关注和探索，受此新理论和译介西方戏剧的影响，一大批优秀的悲剧艺术作家，如曹禺、老舍、郭沫若也登上现代艺术舞台，取得很高的成就。

更令人惊叹的是，王国维在讨论悲剧中所关注到的悲剧接受中的国民心理问题，居然成为后来蔚为大观的文化研究中国民性批判的滥觞。在王国维之后，经过蔡元培、胡适，到了鲁迅那儿，国民性批评跨出了戏剧批评的藩篱，成为文化批判的中心议题。而这些，都是西方悲剧理论引入后的回响。

蔡元培先生的评论跟王国维在本文中所说如出一辙，以二元对比的方式，认为西方重视悲剧，而我国崇尚喜剧，由此不管何种故事，必然走向团圆。胡适在《文学进化观念与戏剧改良》批评了中国戏剧缺乏悲剧观，往往是“美好的团圆”，认为西洋的悲剧观念“乃是医治我们中国那种说谎作伪、思想浅薄的文学的绝妙圣药”②。鲁迅对于大团圆以及其所反映出的国民性的批判更是尽人皆知。朱光潜先生博士论文就是《悲剧心理学》，他以更充分严格的西方悲剧理论为标准，严厉地批评戏剧中“大团圆”，没有一部能算是悲剧：“随便翻开一个剧本，不管主要人物处于多么悲惨的境地，你尽可以放心，结尾一定是皆大欢喜，有趣的只是他们怎样转危为安。剧本给人的总印象很少是阴郁。仅仅元代(即不到一百年时间)就有过五百多部剧作，但其中没有一部可以真正算作悲剧的。”③俞平伯先生的《红楼梦研究》是红学中的名著，他从小说的角度呼应这个问题：“凡中国自来的小说，大都是俳优文学，所以只知道讨看客的喜欢。我们的民众向来是以团圆为美的，悲剧因此不能发达。”④

以上三个方向，都可以看出《红楼梦评论》一文对现代中国美学影响之深入和广泛，的确可以称得上是一篇奠基性的文献，也可以说是中国现代美学的起点。

但是我们如果仔细考察这篇文献，就会发现，作为王国维最早的一篇系

① 胡文彬：《跨世纪的思考——写在20世纪“百年红学”的扉页上》，《红楼梦学刊》，2003年第2辑。

② 《胡适文集》第2册，北京：北京大学出版社，1998年，第122—123页。

③ 朱光潜：《悲剧心理学》，北京：人民文学出版社，1983年，第218页。

④ 俞平伯：《红楼梦研究》，北京：人民文学出版社，1973年，第119页。

统的文学评论，其成立的基础是比较薄弱的，严格来说只能称得上是一篇习作。

所谓的习作，就是它并不是针对《红楼梦》文本进行的红楼梦研究，而只是以刚刚学习的叔本华理论在《红楼梦》上试刀，其问题框架和出发点全在叔本华而不是《红楼梦》。他本人对这一点十分清楚，他在《静安文集·自序》中说："去夏所作《红楼梦评论》，其立论全在叔氏之立脚点。"①从方法上来说，这篇评论是拿着叔本华的尺子去量《红楼梦》，以叔本华的眼光去发现《红楼梦》，所得结论在当时的语境中确实令人耳目一新，但基础并不牢靠。并且他对这尺子本身也是有疑问的。在《自序》中他也说："于第四章内已提出绝大之疑问，旋悟叔氏之说，半出于其主观的气质，而无关于客观的知识。"同样，王国维先生对于叔本华哲学的接受，也是半出于其主观的气质。二者的契合点是悲观主义哲学。这一点也影响了他对于《红楼梦》的理解。

这篇文章是他以西方理论来评论中国文学艺术的开始，但此时他对西方哲学、美学，对于叔本华、康德的哲学，都还没能够有深入全面的把握。奠定这篇文章学术基础的，是他深厚的传统学术和文学基础，这也是文章真正的底层结构和思想价值所在。

二

要讨论这个问题，应该先了解此文写作的基本的历史背景。

王国维是在 1902 年从日本归国后的独学时期开始关注哲学的，其关注的起点在于"主观的气质"，"体素羸弱，性复忧郁，人生问题，日往复于吾前。自是始决从事于哲学。"当时读的都是"哲学概论""哲学史"一类的书。

1903 年，王国维应张謇之邀到通州师范学堂任教，边教边学，才开始读康德的著作。始读《纯粹理性批判》(当时译名为《纯理批评》)，至《先天分析论》全不可解，只好放下康德，从叔本华的《意志及表象之世界》开始读，大好之，这一年读了两遍，然后由叔本华再回看康德。但与他最契合的，是叔本华的悲剧主义人生哲学，《三十自序》中说："于其人生哲学，观其观察之精锐与议论之犀利，亦未尝不心怡神释也。"

1904 年夏天，他撰写《红楼梦评论》，发表于《教育世界》杂志。

也就是说，王国维《红楼梦评论》立脚点全在叔本华的哲学和美学，但他

① 谢维扬、房鑫亮主编：《王国维全集》第 1 册，杭州：浙江教育出版社，2010 年，第 3 页。

此时正试读西方哲学，阅读叔本华著作，也不过一年的时间。这时康德的哲学尚未读通一本，其哲学基础是通读《意志及表象的世界》两遍形成的。这样的基础，显然不足以支撑这篇文献后来的巨大、深远的影响。在他之前和之后，介绍叔本华、康德、尼采的文章著作极多，很多的人对于康德、叔本华和尼采的理解和把握比这篇文章中要深入、准确得多，但是都没有产生像《红楼梦评论》这样的影响。

如何来解释这一现象？历来的研究中，重视的是王国维引入西方理论，以哲学的系统性方式，来评论中国文学艺术，开拓了新的方法和新的论域。但很难解释，为什么别人也引入西方理论而且引得更地道、更深入，却没有产生相应的理论影响和思想活力？

有一个问题尚未被深入讨论：王国维接受叔本华哲学美学的前结构，以及这个前结构对于《红楼梦评论》一文理论基础的影响。

在接受西方哲学之前，王国维受过非常完整的传统经史诗文教育，大家对于他的诗、词、文的成就很熟悉。他在《三十自序》中说，16岁时见《汉书》而悦之，遂购《前四史》，为平生读书之始。他后来成就以史学最高，其基础自早年已立。在经学上，他早年不喜欢章句时文之学，但是在经学方面却有扎实的基础，他的父亲在1894年的日记中曾记载见过他写的驳俞樾《群经平议》条札。《群经平议》是俞樾的代表作，是经学名著。而此时，王国维刚18岁，是在他写《红楼梦评论》的十年之前。

以上两相对照，可以很明显地看出，相比于他对于西方哲学的了解，他的传统经、史、诗、词修养是其写作《红楼梦评论》不容忽视的基础结构。

三

细读《红楼梦评论》文本，可以发现很多内证。比如文中说到悲剧，他用来作为例证的西方悲剧有歌德的《克拉维戈》《浮士德》，高乃伊的《熙德》，莎士比亚的《哈姆雷特》，席勒的《华伦斯坦》，这些悲剧他大多是通过叔本华了解的。而在分析阐发悲剧理论的时候，他所用来做解说的，大多是中国的文学作品，关涉的有：汉乐府《孔雀东南飞》、吴伟业的《燕门尚书行》《楚辞·招魂》、枚乘的《七启》《七发》、王实甫的《西厢记》、汤显祖的《牡丹亭》、伶元的《赵飞燕外传》《汉杂事秘辛》《史记·司马相如传》、洪昇的《长生殿》、查继佐的《续西厢》、施耐庵和罗贯中的《水浒传》、余万春的《荡寇志》、孔尚任的《桃花扇》、顾彩的《南桃花扇》《红楼梦》续书五部、文康的《儿女英雄传》、黄仲则的《绮怀》、纳兰性德的《饮水诗集》《饮水词》，此外还有曹霸、韩干、毕宏、韦偃、吴道子、萧照、周昉、仇英的画。

他从叔本华的哲学中每得一理论，其中国文化的修养便会汩汩而出，呈于目前，横说纵说，自在如意。如，他说到美术中的“眩惑”使人复归于生活之时，一口气举出，“如粔籹蜜饵，《招魂》、《启》、《发》之所传陈；玉体横陈，周昉、仇英之所绘；《西厢记》之《酬柬》，《牡丹亭》之《惊梦》，伶元之《赵飞燕外传》，杨慎之赝《秘辛》，徒讽一而劝百，欲止沸而益薪。”①

在理论上也是如此，他对于西方哲学的阐发，往往要先与中国思想和理论进行汇通，才能论述得充分透彻。

文章一开始，在阐发叔本华的悲观主义人生观之前，王国维运用《老子》《庄子》的理论：“老子曰：‘人之大患，在我有身。’庄子曰：‘大块载我以形，劳我以生。’忧患与劳苦与生相对待也久矣。”这也成为他论证的基本方式。凡叔本华书中的西方典故例证，必以中国的事例意象抒发之。如，在论证人超越利害之关系时，说“此犹积阴弥月，而旭日杲杲也；犹覆舟大海之中，浮沉上下，而飘著于故乡之海岸也；犹阵云惨淡，而插翅之天使，赍平和之福音而来者也；犹鱼之脱于罾网，鸟之自樊笼出，而游于山林江海也。”这样的论证似中西意象合用，但全是中国味道，更近于《文心雕龙》的文体。

在论观物方式时，他的阐发竟然全用庄子论观物之理，全用中国的表述方式，却是把西方典故化入其中，“濠上之鱼，庄、惠之所乐也，而渔父袭之以纲罟；舞雩之木，孔、曾之所憩也，而樵者继之以斤斧。若物非有形，心无所住，则虽殉财之夫，贵私之子，宁有对曹霸、韩干之马而计驰骋之乐，见毕弘、韦偃之松而思栋梁之用，求好逑于雅典之偶、思税驾于金字之塔者哉？故美术之为物，欲者不观，观者不欲。”此段论述，如果放在传统文论中，甚至放在《庄子》文中，特别是《秋水篇》这中，都非常顺畅，而忽然插入雅典和金字塔，倒显有点突兀，而雅典之偶和金字之塔的表述方式，在语言上就顺畅起来了。

四

《红楼梦评论》的核心命题就是，《红楼梦》是一个彻头彻尾的悲剧。

这个命题的背后是王国维此时对于中西文学美学的整体判断。王国维此

① 谢维扬、房鑫亮主编：《王国维全集》第1卷，杭州：浙江教育出版社，2010年，第58页。

时的思想，延续他自甲午战争以来，受梁启超和日本人藤田教授的影响，对于西方文化整体接受。在《红楼梦评论》中，他接受了叔本华的悲剧理论，以及悲剧在整个艺术体系中的位置，并试图把它应用到所有文化的艺术评价。简单地表述，就是悲剧是艺术的顶峰，悲剧不发达也就代表了艺术的不发达。

因此，《红楼梦》是一个彻头彻尾的悲剧这一命题，是对于《红楼梦》这个单一作品的极大褒扬，但也是对于中国文学艺术的整体否定。因为王国维发现，如此伟大而富有悲剧精神的《红楼梦》，并不是中国艺术精神的典型代表，恰恰相反，它的伟大正在于它偏离了中国文化艺术精神。

由此，他反思了由戏剧接受所表现的中国人的精神："吾国人之精神，世间的也，乐天的也，故代表其精神之戏曲小说，无往而不著此乐天之色彩，始于悲者终于欢，始于离者终于合，始于困者终于亨，非是而欲餍阅者之心难矣！"他说："吾国文学中，其具厌世解脱之精神者，仅有《桃花扇》与《红楼梦》耳。"可是对于《桃花扇》，他也不十分满意，因为《桃花扇》最后二人的觉悟十分牵强，发于外人之棒喝而非自力觉悟。正是由此出发，他开创了文学研究中的国民性批评的潮流。

由肯定《红楼梦》而引到了对于中国文学艺术的整体否定，这个结论是他自己也很难接受的。所以在《红楼梦评论》之后，王国维就致力于中国戏曲的研究，发表了一系列的文章著作，《王国维全集》的第二、三卷所收的都是这方面的成果，最有代表性的是《宋元戏曲史》。他一手开创了中国现代戏曲研究，但其中有一个一以贯之的动机，就是在其中寻找真正的悲剧。

他说："明以后，传奇无非喜剧，而元则有悲剧在其中。就其存者言之，如《汉宫秋》《梧桐雨》《西蜀梦》《火烧介之推》《张千替杀妻》等，初无所谓先离后合、始困终亨之事也。其最有悲剧之性质者，则如关汉卿之《窦娥冤》、纪君祥之《赵氏孤儿》。剧中虽有恶人交构其间，而其蹈汤赴火者，仍出于其主人翁之意志，即列之于世界大悲剧中，亦无愧色也。"①这个结论自然可以让他心有所慰，但是不解决根本问题，以悲剧来衡量中国文学艺术，即便找出这么几个，依然无法在整体上改变对于中国文学艺术的判断。

因为根本的问题不在于中国文学艺术，而在于衡量的尺子。可是对于中国的文学和艺术来说，本无悲剧这样一个标准。作为现代美学最重要的范畴之一的悲剧，实际上是因为王国维的学养和研究而插入的，这是一个插入的

---

① 谢维扬、房鑫亮主编：《王国维全集》第 3 卷，杭州：浙江教育出版社，2010 年，第 113—114 页。

开始。

但这个插入的开始，却决定了之后悲剧美学发展的方向和主要论域，而在之后戏剧创作中，也出现了合乎现代标准的悲剧作品，出现了曹禺、老舍、郭沫若这样的大家。

言说音乐的三种术语及隐喻

宋　瑾

内容提要： 分析美学家戴维斯在《音乐的意义与表现》中提到言说音乐常采用的几种术语，本文将其明晰化，概括为三种，即技术术语、认知术语和情感术语。本文认为技术术语主要对应音乐作品的技术分析；认知术语主要对应音乐作品的社会—历史分析；情感术语主要对应音乐作品的审美分析和体验表达。隐喻被不同程度应用于各类分析的表述中，它是审美表达的主要方式。隐喻的语言具有非本质主义的后现代性。

关键词： 分析美学　技术术语　认知术语　情感术语　隐喻

今年正值我的导师于润洋教授八十华诞，又临第9届全国音乐美学研讨会，再读他的著作，重温他的"音乐学分析"思想，倍感深邃和亲切。联系上届研讨会的议题之一"音乐体验与学科表达"，以及随后中央音乐学院与上海音乐学院联合举办的"于润洋《悲情肖邦》学术研讨会"，还有此前韩锺恩教授发表的关于"临响经验"与"审美表达"的文论，以及迄今出版发表的关于音乐文论写作的文论（很少涉及语言问题，个别探讨尚未涉及本文议题），本文拟思考分析美学提供的线索，就言说音乐的术语问题作一番梳理，特别就其中的隐喻应用问题作一些分析，力图将时下潜意识状态转化为意识状态。并借此为导师祝福，为研讨会助力，也为《交响》开辟专栏致谢。

一

人们常说，“语言终止之处就是音乐的开始”，意思是音乐能够表达或表现语言难以或不能表达表现的东西。通常这东西/音乐的表现对象/内容被指谓情感或音乐独有的感性结构。张前、王次炤教授则把音乐内容划分为“音乐性内容”和“非音乐性内容”①，后者包括“文学性内容”和“绘画性内容”②，这些内容都由非语义性、非概念性的音乐语言表现出来。也就是说，音乐超越于语言之上或之外，音乐言说的是不可言说者。这就埋下了潜台词：音乐本身也是不可言说的。那么音乐学特别是音乐美学能说音乐什么呢？怎么说？一切的起点都需要对音乐的言说和不可言说性再度思考，依此延伸思路，由音乐言说的问题进到言说音乐的问题。（为了跟广泛的同题探讨者的语境相同或相似，本文以传统样式的“美的艺术”为探讨对象，暂不涉及不美和反美的艺术；“音乐”指谓纯器乐；在传统审美方式/音乐作品的听赏方式中探讨问题。）

确实存在着普通语言无法表达的东西，比如情感、感受。普通语言的表达能力有限。例如，“悲伤”这个词指向悲伤，但并不表现悲伤。“美”指向美，但它本身并不呈现美，所以维特根斯坦说：不能说的就不要说。（中国书法的美与字义无关。“丑”字也可以写得很美，但它与“丑”的字义无关。）苏珊·朗格提到另一种语言。她说，除了表义语言（推理性符号）之外，还有表现语言（非推理性符号）。③ 她指的是文学语言，特别是诗歌。人们说诗是音乐的姊妹艺术，是针对二者都是表现性和非语义性而言的。从语义的角度读诗，将发现诗句有很多病句，就像用日常眼睛看维纳斯是残疾人一样。文学用字词句/概念作材料，但采取非语义性/表现性/感性的建构，于是，诗歌透过密集的语义之墙，给心灵打开一扇窗，使人们能看到通过普通语言所不能看到的景象。（苏珊·朗格用“幻象”言之。中国古人用“意象”言之。现代诗人宋琳对我说：“一棵树”，我们是把它作为意象来使用的。）决定性质的不是材料，而是

---

① 张前、王次炤：《音乐美学基础》，北京：人民音乐出版社，1996 年。

② 王次炤：《论音乐性的内容》，《中国音乐学》，1990 年第 3 期。

③ [美]苏珊·朗格著，刘大基等译：《情感与形式》，北京：中国社会科学出版社，1986 年，第 237、240 页。

结构，特别是“大于局部之和”的生命结构。（按苏珊·朗格改造贝尔的话说，音乐具有“生命的意义”的“有意味的形式”。①）任何结构都有相应的功能，任何功能都在实现中产生相应的价值或意义。如果由材料来决定性质，那么人和动物就没有差别，文学与报道也没有差别。人性不是生化材料决定的，文学性也不是概念材料决定的。文学不采用表义逻辑来组织材料，具有别样的结构、功能和意义，就像人不是简单的生化系统、具有有别于动物的物质—精神结构、功能和意义一样。欣赏文学作品，显然不同于阅读报刊消息。听诗歌，不知所云，却能感受到某种东西。这种感受到的“东西”，却无法用日常语言表达和翻译。表义的词句才可翻译。诗人说，诗歌的翻译，实际上是重新创作。（这让人联想起音乐的二度创作）非推理性语言/表现性语言，从美学角度讲，就是感性语言。文学遵循感性逻辑，就像音乐一样。不同的是，文学的感性是想象的感性，是第二感性，音乐的感性则是直观的感性，是第一感性。但是，无论如何，感性逻辑不同于理性逻辑，二者不能或难以对应。

二

戴维斯说：“我们常常感到音乐说出了比我们的详细描述还要多的东西。音乐并没有为我们留下语词，……音乐使我们挥动起双手，因为它所面对的东西外在于粗糙的语言之网。”②他所说的语言指表义性语言，“粗糙的语言之网”指语义学的语法逻辑网络。苏珊·朗格也说过：“艺术中的非推理性形式有一种异常的功能，即可明确表达那些因其关涉的经验在形式上与推理方式的抵牾而不能作如是表达的知识。”③如上所述，感性逻辑难以或不能用理性逻辑来对应，进一步地，本文还要指出，音乐具有诗性，诗歌也具有音乐性，但是二者仍然不能对应。音乐给我们的感受和诗歌给我们的感受不同，二者相互不可替代。直观的感性和间接的感性不同，不能彼此替代。（绘画也提供直观的感性世界，但是，视觉的感性和听觉的感性不同。绘画作品占据实体、刚性空间，瞬间展现，可任意起点、任意重复地从局部到局部观看；音乐音

---

① [美]苏珊·朗格著，刘大基等译：《情感与形式》，北京：中国社会科学出版社，1986年，第42页。

② [新西兰]斯蒂芬·戴维斯著，宋瑾等译：《音乐的意义与表现》，长沙：湖南文艺出版社，2007，第134页。

③ [美]苏珊·朗格著，刘大基等译：《情感与形式》，北京：中国社会科学出版社，1986年，第278页。

响弥漫在空气中，声波传播空间可大可小，隶属于弹性空间，音乐的展现和听赏必须处于同一过程；绘画作品成型之后是确定的，音乐作品则在二度创作中不断变化。）音乐可以描述，但不具有描述性；音乐可以描绘，但不具有描绘性。《培尔·金特组曲》用音乐的方式描述故事，但不具有描述性质。《渔舟唱晚》用音乐的方式描绘景物，但不具有描绘的性质。所谓描写和描绘的“音乐的方式”，指象征、隐喻之类间接手法，或用非音乐的附加方法，比如标题和解说。情感论美学认为音乐并不能直接描写或描绘，而是对被描述或描绘的对象引起的情感状态的表现，以此来间接进行描述或描绘。例如，《高山》《流水》并不是对高山和流水的描绘，而是对像高山或流水一样的心志的表现，所谓“志在高山”“志在流水”。心理学将音乐这样的功能称为“异质同构”。这被卓菲亚·丽萨、苏珊·朗格引用，于润洋教授充分阐述了这个问题。① 那么，感性逻辑和理性逻辑是否也具有异质同构关系？答案是否定的。分析美学学者戴维斯完全否定音乐具有表义语言的逻辑，音乐美学界也普遍否定音乐的语义性。（本文则认为只要能建立能指和所指的关系，就能确定语义性。据此，音乐可以具有局部的泛化的语义性。特殊乐器/音色的使用、特殊音调的引用等，都可以造成这样的语义性。② 当然，语义性表现不是音乐的主要特点，不是音乐不可替代的属性和价值所在。）

“月亮代表我的心”，“月亮”为什么能够代表“心”？月有阴晴圆缺，与企盼“团圆”“圆满”之心有异质同构关系。（汉语“团圆”“圆满”的词汇，利用了这种异质同构的关系，但它们本身并不具有对象的特征，其字词的直观形式并不能呈现对象的感性样式或情感状态——月亮和企盼之心本身。）音乐无法直接描写或描绘月亮，无法直观呈现视觉的月亮，也不能用概念来指向它（但可以通过引用《月亮代表我的心》之类曲调来引起定向理解），而只能用特殊的运动形式与企盼的情感状态异质同构，借此表现它。“音乐表现了企盼情感”这句话本身在言说音乐，却不是表现企盼情感的音乐（例如马思聪的《思乡曲》）的异质同构者。因此戴维斯在《音乐的意义与表现》（本文未注出处者均指该书）中探讨音乐的隐喻和言说音乐/描述音乐的隐喻以及二者的区别和关系。而“音乐无法……而只能……表现它”这句话本身并非描述音乐，而是音乐学的陈述、音乐美学的陈述；它陈述的是关于音乐的看法，是音乐美学思想。本文的所有字词句皆如此。因此，言说音乐仅限于对音乐的感知、理解、感

① 于润洋：《音乐形式问题的美学探讨》，《中央音乐学院学报》，1994 年第 1、2 期。

② 宋瑾：《音乐美学基础》，上海：上海音乐出版社，2008 年，第 50—61 页。

受和感想的描述或表达。音乐学诸学科并非都仅限于言说音乐，而还谈论与音乐相关的各种事实、现象、思想、言论等。

三

音乐美学除了陈述作者关于音乐的美学思想或相关研究成果之外，总是难免要言说音乐(几乎所有音乐学科都难免要言说音乐)。特别是关于音乐分析、音乐意义探究、音乐批评/听后感的文论。多年来，我国音乐界言说音乐，常见两种类型，一种是作曲专业所为，专事音乐作品形式结构分析(“形态分析”)；一种是音乐学专业所为，专事音乐的社会—历史分析。于润洋教授指出二者各司其职，但难以获得“更高层次”的认识；他希望能够将二者结合起来，因此提出“音乐学分析”的模式，并以《歌剧〈特里斯坦与伊索尔德〉前奏曲与终曲的音乐学分析》一文作为实践范例，向世人呈现。他概括道：“对音乐作品专业性的分析，有各种类型和不同的侧重点。有的侧重于作品的技术手段、风格特征方面，有的侧重于作品的社会历史内容方面；前者具有一定的技术—工艺性质，而后者则偏重于社会学的角度。分析的目的和任务不同，各有各的价值，都是无可非议的。按我的理解，音乐学分析则应该是一种更高层次上的、具有综合性质的专业性分析；它既要考虑音乐作品的艺术风格语言、审美特征，又要揭示音乐作品的社会历史内容，并做出历史的和现实的价值判断，而且应该努力使这二者融汇在一起，从而对音乐作品的整体形成一种高层次的认识。”①该范式影响广泛，该文迄今一直是各专业院校的教学范文，并不断出现学者、学子的仿效/应用成果。

另一方面，音乐界多年前就否定言说音乐的“文学方式”，认为那是很不专业的言说方式。这种方式在以往音乐批评领域比较多见，在“听后感”随笔那里最为常见。其实，诗化哲学就是文学方式的哲学言说。如上所述，表义性语言难以表达不可言说的东西，而表现性语言则相对能够接近它们。诗化哲学基于这样的认识而选择了自己的表达方式。(这也许只是一种看法)近来，韩锺恩教授在探讨“临响经验”之后，思考音乐的审美表达问题。这是很自然而必然的：临响经验需要表达。这就是审美表达，需要将体验到的东西说出来。于是遇到了表达方式。音乐言说了不可言说的东西，你体验到了，感受到了，现在要说出来。前文表明音乐言说的不可言说性导致了音乐本身的不

① 于润洋：《歌剧〈特里斯坦与伊索尔德〉前奏曲与终曲的音乐学分析》，《音乐研究》，1993年第1、2期。

可言说性或音乐体验的不可言说性。为此，文学方式作为相对表义性语言方式更能接近感性体验的表达方式被重新选择。这在中央音乐学院和上海音乐学院联合举行的“于润洋《悲情肖邦》研讨会”上上海音乐学院众学生的发言和书写文本上得到不同程度的体现。一时又引起反思，但尚未出现轩然大波。至于第 8 届全国音乐美学研讨会主题之一“音乐的体验与表达”，由于标题理解产生歧义，研讨会上没有达到预期结果(个别上交论文甚至将该题写为“作曲家深入生活获得体验并通过音乐作品表达出来”这样的内容)。看来，问题还延续着，需要继续探讨。

韩锺恩对音乐学分析模式给予了高度赞扬，认为它在方法论上所产生的积极意义“怎么强调也不过分”，并预言它将发生深远影响。但是，他坦言对这一分析分法持“谨慎乐观的态度”。“乐观”不必多言。“至于谨慎，一方面担心有些教学环节不甚严谨会导致其原意的泛化甚至于会有被曲解的危险，另一方面，我还是觉得现有的研究，或多或少都有那么一点忽略人的感性经验的观照，至少到目前为止，可以充分有效地进行感性经验描写的路径还不清晰，进行相应表述的术语概念基本还不成型。”①很显然，韩锺恩认为音乐分析、音乐社会历史分析、音乐学分析领域缺少音乐审美经验的分析和表达，而审美体验的表达缺乏成型的术语概念体系。他的“临响”是一个“原创叙辞”，虽然受到一些异议，但仍然坚持使用，因为“它有明确的音乐美学指向和归属”。其定义是音乐厅环境对音乐作品的审美经验——“感性直觉经验”，“通过可以叙述的方式进行特定的历史叙事和意义陈述”。在他的博士论文《音乐意义的形而上显现并及意向性存在的可能性研究》将这样的经验中的音乐审美对象称为“一个新的对象：作为意向存在的音响经验实事”。意思是在审美的聆听中，音乐是聆听者意向“设入”自身的一次显现。最后韩锺恩从自己影响和指导的学生的“叙辞”中选择了一个“音乐学写作”，认为它不同于“音乐学分析”之处在于它是一种特殊的“二度创作”，也就是对临响经验中意向性“实事”的叙事。从他的举例中，我获得的印象是，那确实是一种“写作”，一种“文学方式”的再选择，也就是他所说的“修辞”写作。后来他又提到“个性写作”，指个人掌握相关的别样(有个性的)语言技术和话语逻辑的“深度写作”。② 深者，职业性也。他希望学者和学生都掌握职业性深度写作能力。

---

① 韩锺恩：《如何通过语言去描写与表述语言所不能表达的东西——关于音乐学写作并及相关问题的讨论》，《南京艺术学院学报(音乐与表演)》，2010 年第 2 期。

② 韩锺恩：《音乐学写作问题讨论并及相应结构范式与马勒作品个案写作》，《中国音乐学》，2010 年第 3 期。

四

到此，我们得到了这么几种音乐分析的类型：音乐作品形态分析、音乐社会—历史分析、音乐学分析、音乐学写作(审美分析与表达)。

作品分析以乐谱为对象/依据，以音响为参照，理性/客观的隶属度最大。感性体验作为音响效果的验证，在仅仅出现演奏的二度创作差异时，往往被忽略；在出现记谱/视觉效果与音响/听觉效果的差异时，有人(多见于指挥家、评论家、美学家等)倾向于音响听觉效果而批评记谱，有人(多见于作曲家等)并不很在意。有的作品在出现这种差异之处被改写，因此出现排演版本。有的作品按传统记谱法标记，而实际效果却高度复杂化(如巴比特 1947 年的《三首钢琴作品》[①]等，在现代作品中很常见)。没有被改写，乐谱与音响却出现完全不同的感性显现者，我称之为“不美”[②]类型，整体序列主义作品是典型。如布列兹的双钢琴作品《结构 I. a》[③]，乐谱分析高度有序，实际感受支离破碎。对此作曲家(罗忠熔)却不以为然。重要的是，作品分析/乐谱分析只提供作品结构方面的信息，告诉人们作品结构“是什么”，而不能告诉人们“为什么”。

社会学分析以作品的背景为对象，以乐谱和音响为参照，理性/客观的隶属度较大，同时难免有感性/主观因素。它重视历史资料，探究作品创作的来龙去脉，包括历史—社会影响、作曲家个人遭际和创作意图等。而所有的历史和资料都需要解释，在这里主观因素加了进来。这就是哲学释义学告诉我们的“视域融合”(或“视界融合”)，于润洋教授有专文介绍和研究。[④] 在此类分析的文论中，乐谱偶尔被截取作为创作结果的谱例点缀在文本中，具体分析很少或被省略，更多的文论甚至不见谱例和具体形态分析。音响感受的分析或表达也只在个别段落的字里行间偶尔闪现，居非常次要的位置。但无论如何，社会学分析告诉人们音乐作品的“为什么”。

---

① [美]库斯特卡著，宋瑾译：《20 世纪音乐的素材与技法》，北京：人民音乐出版社，2002 年，第 96 页。

② 宋瑾：《音乐美学基础》，上海：上海音乐出版社，2008 年，第 3 章；张前主编：《音乐美学教程》，上海：上海音乐出版社，2002 年，第 3 章。

③ 宋瑾：《音乐美学基础》，上海：上海音乐出版社，2008 年，第 3 章；张前主编：《音乐美学教程》，上海：上海音乐出版社，2002 年，第 3 章，第 201—213 页。

④ 于润洋：《现代西方音乐哲学导论》，长沙：湖南教育出版社，2000 年，第 3 章。

于润洋教授希望将“是什么”和“为什么”联系起来，因此开创了音乐学分析的局面。这个模式综合了作品技术分析和社会学分析，但不是二者的简单相加，而是产生 1+1 大于 2 的效应，他称为“更高层次认识”。该分析具有被综合的两种分析方法的特点，理性/客观隶属度较大，同时具有感性/主观因素。音乐学分析模式开创者自身拥有长期音乐体验(审美、创作、表演)的经验。尽管在音乐学分析文本中重点不在审美体验的描述，但是在于润洋教授的文本中，如《歌剧〈特里斯坦与伊索尔德〉前奏曲与终曲的音乐学分析》《现实苦难的表现与王国长存的讴歌——巴赫〈受难乐〉与亨德尔〈弥赛亚〉的社会历史内涵的比较》①等，有许多作品审美特征的描述，从中可以见出作者积累了深厚的专业性感性体验的实践经验。

“音乐学写作”的主旨是表达音乐审美感受，因此感性/主观隶属度最大。针对以上各种分析分法中审美体验表达的非主要/不充分或完全缺乏的问题，韩锺恩教授希望尝试增加一个感性体验的分析/表达的维度，于是带领学生进行这种审美分析和表达的实验，并指导他们的学位论文从理论上加以探讨，自己也撰文将这些信息发送出去，目前尚未引起足够普遍的关注，但已经在学界产生了一定影响。没成气候的原因主要在于言说方式尚未成型，对言说方式的性质尚无成熟的理论研究成果，尚未被学界接受。他还有一个相关的建议值得思考：如果音乐学写作和其他专业的写作一样，那么音乐学学科也就可以歇业了。那么音乐学写作应采取什么方式，文学方式吗？究竟有什么道道？后论。

于润洋教授和韩锺恩教授最终都认为关于音乐的分析方式应该是多元的，因各种目的而选择各种相应的方式。如果目标确定在“更高层次”(我理解即哲学层次)，那么就需要更多的综合。为此，音乐学分析便综合了作品分析和社会—历史分析。现在韩锺恩提出了审美分析和写作，本文认为那是出于美学学科(感性学)的限定和目的(于润洋教授选择的是哲学层面，他认为哲学比美学更宽一些)。从分析美学的视角看，本文认为上述各类分析方式的表达需要进一步探讨语言问题，也就是韩锺恩、周海宏等所期待的那样，在具体操作层面进行探索。

---

① 于润洋：《现实苦难的表现与王国长存的讴歌——巴赫〈受难乐〉与亨德尔〈弥赛亚〉的社会历史内涵的比较》，《人民音乐》，1985 年第 11、12 期。

五

戴维斯《音乐的意义与表现》一书涉及这个问题。作者在题为“情感术语可排除吗?”的段落中，首先确定了“情感术语”，接着提到了“感觉术语”和“技术术语”：“如果‘悲伤’这个词可以被排除，又不会在‘音乐是悲伤的’这样一个释义中丢失什么意义，那么释义的极可能的方式将是通过具有纯粹感觉特征的术语来进行音乐描述(比如缓慢、安静、低音)，或者通过更抽象的技术性术语来描述(如‘小调’和‘下行小六度’)。”①他指出汉斯立克竭力排除情感术语(“表现性言说”)而采取感觉术语，而夏普(R. A. Sharpe)等也排除情感术语而推崇技术术语。

本文将“感觉术语”改造、扩大成“认知术语”，于是上述三类言说音乐的术语便分为以下三种：

1. 技术术语。采用音乐既成术语，如“基本乐理”、作曲“四大件”、乐律学等中的术语，已被广泛接受和应用，并通过专业音乐教育确定和传授。目前多用的是西方古典音乐体系的相关术语，以及西方现代音乐新采用的公共术语，如“音列”“序列”“微分音”“声像”等。技术术语的特点是规定性、明确性、系统性、专业性、通用性(其中的表情术语具有隐喻性)。

2. 认知术语。包括表达感知和认识所采用的术语。感知术语包括“明亮/暗淡”“柔和/坚硬”等。本文认为，认识术语主要指对音乐作品相关知识的掌握及其言说，如对创作背景、作曲意图、作品意义的认识的表达，其中采用既定术语，例如，“巴洛克风格”“悲剧”“意境”等。认知术语的特点是约定性、隐喻性、公共性。

3. 情感术语。一方面针对音乐特征用情感词汇来描述，另一方面针对听者的情感反应用这些词汇来描述或表达。戴维斯对音乐特征的描述只采用两个情感术语，即悲伤的音乐和快乐的音乐。当然，他对“悲伤”和“快乐”分别作了细致的类型划分。至于听者的情感反应，则有五花八门的情感术语被采用，如“心被刺穿”“滴血”“大哀莫过心死的悲怆”“冰冷的恐怖”“欣喜过望几近发疯”“高贵得不敢触碰”等。情感术语的特点是隐喻性、模糊性、局部公共性、个人性。

大致上，言说音乐的三种术语，分别对应技术分析、社会—历史分析和审美分析与表达。即：

---

① ［新西兰］斯蒂芬·戴维斯著，宋瑾等译：《音乐的意义与表现》，长沙：湖南文艺出版社，2007年，第132页。

技术术语——技术分析

认知术语——社会—历史分析

情感术语——审美分析与表达

放大一点，从“术语”放大到“语言”，可以在非严格意义上将言说音乐的语言划分为“技术语言”“认知语言”和“情感语言”。“非严格意义”指它们并没有形成完善的体系。技术语言相对完整是由于有一套技术术语。技术术语中包含一部分表情术语，具有隐喻性。认知语言中的感觉术语具有隐喻性。情感语言则完全是隐喻性的。遗憾的是关于言说音乐的隐喻性语言及其表达方式在国内一直没有得到充分的重视和讨论，倒是西方分析美学对此有深入的分析，比如这位斯蒂芬·戴维斯(国内文学界也早有充分的研究和探讨，特别是诗歌理论)。

隐喻(metaphor)，笼统地说，是将一种语境中使用的术语、词汇等应用到另一种语境中，从而产生新的意义的特殊表达方式。隐喻是比喻性语言的最基本形式。从词源上看，“隐喻”一词来自希腊语的 metaphora，其中 meta 意为“超越”，phora 意为“传送”。“它是指一套特殊的语言学程序，通过这种程序，一个对象的诸方面被‘传送’或者转换为另一个对象。”[①]隐喻是“一种修辞格或文字组合法，用于指某种与其字面意思不符的表达式。……隐喻作为各种话语构成的一种方式，对人们如何感知或理解事物具有重大的影响”[②]。“悲伤的音乐”“音乐的运动”等就是隐喻的言说，因为“悲伤”“运动”都来自其他语境。这种隐喻方式的描述，反过来影响人们感知和理解音乐。比喻性语言的其他常见形式有明喻(simile)、提喻(synecdoche)和换喻(metonymy)。

明喻是直接的转换，往往采用“好像”“宛如”之类的句式。“明喻有时候被看作隐喻的穷亲戚，它在那通过有限的类比和比较所进行的转换过程中，仅仅有一把‘光秃秃的骨头架’；同时它的‘范围’也很窄，因为这是它的结构已经预先决定了的。”所谓范围狭窄，是因为跟“好像”搭配的结构的相似性总是有限的。而明喻的优点是“两极关系比隐喻更具直观性”[③]。例如 T. S·艾略特

① [英]泰伦斯·霍克斯著，穆南译：《隐喻》，太原：北岳文艺出版社，1990 年，第 1 页。

② [英]尼古拉斯·布宁、余纪元编著：《西方哲学英汉对照辞典》，北京：人民出版社，2001 年，第 611 页。

③ [新西兰]斯蒂芬·戴维斯著，宋瑾等译：《音乐的意义与表现》，长沙：湖南文艺出版社，2007 年，第 5 页。

的《普鲁弗洛克的情歌》隐喻性诗句“把舌头舔进了黄昏的角落”，与波德莱尔《黄昏》明喻性诗句“天空慢慢合上，像巨大的卧房”比较，可见明喻直观性的强度。人们在言说音乐时，常常采用明喻的方式。

提喻源自希腊语 synekdechesthai，意为“整体地得到”。“提喻所采取的转换形式，是转换某事物的一部分而代替该事物的整体，反之亦然。”例如，用“贪婪的嘴巴”代替“没落的教士”。① 在描述音乐时，提喻手法比较少见。

换喻源自希腊语 metonymia，meto 意为“改变”，onoma 意为“名称”，即改变名称。“在换喻中，一个事物的名称被加以转换，以代替与之相关的其他事物。”比如用“白宫”代替美国总统。② 在言说音乐的文本中，换喻似乎也不多见。

“隐喻就包藏着诗，真理和美。”③这里，“诗”和“美”即文学艺术，“真理”显然具有海德格尔和加达默尔的意蕴。重要的是，隐喻是修辞，是诗歌安身立命的基础。于是可以说，隐喻方式就是“文学方式”。

具体的隐喻在刚开始使用时是新鲜而有效的。分析美学家尼尔森·古德曼指出，只有令人惊异的隐喻才是好的。但是久而久之，它们可能退化，退化成字面的意义。“当术语的一种用法先于另一种用法并诱发着另一种用法的时候，这后一种用法也就是隐喻的用法了。随着时光的流逝，历史可能会变得黯然失色，两种用法会趋于达到同化和独立；隐喻变得淡漠了，或者更应该说是挥发殆尽了，余下的便仅是两种真正意义上的用法了，只是有些含混不清但却不再是隐喻了。”④例如，不知何时人们说音乐是“运动”的，我们相信刚开始时这个隐喻是新鲜的，但久而久之，将音乐说成是“运动”的，已经被认为理所当然了，于是“音乐的运动”便成了字面上的确定意义，不再被认为有释义的必要。同样，描述音乐的感觉术语和情感术语如今也被视为理所当然，忘记了它们的隐喻性。像音的“高/低”“音色”，音乐是“悲伤的”等，人们对这样的描述习以为常，它们的隐喻性便被忘却了。这些被视为理所当然的术语在音乐教育中被当作普通词汇传承，以致于不再有人注意到它们的语言

① [新西兰]斯蒂芬·戴维斯著，宋瑾等译：《音乐的意义与表现》，长沙：湖南文艺出版社，2007 年，第 7 页。

② [美]库斯特卡著，宋瑾译：《20 世纪音乐的素材与技法》，北京：人民音乐出版社，2002 年，第 96 页。

③ 耿占春：《隐喻》，北京：东方出版社，1993 年，第 4 页。

④ [美]尼尔森·古德曼著，褚朔维译：《艺术语言》，北京：光明日报出版社，1990 年，第 87—80 页。

学身份。敏锐的音乐学家往往感到它们的“含混不清”，“不科学”，但却不知道它们的底细。20世纪的“语言学转向”，注意到了语言自身的问题。分析美学家重新审视这些术语，指出它们的隐喻性，为我们提供了寻找言说音乐的术语的真相，走出语言困惑、困境的思路。

英国著名分析美学家斯克鲁顿(Roger Scrudon)认为音乐属于具有“第三物性”的事物。声波具有第一物性(物理属性，振动波)，声音具有第二物性(感觉属性)，乐音具有第三物性(审美属性)。第三物性伴随于前二物性而存在，但并不还原到前二物性。因此，音乐属于“双重意向性”(double intentionality)事物——声音的意向性与乐音的意向性的融合。从根本上说，音乐不是“物质实体”的事物，而是“关系实在”的事物——第三物性就表现在音关系上，那是音乐的“灵魂”之所在；这种音关系只有音乐耳朵才能把握，它是非概念性的，所以，对音乐的描述和对审美感受的描述或表达只能采用隐喻的方式。① (拙文《斯克鲁顿的音乐美学思想》已由《中央音乐学院学报》2011年第2期刊出，在此不赘述。)戴维斯也认为描述音乐须采用隐喻方式，强调这种方式“是不可避免的”。② 但他对隐喻还有更细致的分析，详见后述。

六

现在我们可以清楚地看到，言说音乐并没有一套专门的术语、词汇、逻辑，而是在混用书面语言的“常规逻辑”和“特殊程序”的表达方式。不同音乐分析的言说方式包含这两种方式的比例不同。从文本分析与统计的角度看，音乐形态分析、音乐社会—历史分析、音乐学分析、音乐学写作在文字表述上都应用了两种书面语言方式，既有常规方式的表述，也有隐喻方式的描述或表达，但各含不同比例。

类型/表达方式成分	常规	隐喻
音乐形态分析	最多	最少
音乐社会—历史分析	较多	较少
音乐学分析	较多	较少
音乐学写作/审美表达	较少	最多

① [英]斯克鲁顿著，蒲实译本：《音乐美学》，将由中国社会科学出版社出版。

② [新西兰]斯蒂芬·戴维斯著，宋瑾等译：《音乐的意义与表现》，长沙：湖南文艺出版社，2007年，第130页。

在技术术语中，也有感觉术语和情感术语，主要体现在提示演奏的“表情术语”。前者如“快速”“中弱”等，后者如“抒情地”“忧郁地”等，在针对音乐时具有隐喻性。但表情术语在技术术语中只占很小的比例。在认知术语中，感觉术语具有隐喻性，如于润洋教授描述巴赫《受难乐》的文字：“低声部沉重的行进”“清澈、悲凉的童声”等①。音乐学分析的文字，包含了感觉术语和情感术语，它们都具有隐喻性。如于润洋教授谈论《特里斯坦与伊索尔德》前奏曲与终曲的音乐时有如是表述：“充满浓厚的阴沉、忧郁气氛的‘主导主题’，……一个不协和和弦的和声背景上，漂浮着一个半音进行……暗淡、郁闷和焦虑不安”。② 在言说肖邦《b 小调谐谑曲》(作品 20 号)的语言中，充满了感觉术语和情感术语：音乐从一个突然闯入的标记着 *ff* 的强力的、不协和的下属七和弦开始，一股狂放不拘、飞奔疾驰的音流瞬时间就席卷了整个音乐空间，音乐充满了紧张、严峻的气氛，这个疾速奔驰、动荡不安的音乐主题，几次被突然的停顿打断之后，继续以势不可当的气势向前冲击，阴郁、愤懑、激昂的情绪贯穿了乐曲整个的第一部分。③ (这个案例被韩锺恩引用)《悲情肖邦》的书名本身就有隐喻性：“肖邦”具有提喻性，既指人，也指音乐；“悲情”在描述音乐时是隐喻性的。在情感术语中，普通语言逻辑起骨架的作用，而文本的血肉多数是隐喻性语言。(上句中“骨架”“血肉”本身是隐喻性的。)例如，韩锺恩列举对勃拉姆斯《第一交响曲》的分析，有如下“叙事”——

第一程序：感觉→形式→意义

相应层面：(第一层)黑沉沉冷冰冰→(第二层)最小的音调动机内包含着发展潜力并展现出叙事性的史诗风格→(第三层)舍身忍让的贵族姿态和拥抱自然的平民心态的历史融合。

第二程序：感觉→历史→内心

相应层面：(第一层)把半音上行三音列置放在清澈不足而浑浊有余的整体音响当中，生成一种从容不迫的紧张之感→(第二层)把它们和从容不迫的

① 韩锺恩：《如何通过语言去描写与表述语言所不能表达的东西——关于音乐学写作并及相关问题的讨论》，《南京艺术学院学报(音乐与表演)》，2010 年第 2 期。

② 于润洋：《歌剧〈特里斯坦与伊索尔德〉前奏曲与终曲的音乐学分析》，《音乐研究》1993 年第 1、2 期。

③ 于润洋：《悲情肖邦——肖邦音乐中的悲情内涵阐释》，上海：上海音乐学院出版社，2008 年，第 12 页。

紧张感置放在浪漫情调中的古典情怀和古典浪漫同时缺位的诠释当中，生成一种肃杀萧瑟的崇敬之感→(第三层)把它们连同从容不迫的紧张感和肃杀萧瑟的崇敬感再置放在布拉姆斯自己给自己开道的悲怆和自己为自己送行的悲壮的内心陈述当中，生成一种无可度量的灵性释然。

进一步，两个程序以及相应层面同时显示存在方式的转换：现实存在(形而下的音响体现)→历史存在(形式表象的自身展现)→意向存在(形而上的意义显现)。

就此，通过感觉→形式→意义的不断表述，通过感觉→历史→内心的不断置放，意义在不同的位置上，在不同的光照下，有了更加丰富多样的显现。①

以上文字布满了隐喻性术语，整体呈现隐喻性语言特征，而普通语言逻辑起了整体架构的作用，即“第一程序”“第一层”之类及陈述句结构。但上例还不是纯感性体验的表达，而是和意义阐释的表达混合在一起。“布拉姆斯”是个提喻，既指作曲家又指《第一交响曲》。需要指出的是，在这个案例中，无论是感觉、形式的描述还是意义的阐释，都采用了隐喻方式，而不是分别采用感觉语言、技术语言和认知语言。对纯粹的感性特征的描述，更充满隐喻性语言。

[奥]古斯塔夫·马勒：第八交响曲(*Symphony No. 8 in E flat major*)第二部分终曲(Alles Vergängliche)：

和前面的段落相比，终曲无疑是一个缓慢移动的整体板块，是进入高潮地带以至最终呈现的一个连贯进程，具体的手法是：通过各路分支的细流进行大面积的多重合流，以推进整体力度的长时段持续高涨，此刻，整体音响透彻敞亮，最初的原材料在多重合力的驱动下达到终极轰鸣，就像是一个仪式，通过一道道程序，高浓度的缓释，大剂量的缓冲，超能量的缓动，最终及至雪崩塌泻和熔岩喷射般的极度壮观。②

这段文字采用了许多感觉术语，其隐喻性程度很高(韩锺恩指出许多介绍作品的出版物都采用这样的描述语言)。在 181 个字、15 个句子中，扣除“和前面的段落相比”“具体手法是”和“此刻”这 3 句，有 12 个句子出现感觉术语。

① 韩锺恩：《如何通过语言去描写与表述语言所不能表达的东西——关于音乐学写作并及相关问题的讨论》，《南京艺术学院学报(音乐与表演)》，2010 年第 2 期。

② 韩锺恩：《音乐学写作问题讨论并及相应结构范式与马勒作品个案写作》，《中国音乐学》，2010 年第 3 期。

如“缓慢移动”“高潮地带”“细流……大面积……合流”“高涨”“透彻敞亮”“多重合力……终极轰鸣”“就像是一个仪式”“程序”，最后几句完全用隐喻语言连缀描述：“高浓度的缓释，大剂量的缓冲，超能量的缓动，最终及至雪崩塌泻和熔岩喷射般的极度壮观。”“此刻”这个词很有意思，它是什么意思呢？从上下文关系看，它指作者听到作品的某一处的时刻，意指音乐“运动”到某一段落。因此它本身带有隐喻成分。“此刻”肯定不是物理时间的某一刻，不是历史的某一刻，而是作品的某一个段落，同时也是听赏该作品抵达那个段落的时刻。

其他学者言说音乐也都采取隐喻性描述方式。如王次炤描述西贝柳斯《芬兰颂》的文字：“引子由半音化的动机在铜管和大鼓的背景下发展而成，仿佛祖国在危难中，民族在动荡着。木管乐安静而略带悲伤的主题，象征着芬兰人民在艰难的环境下生活，他们倾吐着内心的痛苦，渴望着光明的到来。铜管乐器急促的节奏及半音阶的音列俨然是人民爱国的浪潮汹涌澎湃……”①其中，“仿佛”“象征着”是明喻，其他都是隐喻。在周海宏关于音乐的听—视联觉对应研究中，描述音乐也采用隐喻性术语，包括感觉术语和情感术语，前者如“高”“低”“大”“小”“动”“静”等，后者如“悲伤”“欢乐”“消沉”等。当然，他对二者作了区分：感觉术语主要对应音乐描述，情感术语主要对应体验表述。“贝多芬《命运交响曲》的第四乐章，采用连续的上行进行使人产生一种积极、向上，具有胜利般明朗与辉煌的体验。”②这段文字在描述音乐时采用技术术语，而在描述体验时采用比喻方式（“胜利般”）和情态/情绪术语（如“积极”“明朗”“辉煌”等）。在周海宏的语境中，“情态—情绪—情感”在认知的明晰程度上是递进的。同样，在描述肖斯塔科维奇《第七交响曲——列宁格勒》及其感性体验时，用了这样的文字：“性格坚定的主题似乎在表现一种坚定、有力、正义的力量，副题在高音区奏出了具有幻想性的旋律，其积极、明朗的特性，使人联想到和平、明朗、宁静的生活。但它也包含着一定的紧张感，使人产生一种相对复杂的情绪体验。随后便开始了长大的乐队变奏的段落，其持续不变的主题音调具有令人震惊的机械性和生冷感，……音乐在这种机械、生冷的力量发展到顶点时，推出了一个令人撕心裂肺的充满正义感的主

① 王次炤：《论音乐性的内容》，《中国音乐学》，1990 年第 3 期。

② 周海宏：《音乐与其表现的世界——对音乐音响与其表现对象之间关系的心理学与美学研究》，北京：中央音乐学院出版社，2004 年，第 57 页。

题……”①这里，在描述音乐时采用了许多隐喻，如“性格坚定的主题”“幻想性的旋律”“积极、明朗的特性”“机械、生冷的力量”等，而其他感觉术语或情感术语都表明是人的体验或感受，如“使人联想到和平、明朗、宁静的生活”“紧张感”“生冷感”“令人撕心裂肺”“正义感”等。在描述瓦格纳歌剧《特里斯坦与伊索尔德》时亦如此，“旋律进行的上升、下沉、渐强、渐弱，不得缓解的紧张与不断高涨却又总是压抑着的情绪发展，就会进一步使人产生渴望、沮丧、欲望、压抑，激情与失落，明朗、阴郁等等关于‘爱’与‘死’的复杂的情绪体验。”②这段文字上句用隐喻方式描写音乐，下句用情感术语描述体验。(我只是就手边的材料选择事例，可以确定的是所有描述音乐和感受的文本都有许多这样的隐喻。)周海宏说“音乐何须懂”，意思是音乐提供的是独有的感性审美对象，是让人感受的，而非理性的概念语义，要人去弄明白它“说了什么”。当然，音乐学文论必须让人看懂。反之，要看懂就不得不了解其中的隐喻，否则必然有“看不懂”的情形和抱怨。

七

审美体验是所有听音乐的人都有的经验；音乐学各学科都需要听音乐、说音乐。但是我认为音乐的“听”，至少可划分出两类，即认识方式和审美方式。对应戴维斯的区分，即“音乐学的”聆听和“音乐的”聆听③。也就是说，并非听音乐都必然是在审美。审美需要有条件；审美状态不同于认识状态。④ 因此，对理性分析的听，言说也将主要采取理性方式，即常规语言方式，即技术语言和认知语言(较少感觉语言)的方式；而对感性体验的听，言说也自然多采取感性方式，即文学语言方式(隐喻方式)。如果这样的划分过于机械的话，那么就需要综合听音乐和说音乐，问题是音乐展现时间是单一矢量、单一维度的，你做不到听的同时思考或相反。综合的语言形式也许只有诗化哲学的表达方式；而没有既常规表义又隐喻表现的语言形式。米兰·昆德拉的

① 周海宏：《音乐与其表现的世界——对音乐音响与其表现对象之间关系的心理学与美学研究》，北京：中央音乐学院出版社，2004 年，第 169 页。

② 周海宏：《音乐与其表现的世界——对音乐音响与其表现对象之间关系的心理学与美学研究》，北京：中央音乐学院出版社，2004 年，第 170—171 页。

③ [新西兰]斯蒂芬·戴维斯著，宋瑾等译：《音乐的意义与表现》，长沙：湖南文艺出版社，2007 年，第 286 页。

④ 韩锺恩：《音乐学写作问题讨论并及相应结构范式与马勒作品个案写作》，《中国音乐学》，2010 年第 3 期。

语言方式，也许可以借鉴，但在我看来那实际上是两种语言形式的交替使用，而不是一种特殊的语言形式。感性体验的同时无法理性思考，“充分的音乐欣赏需要听众完全地沉浸于……作品之中”①，你不能此一刻沉浸在音乐之中，彼一刻跳跃到音乐之外，如此进进出出，必将音乐“撕成碎片”。这意味着只能将音乐听赏过程划分为三：前理解（掌握作品背景信息）—感性体验（听音乐）—后反思（听赏引发的哲理思考）。这个过程的前后都是理性活动，只有中间才是感性活动。前理解获得认识，在此基础上进行聆听，就会获得深刻的感觉感受。因此我将审美定义为“理解基础上的深刻感觉”②。在反思中，感性体验作为经验可以回忆，但是回忆不等于体验，二者有距离，这个距离使随后的审美表达无法自我成全。真正的音乐审美是一次性、过程性、完整性的，于是人们往往重复聆听音乐片段，逐一进行再体验并与回忆相交互照，但是这种片段式的聆听、为了表达的再聆听，与完全处于审美目的的一次性整体聆听仍然有距离。所以，即便是审美的表达，实际上已经大打折扣了。联想起滕守尧的《审美心理描述》对审美心理的描述，并非对审美体验的心理过程的语言复现。在回忆中对体验的分析和描述，将不得不采取肢解的方式，并区分出重要与次要：印象深刻者为要，印象一般者为次。肢解式的、出于表达目的的再聆听，一不小心就可能滑入分析。职业音乐工作者往往容易丧失“常规审美”能力，在听音乐时容易滑入分析。分析活动，按于润洋教授的话说，即“尸体解剖”。（一个比喻！）其表达往往采用技术语言和认知语言。审美活动，面对的是“完整生命”。（一个隐喻！）其表达或描述往往采用感觉语言和情感语言，即隐喻性语言。

听音乐之后写“听后感”，其感者，指感知、感受和感想。感知，即听到了什么，其描述可以采用技术语言，也可以采用感觉语言。感受，即审美体验所触动者，其表达或描述多采用感觉语言和情感语言（隐喻）。感想，即“后反思”，听音乐所联想到的东西，其表达多采用认知语言。但是，韩锺恩希望音乐学写作对这三者都采取特殊表达方式，在我看来就是隐喻方式。上文已经分析了相关例子。其“现实存在—历史存在—意向存在”的表述，都充满诗意，他希望以此成就音乐学写作的特色（不借用作曲专业的技术语言，也不借

---

① ［新西兰］斯蒂芬·戴维斯著，宋瑾等译：《音乐的意义与表现》，长沙：湖南文艺出版社，2007年，第361页。

② 韩锺恩：《如何通过语言去描写与表述语言所不能表达的东西——关于音乐学写作并及相关问题的讨论》，《南京艺术学院学报（音乐与表演）》，2010年第2期。

用非音乐专业，比如哲学和科学的认知语言）。本文认为于润洋教授的音乐学分析的表述，实际上也包含了隐喻，只不过比例较小，上文也有示例。音乐美学的表达或描述，是采用清一色的隐喻性语言，还是三种语言混用？如果是后者，比例尺度有何讲究？

依我看，可借鉴美国《后哲学文化》①的作者罗蒂的“公共事务”和“个人事务”的划分，以此为前提来提出语言要求。凡公共事物者，须遵守公约，那就要有相对统一的语言要求，以利于群体交流。凡个人事务者，可按言说目的、需要来选择语言，重在个人情思的表达。对于前者，公约何在？谁是仲裁者？实际上只能由学界约定俗成。对于后者，有共同经历者将自然成为“知音”。个人事务的言说，最真实的状态是自言自语。在此情状中，采用何种语言完全由个人确定，在我看来完全可以放弃各种狭义语言方式，进入“失语/无语/空语”(韩锺恩语，亦为隐喻)的自觉本觉领域。关键在于 to whom(与韩锺恩的 to be 呼应)。需要指出的是，音乐学写作、音乐体验的表达，采取情感术语、语言，所言说的是意向性的审美“实事”，而非仅作为客体的音乐本身。简言之，言说音乐对语言的要求(“怎样说”)，来自“说什么”和“对谁说”。就目前情况看，凡发表者，其言论均属公共事务，作者均意在交流。因此就须设法使自己的言说得到理解、产生预期效应。据此，公约便是必要的。但没有一个个体仲裁者。罗蒂说，“真理”只是“意见”，任何人都不是掌握终极真理的上帝，没有学术终结者。本文的意见是，言说音乐的文本，其价值在于传递知识、思想和情感，或取其全部，或取其局部。“情感”者，价值、态度、诗意也。联想起郭乃安先生多年前发表的文论《音乐学，请把目光投向人》，虽然它有自己的语境，但突出“人”乃是不将“音乐”作为客观事物看待。韩锺恩多年前提出人和音乐的关系实质上是“人与人相关”；音乐是另一种存在方式的人。梅里亚姆说音乐即文化，韩锺恩说音乐即人，各有重点，内在相通。如此，言说音乐即言说人，是以要言说知识、思想和情感。套老话即言说“真善美”。技术语言言说的文本多提供真，认知语言言说的文本多提供真和善，情感语言言说的文本多提供审美的主观倾向和诗意呼唤。言说者的文化身份可以多样，“音乐科学家”多使用技术语言，“音乐哲学家”多使用认知语言，“音乐文学家”多使用情感语言，“音乐杂文家”自然混用各种术语、语言。当然，“多使用”并非“单一使用”。

---

① [美]理查德·罗蒂著，黄勇译：《后哲学文化》，上海：上海译文出版社，2009 年。

顺便谈谈音乐学文论的阅读理解问题。我认为音乐学文论的读者或批评者，除了需要了解隐喻之外，还需要把握语言学关于语境、语用和语义的三维关系的理论。不能只挑出个别词句来谈论(仅仅在语义维度谈论)，否则断章取义进行批评，难免触及不到痛处。例如，蔡仲德教授的“乞灵”来自历史和当下语境的契合，借青主(廖尚果，1893—1959 年)的用语(个人的语用)来谈吸取西方人本主义精神的意义。因此，对它不应仅仅作字面的分析。至于“临响”之类，亦有学术语境和个人的语用想法和习惯。如果我们已经明白其意，就无须过于责备。既然说“字如其人”“文如其人”，那么“临响”“并及”就是韩锺恩！就像他的长发一样，从“文革”期间一律的军人发型看，太长了，但那就是他！(许多世界体育健将留长发还扎辫子，从体育对便捷的“科学要求”看，很不合适，但那就是他们!)人文学科不能用自然科学那样的唯一性尺度来要求，不能要求音乐学文论在表述上只能如何如何、不能如何如何。其实表述上的多样性无法改变，也无须改变；多样性至少在“信、达、雅”之“雅”上有丰富的作为和表现。至于不成熟的习作，不在论域之内。当然，如果作者只表述理性分析成果，想让人仅仅明白语义(而不包含了解自己的情感和态度)，自会调整自己的表述方式。有些内容比较深奥，表述便相应晦涩，理解无法一蹴而就。古今中外几乎所有伟大的著述都有这样的“问题”。例如“大音希声”“纯意向性对象”等，很难快速理解。(目前我本人觉得最难读懂的是胡塞尔的现象学文论和德里达的解构主义文论。)当然，对学术违规，人人均要口诛笔伐。

我在想：有谁在描述音乐或表述音乐体验时可以一点都不用隐喻(一点都不用感觉术语和情感术语)?

八

戴维斯认为音乐的不可言说性并不比其他事物的不可言说性更具有特殊的意义。他的意思是，在其他艺术中以及在宗教和日常生活中，都大量存在着不可言说者；就“不可言说”这一点上，音乐并没有什么更为特殊的东西。① 本文认同这一点。但是，音乐学界关心的是音乐学如何言说音乐的问题。如果说音乐言说了不可言说者，言说音乐就是对音乐言说的复述，那么言说音乐便会陷入困境。事实上，言说音乐并非要重复或翻译音乐的言说。戴维斯

① [新西兰]斯蒂芬·戴维斯著，宋瑾等译：《音乐的意义与表现》，长沙：湖南文艺出版社，2007，第 134 页。

指出描述音乐只能采取隐喻方式。他认可的隐喻主要限于“悲伤”“欢乐”“运动”和“生命”，本文认为前二者是情感术语，第三者是感觉术语，末者是认知术语（带有感悟意味）。

泰伦斯·霍克斯指出隐喻采取转换的形式，“从而获取更广泛、‘特殊’或者更为精确的新的意义”①。注意其中“更为精确”的说法。本文认为这里的“精确”指隐喻性语言，更接近文艺作品中的“真理”。既然除了技术语言之外，言说音乐没有既成的语言系统，只能假借普通语言逻辑和其他语境中的术语，那么隐喻性术语/语言、文学方式的采用便不可避免，这是无可奈何的选择（我曾用“无可奈何的选择”这样的表述来说明人类理性的局限性和理性切割联通世界的必须和无奈性，用在这里也可表达我的态度）。在音乐学学位论文选题和写作上，由于没有搞清描述音乐的隐喻性，出现过一些问题。例如，曾有硕士生力图对隐喻性的音乐的“运动”进行实证性“论证”，答辩委员（周海宏等）立刻提出质疑。确实，如果隐喻性的“运动”可以实证，那么同样是隐喻性的“生命”也就可以实证，但那显然会陷入更大的困境。如果将上述事例中的“运动”改换为“运动感”，那么情况将大大改观。“运动”针对的是音乐，而“运动感”针对的是音乐引起的人的感觉感受。后者是可以从心理学角度进行研究的，即所谓“似动”的心理。

隐喻和所有语言一样，具有社会性和历史性，这无须赘言。音乐也具有社会性和历史性，这也无须辩解。因此没有一成不变的音乐理解和解释。但是就言说方式而言，隐喻是音乐描述或言说音乐所不可避免的。有史以来即如此，将来会延续多久，不得而知。对这一问题的探讨尚未结束。

戴维斯提出两种隐喻：一种是可以替代或可放弃的，另一种是不得不如此的。他在谈论古德曼的“隐喻性范例”时，列举对莫扎特《小提琴与中提琴的交响协奏曲》（K. 364）的描述，第一乐章开始处采用“独奏者如同归巢的鸽子”（描述“独奏部分有先后地轻盈地降低”），第二乐章采用“音乐是悲伤的”（描述慢板的特征）。这二者都是隐喻，但是，“前者的隐喻取决于描述本身的特征，而不是被表述事物的本质。然而在后者中，隐喻并不取决于描述的本质，而取决于被表述性质的特征。”“就音乐的隐喻而言，隐喻的作用是不可消除的，但就对音乐的隐喻的描述而言，情况却并非如此。”“谈论归巢的鸽子是一个针对可能被文学化地描述的特征的隐喻，但是对慢板乐章的悲伤的谈论则是对

① ［英］泰伦斯·霍克斯著，穆南译：《隐喻》，太原：北岳文艺出版社，1990年，第3页。

属于音乐本身的某些东西的直接谈论。”[①]显然戴维斯认为并非所有隐喻都是必需的，只有描述音乐特征的隐喻才是不可避免的。

戴维斯还就“音乐是悲伤的”这句话进行分析，指出可能出现的3种意思：(1)描述音乐特征，作为作曲家或演奏家的情感表达(如同从眼泪看到悲伤者的情状)；(2)指谓音乐功能，即引发听众的情感反应(如同草地给人绿色的感觉)；(3)指谓语言对音乐的赋予，并非音乐本身固有的性质(如同把柳树描述为悲伤的)。[②] 可见，隐喻本身具有多样性、多种可能的释义。这给我们带来继续探究的课题。

值得深思的是，从语言哲学的层面看，隐喻具有后现代反本质主义/后哲学文化的性质。[③] 因为它属于修辞范畴，具有开放性；它没有唯一的释义，具有不确定性；它用曲折方式触及音乐的感性意义，具有超越理性的功能；它提供的是进入音乐诗性的通道，而不是捕捉语义的工具；它展现音乐与人在审美关系中建立的交互主体—对象情状，而不是自为存在的可实证的纯客观的什么东东；它自身受限于社会历史文化及个人习惯，机械还原论科学观不能对其进行准确的界定；它提供给个体的是一次性的感悟，而不是普遍性真理。如此看来，采取隐喻方式言说音乐，实际上是阐发言说者从音乐经验中获得的一次感悟，并从中打开一个通道，将一种诗意播撒出来，充盈另一个敞开的心灵。(上文“东东”借自日常用语/网络用语。与“东西”相比，“什么东东”显然带有很强的情感倾向，比“东西”更有一种情感的力度，在“客观”陈述中侵染了“主观”色彩——否定态度。这种表述方式是认知语言和情感语言的混合，既传达了语义，又表明了立场。此为一例。按古德曼的说法，“一个术语只要在某种程度上称谓不明，其运用也就会是隐喻性的”[④]，那么“什么东东”便是隐喻性的。跳过这个事例，联想起于润洋老师居所所在的小区名字“阳光好东东”，却感到有阳光在心里流淌！“去哪里?”“去好东东!”“好东东”便成了一种换喻，指谓一位睿智、博学、宽厚、仁爱的大学者。李应华教授

---

① [新西兰]斯蒂芬·戴维斯著，宋瑾等译：《音乐的意义与表现》，长沙：湖南文艺出版社，2007，第128页。

② [新西兰]斯蒂芬·戴维斯著，宋瑾等译：《音乐的意义与表现》，长沙：湖南文艺出版社，2007，第140页。

③ 周海宏：《音乐与其表现的世界——对音乐音响与其表现对象之间关系的心理学与美学研究》，北京：中央音乐学院出版社，2009年，第26—27页。

④ 耿占春：《隐喻》，北京：东方出版社，1993年，第79页。

曾这样表达："一个完美的人!"

无法不说的是，我认为德里达的语言观有一定道理：即便采用隐喻的方式/文学的方式来描述音乐和审美感受，言说依然是"从能指到能指"的，"所指"依然是"不在场"的。生活中，对没有吃过榴梿的人，无论你用什么样的语言来描述，都无法使他明白，因为被描述的榴梿的滋味始终是不在场的。历史文献里的"天人合一""色空不二""恍兮惚兮，其中有象"，我们无法从字面上真正明白它们究竟指谓什么，虽然已经有了很多很多的字面释义。在此语境中，出路在于向古人乞灵：中国古代哲人要人们去做，去实践，由此获得亲历的真知。待到真的做到了，也就真的知道了。人们误以为能够先知道，再做到。其实不然，我认为只有做到了，才能知道，那时，文献中所有晦涩的字眼便全都活了。于润洋教授再三呼吁避免"没有音乐学的音乐"和"没有音乐的音乐学"，要将实践体验和学理探究结合起来。确实，对"做到了"的音乐学者来说，隐喻性的语言指谓什么，大家都能明白。在对某个音乐作品有深切的理解和感性体验的所有人之间，尽管理解和体验都有差异，但谈论到每个音乐的"此刻"，无论用什么语言，甚至仅仅用"这个""那个"的，大家都能知道是"哪个"，这叫作个个心知肚明，彼此心领神会。戴维斯认为，"对音乐鉴赏的描述并不需要什么技术化的术语"，因为"音乐理解的关键在于对音乐效果的辨别"。"一个没有聆听经验的人，光凭大量的技术知识，是永远无法鉴赏(表现性等方面的)效果的，一个无法辨认作品表情特征的人，无论他的解释中充满了多少技术术语，在我们看来，其对作品的理解都是十分有限的。"①这里说的也是实践与理论的关系。由于职业职责所在，音乐学学者不得不尽量用更多人(甚至学术共同体之外的人)能够明白的语言来书写，但是依然不得不采用隐喻方式(其实普通人似乎更能懂得隐喻性语言的意思，而不明白技术语言的指谓②)。这是音乐学专业的难点之一，也是它的专业技术之一。

总之，就现有的事实看，隐喻的价值超越了语言本身。以下引用的文字旨在表明诗的价值和意义，也含海德格尔"人，诗意地栖居"之意。也许对我们采用隐喻方式言说音乐是一种鼓励。当然，隐喻不是唯一的言说音乐的方式，但却常常是不得已的方式，而且同行们也都这么做了，只是采用的多少

---

① ［新西兰］斯蒂芬·戴维斯著，宋瑾等译：《音乐的意义与表现》，长沙：湖南文艺出版社，2007，第292—293页。

② ［新西兰］斯蒂芬·戴维斯著，宋瑾等译：《音乐的意义与表现》，长沙：湖南文艺出版社，2007，第292—296页。

比例不一。更有效的具体操作，还需探索。

隐喻不仅是一种诗的特性、语言的特性，它本身是人类本质特性的体现，是人类使世界符号化即文化的创造过程。隐喻不仅是诗的根基，也是人类文化活动的根基。隐喻不仅是语言的构成方式，也是我们全部文化的基本构成方式。正像隐喻总是超出自身而指向另外的东西，它使人类也超出自身而趋赴更高的存在。语言的隐喻功能在语言中创造出超乎语言的东西，隐喻思维使人类在思维中能思那超越思维的存在。隐喻思维使人类把存在的东西看作喻体去意指那不存在的或无形的喻义。一切存在的，只是一象征，一切无形者，在这里完成。它诱使个体去寻找另一个我，诱使人类去寻找神。在生命中寻找高于生命的东西，在死亡中寻找高于死亡的东西。隐喻使生命的意义成为动人的悬念而被人类精神所渴念、期待和追索着。凭借隐喻之特性，我们在对生命世界的亲近中保持着作为生命之奇异和美好奥秘的遥远感。①

---

① ［英］泰伦斯·霍克斯著，穆南译：《隐喻》，太原：北岳文艺出版社，1990年，第5—6页。

试论古琴的文脉传统及其现代传承

林　琳

内容提要： 古琴集中体现了中华民族的人文精神和特有的诗意生活方式，为历代先贤所器重，为文人雅士必备之艺，具有“非职业性”、重性灵修养的特点，其根本指向在于心性和生活的意义世界，具有前瞻性的价值，代表了中国古代音乐美学的至高成就。然而，复经社会文化几番之变，“器道一体”的古琴艺术发展困境重重，传承、复兴古琴文脉及琴道精神成为当务之急。

关键词： 文脉　器道一体　现代传承

古琴艺术自古以来独树一帜，为文人雅士所喜好，目的或修养、或自娱、或会友交流，由于其音顺乎自然，耐人寻味，符合中国传统文化崇尚内在、追求意境之特征，故有“众器之中，琴德最优”的美誉，千百年来形成了以文人为主体的琴脉传统，延续着“器道一体”的琴境追求与修心养性的琴乐功能。然而，近代以降，复经社会文化的几番之变，古琴“技道并重、由艺臻道”的文脉传承困境重重，因此，了解古琴艺术的文化精神、文脉传统，是传承和复兴古琴艺术道路上亟待加强和注重的基础性工作。

一、以文人为主体的琴脉传统

古琴的历史可以追溯到上古，文献记载有伏羲造琴说(《史记·补三皇本纪》)，神农作琴说(《世本·作篇》、《淮南子·泰族训》、汉·扬雄《琴清英》等)，黄帝改琴说(《史记·封禅书》)，舜作琴说(《礼记·乐记》)，帝俊子晏龙作琴说(《山海经·海内经》)等，虽无法考证首创者究竟是谁，但可以肯定，造琴之人非等闲之辈，而是圣贤明君，是中国文化的创立者。由此，琴被称为“圣人之器”。

上古先贤创制琴，以通神明、体大道，琴人多为圣人或帝王，如大禹作《襄陵操》；成汤作《训佃操》；周文王作《拘尔操》《思舜师贤曲》《怀古引》；武王作《白鱼叹》；周公作《越裳》《岐山》《大雅》《关雎》《伐檀》《驺虞》《鹿鸣》《鹊巢》《白驹》；等等。后来古琴逐渐走向民间，不少学者认为，进入民间后古琴出现了两大发展脉络：一是文人琴一脉，著名琴家有孔子、庄子、司马相如、刘向、蔡邕、阮籍、嵇康、陶渊明、王维、白居易、欧阳修、苏轼等；二是艺人琴一脉。文人琴的特点为非职业性，艺人琴的特点是职业性。但笔者认为，演奏古琴的职业“艺人”、琴客、琴师、乐官等琴家，虽然以演奏或教授古琴为职业，但是无一不精通诗书，本身也是文人，西周之后能琴者皆为德才兼备的士人，春秋战国时的钟仪是有记录的最早的专职琴师，之后有师旷、师襄、成连、伯牙、雍门周、赵耶利、董庭兰、薛易简、郭楚望、毛敏仲、杨表正、徐上瀛等。如嵇康所说：“然非夫旷远者，不能与之嬉游。非夫渊静者，不能与之闲止，非夫放达者，不能与之无恡(笔者注：原字没有竖心旁)。非夫至精者，不能与之析理也。”①琴人不但需要技艺，还要深解琴德理趣，具有阔达和静之心，这些要求高过普通意义上对文人的要求，也是古琴超越一般乐器而为“道器”使然。

二、“器道一体”的琴境追求

从创立之始，古琴即被赋予了神圣的文化意义，桓谭《新论》曰：“昔神农氏继宓羲而王天下，上观法于天，下取法于地。于是始削桐为琴，练丝为弦，以通神明之德，合天地之和焉。”②琴依一定的律制而做(根据五行之说创制，原为五弦，后经过周文王，也有说尧帝，加了两根帝王弦，成为现在的七弦琴)，外化为天地人和的结构，今古同一。“昔神农继伏羲王天下，梧桐作琴，

---

① (魏)嵇康：《琴赋》，《中国古代音乐选辑》，北京：人民音乐出版社，2011年，第114页。

② (汉)桓谭：《新论》，见吴钊等编：《中国古代乐论选辑》，北京：人民音乐出版社，2011年，第94页。

三尺六寸有六分，象期之数；厚寸有八，象三六数；广六分，象六律；上圆而敛，法天；下方而平，法地；上广下狭，法尊卑之体。”①“天地之声出于气，气应于月，故有十二气。十二气分于四时，非土不生，土王于四季之中，合为十三。故琴徽十有三焉。”②琴体而言，上面圆弧形的琴面属阳，代表天，平整成方形的琴底属阴，代表大地；琴身为人身凤型；琴面最高处叫“岳山”，象征高山，七根琴弦，象征流水；琴底面一个大的音槽叫龙池，小的一个叫凤沼。从部件名称看，古琴都以自然之物命名，如岳山、龙池、凤沼、雁足、天柱、地柱等，从结构名称看，古琴都以人的身体部分命名，如琴头、琴额、琴项、琴颈、琴肩、琴腰、焦尾、舌穴、弦眼等。如此，琴在天地人统一的器形之上，会聚宇宙万象，又被赋予了人格化的生命和情感，成为天人合一的圣器。

除形制文韵外，置琴、听琴、抚琴的过程也集中体现了“器道一体”的中国文人的精神与审美趣味。置琴要合乎于礼，除书房外琴人常在家中辟出一间专门的屋子或是建一个凉亭，用于抚琴，称作“琴室”，放置琴的桌子被称作“琴坛”，最好设在大自然中远离尘世喧嚣有美景环绕之处。明代杨表正在《弹琴杂说》中言：“凡鼓琴，必择净室高堂，或升楼之上，或于林石之间，或登山巅，或游水湄，或观宇中；值二气高明之时，清风明月之夜，焚香静室，坐定，心不外驰，气血和平，方与神合，灵与道合。如不遇知音，宁对清风明月、苍松怪石、巅猿老鹤而鼓耳，是为自得其乐也。如是鼓琴，须要解意，知其意则知其趣，知其趣则知其乐；不知音趣，乐虽熟何益？徒多无补。……如要鼓琴，要先须衣冠整齐，或鹤氅，或深衣，要知古人之象表，方可称圣人之器；然后与水焚香，方才就榻，以琴近案，座以五徽之间，当对其心，则两方举指法。”③琴人讲究琴境，故有“五不弹”之说，即疾风甚雨不弹，尘市不弹，逢俗子不弹，不坐不弹，不衣冠不弹。而操缦则讲究雅境、雅人、雅容，弹琴的外在环境、内在心境与乐曲意境三者相得益彰，以达心、声、物的和谐圆融，鼓琴时有听者也罢，无听者也罢，都需如在长者面前一样，

---

① （汉）桓谭：《新论》，见吴钊等编：《中国古代乐论选辑》，北京：人民音乐出版社，2011年，第95页。

② （宋）朱长文：《琴史·莹律》，据《乐圃琴史校》，中国音乐研究所，1959年；《中国古代乐论选辑》，北京：人民音乐出版社，2011年，第202页。

③ （明）杨表正：《弹琴杂说》，录自《重修正文对音捷要真传琴谱》卷一，《中国古代乐论选辑》，北京：人民音乐出版社，2011年，第288页。

平定心智。心为古琴之要，心正则琴声正，心远则琴意远。故欲得神化之妙音，关键在于养心。

三、修心养性的琴乐功能

正由于古琴以心法为核心，契合儒、释、道的哲学理路，素来被认为是驱邪正心、返璞归真、体悟大道的途径，因此抚琴拨弦，其意义不仅在乐本身及静穆书香之美境的营造，更在人性本真的信仰与回归及中正平和的心境修养，故琴被称之为道器，抚琴成了文人雅士修身养性不可或缺的一种素养，古琴的功能更重要地体现为“悦己”修心，而非“悦人”娱乐。

儒家认为，古琴是礼乐的核心代表，琴乐有去邪正心、移风易俗的功能。“琴之言禁也，君子守以自禁也。”[①]“琴者，禁也。禁邪归正，以和人心。”[②]命“琴”为“禁”，说的是琴之功能，防范人心人格流于卑鄙僻邪。置琴、抚琴、听琴都要合乎礼法，抚琴讲究的是“宣和情志”的身法、指法、心法，由此才能进入秒指希声的古琴境界。《五知斋琴谱·上古琴论》言：“琴者禁也，禁邪僻而防淫佚。引仁义而归正道。所以修身理性，返其天真，忘形合虚，凝神太和。”[③]“自古帝明王，所以正心修身，齐家治国平天下者，咸赖琴之正音是资焉。然则琴之妙道，岂小技也哉？而以艺视琴道者，则非矣！”[④]由“禁”之功能而达“养心”之目的。桓谭《新论》曰：“琴者禁也，古圣贤玩琴以养心，穷则独善其身，而不失其操，故谓之操；达则兼善天下，无不通畅，故谓之畅。”[⑤]《左传·乐节百事》曰：“君子之近琴瑟，以仪节也，非以慆心也”。[⑥] 琴以正心、去邪、合于礼在先，而后修身理性，通过掌握客观规律而达“游于艺”的

---

① (汉)桓谭：《新论》，见吴钊等编：《中国古代乐论选辑》，北京：人民音乐出版社，2011年，第93页。

② (宋)刘籍：《琴议篇》，见吴钊等编：《中国古代乐论选辑》，北京：人民音乐出版社，2011年，第249页。

③ (清)徐祺：《五知斋琴谱》，见吴钊等编：《琴曲集成》第十四册，北京：中华书局，1981年，第377页。

④ (清)徐祺：《五知斋琴谱》，见吴钊等编：《琴曲集成》第十四册，北京：中华书局，1981年，第378页。

⑤ (汉)桓谭：《新论》，见吴钊等编：《中国古代乐论选辑》，北京：人民音乐出版社，2011年，第95页。

⑥ (春秋)医和：《左传·乐节百事》，见吴钊等编：《中国古代乐论选辑》，北京：人民音乐出版社，2011年，第3页。

自由，塑造完美人格和高尚内心，“成于乐”，通过艺而进入到真善美相统一的人生最高理想和实现人格的全面完整，也即达到了“从心所欲不逾矩”的自由境界。

儒家认为“声音之道，与政通矣”，唐代薛易简在《琴诀》中说：“琴之为乐，可以观风教，可以摄心魂，可以辨喜怒，可以悦情思，可以静神虑，可以壮胆勇，可以绝尘俗，可以格鬼神，此琴之善者也。”①“乐以载道”“导德宣情”是琴乐在政治、社会、伦理教化上的功能。《荀子·乐论》曰：“君子以钟鼓道志，以琴瑟乐心。动以干戚，饰以羽旄，从以磬管；故其清明象天，其广大象地，其俯仰周旋有似于四时。故乐行而志清，礼修而行成，耳目聪明，血气和平，移风易俗，天下皆宁，美善相乐。”②

道家认为“乐”的本质是“天地之体”，“万物之性”，“故八音有本体，五声有自然，其同物者以大小相君。有自然故不可乱，大小相君故可得而平也。若夫空桑之琴，云和之瑟，孤竹之管，泗滨之磬，其物皆调和淳均者，声相宜也。故必有常处。以大小相君，应黄钟之气，故必有常数。有常处，故其器贵重；有常数，故其制不妄。贵重，故可得以事神；不妄，故可得以化人。其物系天地之象，故不可妄造；其凡似远物之音，故不可妄易。”③“自然一体”“万物一体”是“乐”能够或追求达到的一种精神境界，这种境界超越了善恶是非的区分与对立，人与人之间没有物欲私利的纷争，“乐”的功能是把人引入平淡无味，去除纷争，一切生命都能得到充分健全的发展，即阮籍所说：“乐者，使人精神平和，衰气不入，天地交泰，远物来集，故谓之乐也。”④他解释孔子“在齐闻《韶》，三月不知肉味”，在于“至乐使人无欲，心平气定”。⑤ 阮籍之后，嵇康明确提出了“声无哀乐”的主张，认为乐的本体即是超于哀乐的精神上的“和”的境界，强调和追求精神上的无限与自由；精神之“和”同天地、

① （唐）薛易简：《琴诀》，见《中国古代音乐选辑》，北京：人民音乐出版社，2011年，第162页。

② （战国）荀况：《乐论》，见《中国古代乐论选辑》，北京：人民音乐出版社，2011年，第27—28页。

③ （魏）阮籍：《乐论》，见《中国古代音乐选辑》，北京：人民音乐出版社，2011年，第108页。

④ （魏）阮籍：《乐论》，见《中国古代音乐选辑》，北京：人民音乐出版社，2011年，第111页。

⑤ （魏）阮籍：《乐论》，见《中国古代音乐选辑》，北京：人民音乐出版社，2011年，第110页。

自然不可分，以“和”为乐的本质，目的不在教化而在养生；“和”与自然的关系从伦理道德的束缚中解放出来，升华为精神自由和完满人格，实现与宇宙大道相统一的关系。“导养神气，宣和情志”是琴乐的基本功能，“使心与理相顺，气与声相应；合乎会通，以济其美。”①嵇康“声无哀乐”论中至高境界的乐，即出于“应物而不累于物”的精神上的平和，能毫不勉强地去除一切有害于养生的物欲和享受，故可达“目送归鸿，手挥五弦。俯仰自得，游心太玄”之逍遥。

佛家将琴当作一种修行，其功能是参禅悟道。“攻琴如参禅，岁月磨炼，瞥然省悟，则无所不通，纵横妙用而尝若有余。至于未悟，虽用力寻求，终无妙处。”②宋代琴家成玉磵在《琴论》中指出，习琴与参禅异曲同工，要通过长时间修炼而达到顿悟，进而通达佛理大道，了然超离尘世。明代李贽将“顿悟说”深入应用于琴学。他说“声音之道可与禅通”③，并借六祖慧能“风吹幡动”之辩，说明了琴声即心声。古琴的审美情趣追求心静、境静，神空、物空，功能在于世间万物的静观和直觉中“悟空”。此境界的琴乐出于“静”，有静则心净，有动则心垢，外动既止，内心亦明，始自觉悟，患累无由。所以，琴与禅都是一种修定的工夫，收摄散心，系于一境，不令动摇，进而达到三昧的境界。

四、古琴文脉的现代传承

中国古琴艺术的成就和历史价值是无可取代、不能再生的，它是人类共同的财富，是人类文明的瑰宝。然而，复经社会文化的几番之变，古琴艺术的发展困境重重：

一则，琴人匮乏，以至琴道衰、古音丧。20世纪以来，传统文人阶层也即古琴艺术承继的主体人群消亡，直接导致了当代琴人的匮乏；现代知识分子人文精神的群体性缺失，亦导致了古琴之道的衰落。在拜金主义的驱动下，一小部分琴人身陷世俗，唯利是图，追名逐利，甚至欺世盗名，投机钻营，

---

① （魏）嵇康：《声无哀乐论》，见《中国古代音乐选辑》，北京：人民音乐出版社，2011年，第124页。

② （宋）成玉磵：《琴论》，见《中国古代音乐选辑》，北京：人民音乐出版社，2011年，第218页。

③ （明）李贽：《焚书·征途与共后语》，见《中国古代音乐选辑》，北京：人民音乐出版社，2011年，第290页。

相互间诋毁排斥，古琴艺术原有的器道一体的艺术境界，被功利主义所代替，丧失了古琴原本非功利性的精神追求本质。

二则，传统教授方式之废弃，以至古琴师承脉络尽失。西方文化的冲击下，中国社会生活方式骤变，突出地反映在教育体制上。西式音乐教育的制度与方法，取代了中国音乐自由的传习方式。古琴原本“口传心授”的传承方式，遭到毁灭性打击。

三则，生存环境堪忧，以至古琴艺术文脉断裂、风范遗失。琴自古以来是文人们的一种生活样态，传习于文人们修身理性的行为过程，以及对真善美的精神诉求当中。然而，市场经济不仅从根本上取代了自给自足的经济模式，也瓦解了建立在传统生存模式下的文化结构。在这种情势下，古琴这门极富中华文化特色的艺术门类，失去了自身成长和蕴养的社会土壤。

传承、复兴古琴艺术的文脉是我们这代人义不容辞的历史使命：

一则，重视琴人培养、琴学研究。朱长文《琴史》中言：“夫心者道也，琴者器也，本乎道则可周于器。通乎心故可以应于琴。”“故君子之学于琴者，宜正心以审法，审法以察音。及其妙也，则音法可忘，而道器冥感，其殆庶几矣。”[①]琴人的培养，远超出技艺的传授范围，中国传统的人文精神和琴道才是必需的素养。古琴演奏者，首先需要具备较高的文化修养，“汝果欲学诗，功夫在诗外”，传统文化的修习对古琴艺术的造诣至关重要。据不完全统计，传统琴曲有三千多首，曲目六百多个，但“打谱”发掘整理者仅有百余首。认真继承优秀的古琴艺术传统，打谱是应当努力的一项重要工作。从各个角度对古琴文化进行专项研究，包括琴书、琴谱的收集、整理与出版；琴史和琴派渊源谱系的研究与撰述；琴律的研究与分析；古琴美学与理论的研究；琴歌的整理与研习；琴器及斫琴工艺的研究；琴曲录音收集，并以五线谱简谱等予以记录；古谱研究及研弹新曲等。琴学研究是古琴艺术发展永葆青春的智力支持。

二则，探索古琴特色教育方式，创新古琴艺术再现形式。传统古琴师徒相授的传承方式，对“技”的严格要求背后，实际上是对人的道德、情操、文化品位的高要求。从事教育的琴人需要探索符合古琴自身特点的教育方式，创设相应的教育机构，恢复保留“口传心授”的师承模式，将琴的正统观念、技法传给新一代琴人，同时注重中国传统文化中各门类艺术的熏习，塑造综

① （宋）朱长文：《琴史·师文》，见吴钊等编：《中国古代乐论选辑》，北京：人民音乐出版社，2011年，第200页。

合性高修为的古琴传承人才。另外，为适应现代艺术发展及市场需求，琴人承担着古琴艺术的传播推广重任，在保有“自得其乐”“修身养性”的功能外，还要适应从生活艺术向舞台艺术转变的新趋势，探索新型艺术表演形式，在不失其个性特征外，融会贯通各传统艺术门类，追求高审美价值、艺术品位和艺术个性，将博大精深的中国传统文化多样性呈现给世人。

三则，做好古琴文化普及工作，营造适宜古琴发展的生态环境。古琴应定位在文化，而不是定位在音乐。对古琴文化和精神的保护与传承，当务之急在于提高普通民众文化艺术欣赏水平，加强古琴文化普及工作，扩大古琴文化艺术受众群体。避免古琴保护流于形式或变相成为谋利的手段，导致在保护的过程中失去了古琴原有的文化价值，徒有规模而扔掉了琴乐之道的人文精神内核。加强研究式保护，开展宣传普及工作，防止被动地、强制性地被商业绑架。

古琴艺术集中体现了中华民族的人文精神和特有的诗意生活方式，是中华文明的精髓、人类文化的瑰宝，其净化心灵、陶冶情操、开启心智之功能，以及“非职业性”重性灵修养的特点，具有前瞻性的价值，代表了中华民族音乐的至高成就。正因如此，作为与文化和性灵修养高度统一的古老而又独树一帜的古琴艺术，才更紧迫地需要走向复兴。当古琴音乐真正成为人们文化生活的“需要”，成为当今时代文化生活的组成部分的时候，古琴音乐才能摆脱“衰亡”或仅仅作为一种“博物馆艺术”的命运，获得生存空间并发扬光大。

声音艺术在重大题材电影创作中的价值：以“十七年”抗战题材影片为例

姚国强　樊露雪

内容提要：本文从不同视角、不同方法，对新中国“十七年”期间拍摄的六部抗战题材影片中的声音创作元素进行了艺术分析。冀望通过对抗战题材影片中的声音艺术创作内容进行的具体分析，来拓展中国大陆抗战题材影片在声音艺术创作方面的学术研究领域，探究和总结中国大陆抗战题材影片在声音艺术创作方面的特点。由于国产抗战题材影片的数量和类型极其多样，限于篇幅，本文在1949—1966年中华人民共和国刚成立、国产电影屡出精品的“十七年”中，挑选出了六部受众广泛、家喻户晓的抗战题材影片作为分析案例，对其中的声音艺术创作进行了学术分析。本文认为：一部优秀的、让人记忆尤深的电影作品，只有先从影像和声音艺术的层面去感动观众、去震撼观众、去影响观众，才能进一步地表现出影片的社会意义和普世价值。普通的类型电影如此、抗战题材的影片更是如此。因此，声音艺术在电影中的呈现是大有所为的。

关键词：声音艺术　电影声音创意　“十七年”抗战题材

电影中的声音包括角色的语言、物体发出的音响效果以及音乐三个部分，它们是电影听觉上三个不可分割的整体，在艺术表现上也是错综复杂地交织在一起。因此，声音在电影中的创意呈现和美学表现是十分重要的，对于重大革命和历史题材文艺创作也是不可或缺的。目前，关于国产抗战电影的学术研究已经取得了很多成果，但涉及相关声音艺术方面的论述却付之阙如。实际上，一部优秀的电影作品，只有先从影像和声音艺术的层面去感动观众、震撼观众、影响观众，才能进一步呈现出影片的社会意义和艺术价值。有鉴于此，本文以“十七年时期”的《鸡毛信》(1954 年)、《平原游击队》(1955 年)、《铁道游击队》(1956 年)、《地雷战》(1962 年)、《小兵张嘎》(1963 年)和《地道战》(1965 年)六部受众广泛、家喻户晓的抗战题材电影为例，从语言、音乐和音响等层面分析其声音艺术创意，以期对当下的电影创作有所借鉴。

一、语言：辛辣和率性

角色在电影中说话的声音都有一定的音色和音域，以及一定的音量、速度和节奏，而且还可以作为富有表现力的音响效果在电影声音创作中得到应用。因此在进行电影叙事和角色扮演时，声音的创意设计不容忽视。

在“十七年”中，《鸡毛信》作为一部针对儿童群体观影的抗战题材电影，在语言的处理上特点鲜明。该片旁白选用特质温暖柔和的女声，在平缓的语速中将原本略显乏味的旁白像讲故事那样“讲”给了小观众们，吸引小观众们集中注意力在电影故事内容上。该片不同角色的语言设计也非常精妙。契合影片的故事背景，多数扮演八路军、民兵等正面角色的口音具有典型的华北地方特色。而从“鬼子快进沟儿了”“三王村儿指挥部”“啥事儿”等台词的呈现，可以看出儿化音在该片台词中运用广泛。同时对反面角色做戏剧化处理，激发了观众对汉奸的憎恶之情。《地雷战》与《地道战》同是中国人民解放军八一电影制片厂出品，都是军事教学片。为了方便观众理解，影片使用了大量的旁白语言，对当时发生的战争故事和战术使用方法娓娓道来，以便观众对民兵、八路军打击日本鬼子的战术策略和机关布局学习理解得更为深刻。例如，《地道战》在叙事进行到第 72 分钟时，伴随着抗日军民热火朝天地开凿地道的画面，旁白开始阐释各村联通地道形成“地下长城”是为了“一处受敌、八方支援”，利于小分队活动与大部队的隐蔽。画面和声音的有效配合，使得观众在情节丰满的故事发展和紧张生动的画面表现中学到了抗日战术知识。

《平原游击队》的故事叙述则摒弃了常用的“画外音”旁白，而是通过角色间的语言来推动剧情向前发展。语言设计朴实而又生动。如当李向阳在多个方向向汉奸们散布假情报来迷惑鬼子，计划用调虎离山之计炸掉日本鬼子的炮楼时，狡猾的日本军官松井迅速判断出了李向阳在西边，这时“队长太高明了”便成为了松井身边汉奸高频率使用的谄媚阿谀的语言，强化了观影者的心理体验。又如汉奸逼迫群众代表老秦爷说出李向阳的下落时，秦爷不说，汉奸便骂他“你这个老杂种”，而秦爷则针锋相对地回答：“你这个狗杂种，老天爷白给你披了一张人皮了。”汉奸说：“我崩了你！”秦爷却毫不在乎地轻蔑回答：“来吧，小子！对准这儿打！”(指心脏)“你打死我这60多岁的人，你看你有多能耐?!”这段语言借秦爷之口痛斥卖国贼、侵略者，激发观众同仇敌忾的观影之心，狠狠地吐出了一口恶气。该片语言的口音也很接地气，符合剧情中的地域背景设定。因为故事发生在华北地区，所以影片中游击队员的口音也都带着轻微的儿化音。“没问题儿了”“拿这玩意儿，换日本鬼子几斤家伙”等语言都显现出了地域特征。《铁道游击队》作为一部小说改编的电影故事片，同样摒弃了运用画外音来叙述故事的套路，通过大量的人物之间的语言交流和画面的剪辑来呈现故事的脉络，情节更加生动紧凑，令观众不易出戏。

《小兵张嘎》中语言的最大特点就是生动鲜明，地域特色跃然而出，常常令人捧腹大笑。例如，电影刚开始时，当钟亮感谢奶奶和嘎子照顾他时，通过老奶奶台词“看你见外的，你是谁，我是谁呀”，并且对卫生员说“你给我批评批评他”等，塑造出了老百姓开朗乐观的性格。而当嘎子捉了鱼回家，浑身连水里的泥都还没冲洗干净就缠着老钟叔讲打鬼子故事时，老钟叔却笑着说“我的故事，可不讲给泥鳅听啊”。这里在制造笑点的同时表现出了老钟叔和嘎子之间的深厚情谊。当嘎子错认罗金宝是汉奸，被罗金宝带回八路军据点时，据点内的八路军战士们听闻嘎子要参加八路，一圈战士都围着嘎子笑。嘎子便说道：“笑什么，不怕笑掉了下巴砸掉了脚面子?”战士质疑他：“你这小嘎嘣豆儿，个儿还没天高呢，就想参加八路，还想当侦察员?”嘎子则回应：“电线杆子倒是高，杵在那死木头一根。”这段对话体现了嘎子天不怕地不怕的同时还能够机灵回应八路军老战士的质疑，头脑灵活，而且带有一股倔劲。这为以后嘎子在战斗中立下大功做了重要铺垫。另外，嘎子在给小伙伴们形容汉奸时的语言也很有意思：“挺着个大肚子，走起路来呼哧呼哧的，就像你们家老母猪!”幽默诙谐，色彩鲜明。此外，编剧还特地设计，在嘎子对小伙伴们演说时，将“希特勒”口误说成了“希特拉”，然后挠挠头再改回说是“希特勒”。语言细节设计让可爱而又真实的小侦察员形象跃然银幕之上。这部以儿童为主角的抗战题材电影，不仅赢得少儿观众的喜欢，也能让成人观众笑出童心来。

从声画结合的角度来说，利用语言转场也是《小兵张嘎》的特色。如当嘎子被汉奸追赶至老满的屋里，老满父子在屋外与汉奸的争执场景镜头与屋里嘎子凝重的表情特写镜头来回切换。导演一直利用老满父子与汉奸持续的争吵声作为转场声音和背景声音，使观众感受到场景切换的连贯性。当嘎子决定出门面对汉奸、不拖累老满父子，从屋外汉奸和老满父子推搡的镜头切换到嘎子推开门站在门口的镜头时，用嘎子的喊声“不许动”实现了这两个镜头的自然转场。此外，当镜头转到嘎子在屋里想心事时，伴随的声音却是屋外的推搡声、争吵声，导演利用声画不同步的蒙太奇特征，生动地体现出嘎子内心的挣扎。在该片中，演员还经常运用各种模仿的声音来表达语言内容。如老钟叔藏在嘎子家时，嘎子就通过模仿小猫的叫声来提示老钟叔的饭到了。老钟叔给嘎子一把木头手枪玩，嘎子兴奋地举枪摆姿势，嘴里还碎碎叨叨喊着“Biang，Biang，Biang”。当他跟老钟叔闹着玩时，老钟叔欣然配合，学着日本鬼子怪腔怪调舌头打结地说：“好滴好滴，我滴投降的大大滴。”这几处模仿的声音生动完美地推动了剧情的发展，在引得观众捧腹大笑的同时，也让观众体会到了抗日将士老钟叔和老百姓子弟嘎子之间的深厚感情。

另外，在语言的使用中，演员口音的改变也是非常有创意的重要之处。例如，影片里的老钟叔平时说话时都是白洋淀当地口音，带有明显地方腔，儿化音使用较多。但当老钟叔给嘎子讲游击队长罗金宝杀鬼子的故事时，老钟叔的口音则迅速转换成了字正腔圆、声情并茂的普通话。

二、音乐：诙谐和凝重

《鸡毛信》中背景音乐的出现并不是平铺直叙、单刀直入，而是通过音量的适当增减营造出了一种过渡的情感效果。这在当下电影中稀松平常，但在“十七年”期间的电影中运用却难能可贵。例如，海娃一直抱着的小羊被汉奸抢去给日本兵吃，当他看到小羊的尸体和日本兵大块朵颐的那一幕潸然泪下。伴随着海娃的落泪，凄婉的弦乐响起。这里的音量由弱到强，使情绪自然而然呈现出来。再如，海娃因为又困又饿刚刚入睡，但睡梦中爸爸和小伙伴们提醒他的任务还未完成、信还没送到的这一幕背景音乐，音量也是由弱渐强，十分契合海娃入睡直至醒来，非常有层次。

20 世纪五六十年代电影中常常出现原创歌曲，但《平原游击队》里的音乐中并没有“歌曲”这一类型，作曲家车明主要使用了交响乐来表现游击队战士英勇杀敌的英雄气概和浓厚的战斗气氛。其中，为正面人物创作的主题音乐以大调(A大调和降A大调等)为主，使用的是谐和音程或悦耳或激昂的旋律。如当老秦爷最后被敌人残酷烧死时，作曲家将音乐的主调定为悲愤而昂扬，通过音乐与画面的有机结合，表现了中国百姓的刚强性格、对敌人的无比仇恨以及对中国共产党的无限忠诚、信任。而在塑造李向阳这个人物形象时，作曲家则参考了很多苏联电影的作曲技巧，表现出了李向阳灵活威武和百战百胜的英姿；当李向阳与母亲相见时，则用柔和亲切的旋律来表现母子之间的骨肉之情；当李向阳与小宝子相见时，则用了比较轻快和欢乐的旋律来表现子弟兵和人民的鱼水之情。而为反面人物创作的主题音乐则以小调为主，使用的是不谐和音程以及尖锐或阴险的旋律。如作曲家在表现敌人的凶残和狡猾时曾创作了好几种旋律，但都不满意，最后找出日本很多民间音乐素材反复地写、反复地听，才终于写出了适合影片的旋律，用各种难度较大的和声配器，紧密配合画面，才达到了满意的音乐效果。

整部影片中，日本兵进村时的主题音乐最令观众印象深刻。这段反复出现的主题音乐将侵略者的丑恶行径刻画得非常传神，时至今日一些中老年观众一听到这段音乐，脑海中仍能浮现出栩栩如生的场景画面：几个穿丝绸褂子、头戴小凉帽、腰挎盒子炮的汉奸走狗叮叮当当骑着自行车在前面带着路，后面跟着浩浩荡荡的日本兵，其间有个骑着高头大马的日本军官慢慢悠悠跟随着。这段主题音乐的旋律(｜6 — 7·6｜4 3 4 3｜4 — 3·1｜7 6 7 6｜)类似肖斯塔科维奇的《第七交响曲》，并且运用切分音、不谐和的二度音阶及较慢的节奏呈现出了凝重、怪异而又紧张不安的诡异气氛。

影片开头，游击队战士们在山洞中休息时，作曲家选用了贺绿汀作曲的一首耳熟能详的作品《游击队之歌》的纯音乐版。这首歌以弱拍后半拍起为特点的节奏型贯穿全乐段，以四度大跳后上下级进为主的旋律线给人以紧张、活泼的感觉。这些创意因素的巧妙组合表现出了战斗休息时轻松悠闲的活泼气氛以及游击队员们乐观向上的战斗精神。

《地雷战》的原创音乐(歌曲)中，为正面角色创作的主题音乐可分为两种类型：一种是铿锵有力型。如在八路军派出主力部队进入赵家庄支援民兵时，伴随着画面中八路军的行军，听到的是由铜管乐器演奏的进行曲式主题音乐。这类音乐充分衬托出了八路军的昂扬气势和必胜决心。另一种则是轻快活泼型。如影片开头，在各个村落布置联防时，背景音乐就选用了竹笛和弦乐结合的快节奏音乐；再如，玉兰等几个女兵被日军发现后逃跑并在途中埋藏地雷时，背景音乐则是轻快而带有一丝紧张和诙谐的管弦乐。而为反面角色设计的主题音乐则生动展现了日本侵略者丑陋的形象。例如，日本兵在探雷时，作曲者以军鼓演奏快速三连音做铺垫，旋律声部则用管乐吹奏出滑音，并使用小二度的旋律走势来凸显日本兵的狡诈。当日本兵进村时，则配合使用了贝司的拨弦声。这些充满了不谐和音程的弦乐声音，增强了观众对侵略者的憎恶之情。当镜头画面是群众热火朝天造地雷时，配合采用了歌曲《民兵都是英雄汉》，和片尾出现的歌曲《武装起来保卫家乡》一样，两首歌曲都是以男女二声部合唱的形式出现，不仅有着铿锵有力的节奏和振奋人心的歌词，还能迅速把观众带入热火朝天的抗日氛围中去。

《铁道游击队》的音乐设计有一个很大亮点，就是对中国传统乐器琵琶的大量使用。琵琶在这部电影里不仅是作为一种乐器来奏响背景音乐，它已经成为了情节内容的一部分。凌厉的琵琶旋律常常酝酿着风雨欲来的紧张气氛。而微山湖畔游击队员们手持琵琶弹拨出来的优美旋律则预示着战争胜利的曙光，表现出了游击队对祖国深深的眷恋和热爱。这段优美的琵琶声音，除了其对影片剧情的指向意义外，也引出了一首流传大半个世纪的动人歌谣，即吕其明作曲、芦芒作词的著名歌曲《弹起我心爱的土琵琶》。作品是一首近似山东民歌、能把抒情和战斗的情绪结合在一起的经典歌曲①。这首歌曲由琵琶独奏引出，前半部由抒情的男中音独唱，后半部则加入了弦乐，与琵琶形成丰富的伴奏织体，由快速有力的男声合唱演绎，抒发出铁道游击队队员们保卫祖国的豪情和坚定的必胜信念。

《地道战》中占比最大的声音类型是音乐，成功地为该片锦上添花。作曲家傅庚辰为之创作的音乐作品非常优秀，尤其是采用了各种不同对比手段，形象描绘剧中人物，风格各异、形象鲜明。正面人物高亢有力，反面角色低沉刺耳，很有特点。这部电影的音乐风格体现出了中华人民共和国成立后“十七年”间电影音乐的一个共性，即民族民间器乐大放异彩。其中板胡、琵琶、竹笛、二胡、唢呐等独奏、领奏，与乐队的合奏非常动人，在该片中起到了重要的烘托作用。这也是许多观众对这部电影百看不厌、百听不烦的原因所在。该片的插曲《地道战》《毛主席的话儿记心上》，直到今天还广为传唱。

主题曲《地道战》采用了四二拍的节奏，运用大量的切分音，是一首速度较快、抑扬顿挫的昂扬战歌。它在影片中出现了合唱、男女重唱等不同表现

① 刘璇：《〈铁道游击队〉：激情燃烧的不老传奇》，《解放军报》，2010年8月13日。

形式。该主题曲在接近片尾时先后出现了两次。第一次是配合人民武装成功狙击日本兵的画面。歌词里的“全民皆兵全民参战，把侵略者彻底消灭完”的演唱声和画面的完美结合非常鼓舞人心。《地道战》的主题曲再次响起是在山田队长被抗日人民武装组织逮捕时，群众欢庆，音乐热烈。

而插曲《毛主席的话儿记心上》则蕴含着与河北梆子“二六板”的密切联系，显现出了非常鲜明的地域色彩。它也同样采用了四二拍的节奏，旋律则采用了五声音阶的走势，四个乐句节奏规范整齐，严格遵照乐曲自身发展的起承转合，容易上口，舒展优美，生动感人，是一首经典的女声独唱曲目。影片中该歌曲的出现，是在剧情发生根本性转折处。此前日本兵及伪军、汉奸横行霸道，从插曲响起开始，一切反动派葬身于人民战争的汪洋大海之中①。歌曲中荡漾着人民群众对伟大领袖至亲至切的热爱和景仰之情，传递出坚定的革命信念与对敌斗争的必胜信心。

三、音响：真实与虚拟

《鸡毛信》的音响设计亮点在于环境声的设置，比同时代抗战题材电影更为丰富，且层次分明，音响类型虽多但处理得非常和谐。如片中日本兵刚到达平西庄的时候，枪炮声、马叫声、羊叫声、脚步声、日本兵的踹门声夹杂着吼叫声同时出现。前三者较为突出，后三者则较弱一些，音响纷繁但不凌乱，与画面有机结合，通过视听呈现出了一幅日本兵烧杀抢掠的悲惨场面。若是没有这些丰富的音响来呈现和烘托剧情，效果将会大打折扣。

《铁道游击队》中最有特色的音响就是火车行进中的各种声音。也许是由于同期录音工艺已经大量应用于电影的同期拍摄中，该片中的火车行进声音非常丰富多彩。例如，火车快速行进时的声音节奏快而嘈杂；而慢速行进时的声音节奏慢而厚重；车中场景时火车行进的声音朦胧可闻；车外场景时火车行进的声音又较为厚重清晰；当火车由远及近时行进声音的音量也由弱及强。这些音响声音与画面的配合一丝不苟，给观众带来了真实环境感受。除此之外，火车行进中的声音也被大量地用于镜头的切换中。

《小兵张嘎》中的音响使用主要集中在枪炮声上。而且影片中大量运用音响声音进行转场衔接。在影片开头，导演将嘎子捞鱼、日本兵巡逻、钟连长跳下水、钟连长爬上船、日本兵巡逻、钟连长划船、钟连长被击中、船载着

① 李守玉：《电影歌曲是电影形象的一面旗帜》，《电影评介》，2007年第22期。

钟连长在水上漂等数个镜头利用此起彼伏的狗叫声和枪声自然衔接起来，完成同一时空内的镜头切换。又如老钟叔在给嘎子讲故事时讲到“Biang Biang，就是两枪时”，屋外旋即响起了真正的枪声，伴着马鸣声、马蹄声和脚步声。随着这些音响的突然出现，剧情就此变得紧张起来。另外，接近片尾处，当八路军打进敌人岗楼时，镜头切换到日军藏身之地的一片黑暗中，观众们就只能听到较长时间的无源音响——此起彼伏的枪炮声。这黑暗中的枪炮声制造出了与画面同步的枪炮声所不一样的音响效果，让观众对此时的战况更加好奇和揪心，从而营造出了新奇别样的紧张悬疑气氛。

《地雷战》《地道战》中音响的运用主要集中在描绘战斗场面上。当时由于录音制作工艺的不足以及录音器材的滞后，使得其制作出的枪炮声远远不及今天环绕立体声录音工艺制作出来的音响声音逼真，但是画面上各种此起彼伏的枪炮声仍能向观众传达出抗日战争的惨烈和无情。《地道战》中有个令人印象深刻的片段也使用了丰富的音响声音。当黑风口据点的日寇在一天夜里偷袭高家庄时，高老忠敲钟警告村民的“当——当——”响声，配合一帧帧高家庄村民的表情画面，表现出了村民们在听到敲钟警报那一刻的惊讶、紧张与惶惑。而村民进入地道后慌乱的脚步声和高老忠粗粗的喘气声，则烘托出了日军来袭前村民们的紧张气氛。随着最后一声敲钟的停止，枪声响起，老村长高老忠被日寇残忍杀害。不难看出，音响对剧情发展和情感发展都带来了巨大的助力作用。

四、结语

通过上文中对新中国电影“十七年”期间六部经典抗战题材电影进行的声音创意分析，可以较为清晰地勾勒出“十七年”期间新中国抗战题材电影在声音创意中的显著艺术特点：

1. 语言设计“接地气”。以清晰明了、简单易懂、贴近观众为基本设计原则，在语言口音上带有浓重的地域色彩，使得地域性和乡土气息浓厚。在以儿童为主角的抗战题材电影中，语言还力求幽默诙谐、真诚率性，使得每一个角色人物的语言形象栩栩如生、非常讨巧。而且语言有差别地交错发展，如日常白洋淀地方腔与普通话给嘎子讲抗战故事的切换。

2. 作曲家大量使用了中国民间的传统民族乐器来演奏音乐。如竹笛、二胡、古筝、琵琶等。同时，在音乐旋律上大量运用了中华民族的五声调式。为影片中正面和反面角色所设计的主题音乐风格个性鲜明突出、时代感很强。

电影中的许多歌曲也流传至今、脍炙人口。如《地道战》中的主题曲《地道战》,《铁道游击队》中的插曲《弹起我心爱的土琵琶》,以及《平原游击队》中的"鬼子进村"主题音乐等。

3. 声音设计师做了许多将音响丰富化和情感化的有益尝试。将音响与画面有机的结合起来,并大量利用音响来实现转场切换画面。但由于受当时录音技术、录音工艺和录音设备的限制,以及频率响应、失真、信噪比等技术难题的影响,音响设计主要集中在战斗场面的枪、炮和炸弹等武器弹药的发声上。音响效果在声音细节的呈现上有所欠缺,尚无法展现战斗场面的震撼感和环境感,无法与当下电影大片的声音效果相提并论,留有诸多缺憾之处。

尽管"十七年"处于电影录音技术的更迭换代阶段,但此间技术革新的脚步并未停止,新中国电影科技界自主研发了大量国产的录音设备。如磁性录音技术开始取代光学录音技术,立体声和多声道录音方法已经开始在创作中得到部分应用。但上文论述的这几部早期国产抗战题材电影仍以光学单声道录音为主。然而,"十七年"电影中所呈现出来的音乐和语言,即使是在今天各项录音技术条件都很完备的背景下听来仍然非常优秀。而更早期的中国电影常常忽略声音空间感的处理,因为在嘈杂的拍摄环境中录制出清晰的语言实属不易。而在上述这几部影片中,导演和录音师已经基本解决了语言的加护问题,所以能够发挥艺术创意思维,做出一些有益尝试。如《平原游击队》《铁道游击队》意图用民族音乐和电影歌曲来丰满片中人物的心理刻画;而在《小兵张嘎》《地道战》中,环境声的正确使用和对于声音层次感的追求无疑能够给予观众地域和时间提示,有助影片还原生活中的真实空间。当时的电影导演,如王萍、严寄洲、孙民等对于电影声音方面提出的艺术要求已经包括了对电影音乐民族性、音响效果真实性的追求①。在1958年《谈谈影片的声音质量》一文中,作者孙良录也从理论方面提出:应该重视言语的清晰度、言语和影片中其他音响度的对比、声画同步问题、演员语调和实际生活吻合的问题以及声音的环境气氛感等问题②。

总之,在新中国"十七年"期间的抗战题材电影中,涌现出了各种对声音艺术创作的不同探索。如在音乐创作中为了激发起爱憎的情绪,使用了琵琶独奏与弦乐相互交织的形式;或是应用了在乐队伴奏下的二胡和唢呐等独奏与领奏的形式;或是运用了独唱与多声部的男女合唱的形式;或是使用了快

---

① 佐临等:《电影导演阐述集》,北京:中国电影出版社,1959年。

② 孙良录:《谈谈影片的声音质量》,《电影技术》,1958年第9期、第10期合刊。

板与民歌混声的板曲形式；以及包括运用各种不谐和的音程来强化正反角色的戏剧性冲突对比的创作手段等。包括蒙太奇中的声画对位，以及黑暗中紧张而悬疑的写意性无源音响，来助推影片剧情和情感的发展。这中间有不少的电影还承载了少儿教育或军事教育的主旨功能，但影片不是生硬死板的说教，而是声画结合、形象生动、寓教于乐，艺术性强、接受度高、影响力大，使得这一时期的抗战题材电影中的故事情节以及音乐曲调和歌曲在人民群众中口耳相传、广为流行，成为新中国“十七年”期间一首首震撼动听的新乐章。

2015 年正值中国人民抗日战争暨世界反法西斯战争胜利 70 周年，2016 年更欣逢纪念中国共产党成立 95 周年和纪念红军长征胜利 80 周年。回顾新中国“十七年”间系列抗战题材电影，这些都对当下的重大革命和历史题材文艺创作具有重要借鉴意义。作为电影的重要组成部分和艺术创意元素的“声音”，应该传承我国早期抗战题材电影的优势传统，以生动活泼、沁人肺腑的优美音乐旋律和平实的生活语言来影响和激励广大电影观众，同时发挥当今音响设计的技术优势，力求向观众呈现最佳的声音艺术效果，在和平年代发挥再现历史瞬间的重要功能，表达对反人类非人性战争的重要反思，传递和寄托和平友爱的坚定信念。

情感的符号

——电影艺术作品中音乐创作观念的探析

姜　燕

内容提要： 在电影的创作中，用音乐进行情感表达是较为有效的方法。原因在于音乐属于情态艺术，它的主要功能在于它强于表现人类精神层面的内容，因此极易直接表现人的情感、情绪状态和内心趋向，并向我们展示着心灵深处或者灵魂深处的运动。在电影中我们可以设计符合作品需求的音乐形象来表现独特的情绪和情感。当然，由于音乐形象呈现给观众的时候，也会因为音乐形象的不确定性而引起观众不同的理解，从而产生情感体验的差异。因此电影中音乐的情感不仅是文学原著或剧本中人物的情感，也是音乐创作者的情感，同时也是观众的情感。

关键词： 电影　音乐　创作观念　情感　符号

音乐以声音作为物质材料基础，是声波的一种特殊形式。音乐可表现现实世界的物质对象，并传达人类内心的情感及对现实的认识，是人类社会生活的反映、充满情感与意志的表达，能够传递社会信息、交流情感体验。它是在时间中展现，在空间中存在，通过人类的听觉器官引起各种情绪反应和情感体验的艺术门类。如果音乐仅仅是作为欣赏对象的话，它可以止步于“听”的过程，而这个过程也仅仅停留在音乐是否会使听者愉悦或忧伤，是一种心理上的感受而已。但是，如果能够深入到对音乐结构以及精神层面分析，将会发现蕴藏在音乐中的一些新的含义与意义，包括社会因素、作曲家的情感因素与性格特点、人文风貌与风俗习惯，甚至历史发展的轨迹等。当音乐进入电影艺术作品中，音乐则与影像内容及主题密切相关，人们通常会根据画面的内容来感受音乐并产生相对明确和具体的感受与理解。在电影中，音乐所具有的价值绝不仅仅局限在与画面配合这样简单的功能。它更强于表现人类精神层面的内容，极易直接表现人的情感、情绪状态和内心趋向，并向我们展示心灵深处或者灵魂深处的运动。因此，在电影创作中应该擅于将音乐的内容与形式同电影艺术作品更好地结合，从而传递给观众某种独特的视听体验和心理感受。

一、音乐将抽象的情感转变为可感受的符号形式

音乐是一种抽象的、主观的、最具感染力和强烈情绪色彩的听觉元素，它是用音乐语言、通过音乐形象来表现一种模仿性，也能够表现一种象征性，通过一种宽泛的想象外延来抒写心意、表达情感。杰·戈德史密斯在其《用音乐来强调和提高电影的情感》一文中指出，音乐是浪漫型艺术形式之一，浪漫型艺术的显著特点之一就是把自我抬到很高的地位，特别突出艺术的主体性、主观性。他认为这种主观性由于沉没到自己的内心世界，所以就和外在客观世界对立起来。“这种沉醉于自我的感性形象世界对于电影制作者来说，就有了用音乐提升电影的情感之说。”①而这种以“神似”见长，重在“写意”的音乐特质，成为了电影艺术作品表现情感的重要方式之一。

音乐在电影中用来表达情绪和情感的时候，有两个方面的内容：既能够在电影艺术作品中表现抽象的意义进而表达情绪和情感，也能够引导观众获得某种创作者预期要达到的情绪和情感体验。在电影创作中，音乐的情绪情感表达有着别样的需求，原因在于，当音乐进入到电影作品中之后，它必须要与电影的多种元素相互协调各种复杂或微妙的关系，比如与作品主题、人物形象、人物情感、镜头运动、道德伦理评判，甚至与有声语言以及音响等进行协调，以达成最佳的匹配关系。

在电影的创作中，用音乐进行情感表达是较为有效的方法。这是因为音乐属于情态艺术，它的主要功能在于“表现情感”，在于它主要表现人类精神

---

① ［美］杰·戈德史密斯著，张学采译：《用音乐来强调和提高电影的情感》，《世界电影》，1986 年 1 期。

层面的内容，因此极易直接表现人的情感、情绪状态和内心趋向，表现生活中不可见而只可体验的东西——情感，并向我们展示着心灵深处或者灵魂深处的运动。在电影中，我们可以设计符合作品需求的音乐形象来表现独特的情绪和情感。当然，由于音乐形象呈现给观众的时候，也会因为音乐形象的不确定性而引起观众不同的理解，从而产生情感体验的差异。因此，电影中音乐的情感，不仅是文学原著或剧本中人物的情感，也是音乐创作者的情感，同时也是观众的情感。

电影音乐很擅长揭示人物的内心世界，表达银幕上无法直观表现的人物的复杂的内心情感。电影借助音乐的主要目的，用音乐加强影片的感情色彩，从而促成整部影片与观众情感的契合。以王家卫导演的《花样年华》为例，音乐便成为了男主人公周慕云和女主人公苏丽珍之间的情感、情绪状态和内心趋向的点睛之笔。首先，美国已故爵士歌手耐特·金·科尔的《你说你爱我》《那双绿色的眼睛》《也许、也许、也许》等歌曲都在关键的情节点上成为推动叙事——如二人多次在餐厅中“调查”自己的丈夫或妻子的穿戴变化、饮食变化、出差次数的变化等的重要元素之一；以及二人因这频繁的接触而逐渐产生的情感等，都在音乐中得到了某种暗示。其次，由于影片中的两位主人公在情感的表达上非常含蓄和内敛，因此导演巧妙地用这三首歌曲准确地向观众们交代了两个人在情感发展的不同阶段的内心世界——《那双绿色的眼睛》唱出了大家由相识到相知再到相爱的甜蜜，《你说你爱我》则唱出了两位主人公内心的犹豫和彷徨，反复出现的《也许、也许、也许》则吻合了两位心里由始自终的矛盾和挣扎。这几首西班牙语歌曲与主题音乐相互交错，成为了主人公感情以及故事情节发展所必不可少的一个重要因素。爵士歌手耐特·金·科尔的歌曲，是20世纪60年代初期的香港电台经常播的音乐，并且由于“香港六十年代的乐师们百分之九十都是菲律宾乐师，他们深受西班牙文化影响，因此导演选择耐特·金·科尔的西班牙歌曲不仅用来推动叙事，还用来‘衬显那个年代’”①。

而陈凯歌导演的影片《和你在一起》中，有一段较长的音乐蒙太奇段落——小春的爸爸刘成到饭店去打工，一队骑着自行车的打工者准备出发送外卖，画面在刘成辛苦奔波和小春按照音乐老师“不要动琴，要用心去体会音乐”的要求下用眼睛盯住琴谱并用心读乐谱之间不断切换。而音乐则先后快速

① 蓝祖蔚：《声与影：与20位作曲家谈华语电影音乐创作》，台北：麦田出版社，2002年，第234页。

地切换到了西贝柳斯的《小提琴协奏曲》第三乐章、拉洛的《西班牙交响曲》快板乐章、勃拉姆斯的《小提琴协奏曲》第三乐章、《吉普赛之歌》的急板，然后回到勃拉姆斯的《小提琴协奏曲》第三乐章、圣-桑的《引子与回旋》、维尼亚夫斯基《第二小提琴协奏曲》第三乐章，最后再回到圣-桑的《引子与回旋》。音乐和画面的融合，不仅令观众对小春的不断成长感到欣慰，更令观众深深感受到了对时光消逝的无奈和叹息以及对父亲奔忙、付出的怜惜。

美国符号学美学家苏珊·朗格更清楚地告诉我们："一件艺术品，经常是情感的自发的表现，即艺术家内心状况的征兆。如果它再现的是人，那么它或许就是某种面部表现的复制，示意着这些人应该有的情感。也可以说它表现着情感赖以发生的社会生活，即表明了人们的习俗、衣着、行为，反映了社会的混乱与秩序、暴力与和平。"①而"我们叫作'音乐'的音调结构，与人类的情感形式——增强与减弱，流动与休止，冲突与解决，以及加速、抑制、极度兴奋、平缓和微妙的激发，梦的消失等等形式——在逻辑上有着惊人的一致……音乐是情感生活的音调摹写。"②为此，《情感与形式》的译者刘大基指出："艺术是人类情感符号的创造"③，"准确地讲：艺术是人类情感呈现出来供人欣赏，把人类情感转变为可见或可听的形式的一种符号手段。"④

当然，电影音乐的特性与其他听觉元素一样，首先是物理的。它是由作曲家在研读剧本并深入生活的基础上进行构思并将乐音、非乐音、人声、非人声包括电子合成音，按一定的序列以及技巧组织在一起，完成第一度创作。其次是情感的，由演奏家、歌唱家、指挥家、录音师的多重合作完成第二度创作，然后再被纳入到视听构成中，并融入电影观念之中。综上所述，音乐表现着生活中不可见而只可体验的东西，即"情感"，并向我们展示着心灵深处或者灵魂深处的运动。正如苏珊·朗格所指出："音乐的作用不是情感刺激，而是情感表现；不是主宰着作曲家情感的征兆表现，而是他所理解的感觉形式的符号性表现。它表现着作曲家的情感想象而不是他自身的情感状态，

---

① [美]苏珊·朗格著，刘大基等译：《情感与形式》，北京：中国社会科学出版社，1986年，第35页。

② [美]苏珊·朗格著，刘大基等译：《情感与形式》，北京：中国社会科学出版社，1986年，第36页。

③ [美]苏珊·朗格著，刘大基等译：《情感与形式》，北京：中国社会科学出版社，1986年，第2页。

④ [美]苏珊·朗格著，刘大基等译：《情感与形式》，北京：中国社会科学出版社，1986年，第8页。

表现着他对于所谓'内在生命'的理解，这些可能超越他个人的范围，因为音乐对于他来说是一种符号形式，通过音乐，他可以了解并表现人类的情感概念。"①

二、音乐引导观众获得预期的情绪和情感体验

人们在观看电影或电影艺术作品的时候，"观众必须和虚构融为一体；他们必须让自己被'织进'电影"②或电影作品中，而音乐是对此最有帮助的声音元素，因为它移除了"观众的意识藩篱"，而使观众恰如其分地与各种场景相结合，音乐"把观众和场景包裹进一个协调的空间"③，"(电影)音乐就像一位催眠师：它放松了观众对潜意识的抑制——'如果它有效，它会让我们少一点儿挑剔，而更易于进入梦幻'。"④同时，音乐让观众与电影虚构的故事空间、故事情节融为一体，它"邀请观众去相信、专心、注视、识别、消费"⑤。

为什么音乐有这样的引导功能呢？因为利用音乐能够影响人类在身体感知、精神感受和情绪表达等方面的感受。比如，"狂热的爵士乐会使你的肾上腺素'喷薄而出'，冷静的爵士乐可以使你的心情放松下来。"⑥而观众却不自知。所以，在影视作品中我们可以利用音乐不同类型的特征引导观众从一种情绪、状态或者情感方式中转换到另一种完全不同的状态中，或者另外一种完全不同的心理感受状态。这说明，利用音乐能够对人体感知及生理变化产生影响。因此，我们在影视作品中可以利用音乐来表达隐喻的、具有内涵的内容，同时音乐被观众聆听并作用到观众的身体上的时候，音乐反过来也可以控制观众的情绪、情感以及对场景的感知能力。

---

① [美]苏珊·朗格著，刘大基等译：《情感与形式》，北京：中国社会科学出版社，1986年，第38页。

② [挪威]彼得·拉森著，聂新兰、王文斌译：《电影音乐》，济南：山东画报出版社，2009年，第190页。

③ [挪威]彼得·拉森著，聂新兰、王文斌译：《电影音乐》，济南：山东画报出版社，2009年，第190页。

④ [挪威]彼得·拉森著，聂新兰、王文斌译：《电影音乐》，济南：山东画报出版社，2009年，第191页。

⑤ [挪威]彼得·拉森著，聂新兰、王文斌译：《电影音乐》，济南：山东画报出版社，2009年，第191页。

⑥ [美]David Sonnenschein著，王旭峰译：《声音设计：电影中语言、音乐和音响的表现力》，杭州：浙江大学出版社，2007年，第95页。

例如，电影《花样年华》中不仅把一段不断重复的弦乐主题曲和几首插曲以及戏曲唱段与整部影片的怀旧主题完美结合，并且有效地利用音乐、音响、语言等声音元素为影片的叙事、造型、情感表征努力着。那首曾经九次出现的弦乐音乐主题与画面结合在一起总是弥漫着一种淡淡的忧伤，为影片的时空塑造、人物塑造、风格的塑造以及影片主题的表达、情感的传达带来了原动力。它“取材于日本铃木清顺导演的《梦二》的电影音乐《Yumeji's Theme》，出自日本音乐家梅林茂之手”①。伴随着男女主角周慕云和苏丽珍的相遇，这首主题乐曲与主人公擦肩而过时慢镜头处理的画面完美结合，并反复出现，形成强烈的视听对比，也暗示着那样一个特定年代中的美好爱情与世俗观念之间的矛盾与冲突。例如，主题音乐第一次出现时，是苏丽珍夫妇及周慕云夫妇先后搬进同一处上海人聚居的公寓成了邻居。在来自上海的女房东家的客厅打麻将时，伴随着画面上通过升格处理的主要人物的擦肩而过，画面中抹消了其他的声音元素，只留下这跳跃着的华尔兹主题旋律，展示给观众一片温馨浪漫的氛围，也传达了那两对夫妻间的恩爱——周慕云的娇妻划过画面，亲切可人；苏丽珍则偎依在她丈夫的身旁，温馨、浪漫。主题音乐第二次出现时，是周慕云夫妇闹别扭之后，妻子离家出走一夜未归的时候。在音乐中分别展示了两个主人公的寂寥画面——苏丽珍由于丈夫出国工作而独自一人在面摊上买面条的慢镜头画面；周慕云由于妻子离家出走而一个人在面摊上慢慢咀嚼的慢镜头画面。二人虽未直接碰面，但音乐似乎使他们的命运联系在了一起。于是这段音乐将近尾声时两人在楼梯口第一次相遇，周慕云的一句“这么巧”暗含了许多言外之意。当然，这段主题旋律不断适时地回旋在不同的场景和故事的演进中，有效地将观众和虚构的故事融为一体，音乐有效地帮助观众“让自己被‘织进’电影”②，而使观众恰如其分地与各种场景相结合，音乐“把观众和场景包裹进一个协调的空间”③，成为影片中情感的符号和叙事的动因。在《花样年华》中，音乐就像一位隐藏着的“引导者”带领观众感受一种迟疑、彷徨、孤独，并在这音乐的带领下将很多“巧”的事情围绕着

① 蓝祖蔚：《声与影：与20位作曲家谈华语电影音乐创作》，台北：麦田出版社，2002年，第232页。

② ［挪威］彼得·拉森著，聂新兰、王文斌译：《电影音乐》，济南：山东画报出版社，2009年，第190页。

③ ［挪威］彼得·拉森著，聂新兰、王文斌译：《电影音乐》，济南：山东画报出版社，2009年，第190页。

男女主人公的故事渐渐展开。当时过境迁，画面上苏丽珍一个人无聊地在房间里踱步、抽烟、冥想，此时收音机中播放的周璇演唱的《花样的年华》，成为影片的点睛之笔："花样的年华月样的精神，冰雪压不住你，美丽的山花多情的隽松，暖暖的家庭，墓地里这孤岛笼罩着残雾愁雨，残雾愁雨……"音乐响起时，我们不仅被带回了一个久远的年代，并且借着这歌声我们也仿佛听到主人公的心声——花样的年华就在擦肩而过的遗憾与无聊的等待中消逝了。于是，影片中弥漫着的淡淡忧伤再一次在音乐中倾诉给观众——当男主人公在柬埔寨的吴哥窟找了一个地方挖了一个洞，把心底的秘密说给那个洞听并用泥巴把洞堵上的时候，另一首"'Angkor Wat Theme'('吴哥窟'音乐主题)响起"①。这段音乐是以大提琴、电吉他以及低音鼓声为主的沉重的曲调上轻轻漂动着小提琴演奏的主题音乐旋律的变奏，在一种翻滚着的心绪中，把周慕云的内心向观众泄露的一览无余，成为周慕云心底永远的回忆和伤痛，这旋律不仅成为了周慕云的内心独白和情感的符号，也引导着观众的情绪从等待男女主人公重逢的希望中转换到淡淡的失望和忧伤中。

也有一些时候，影片中的人物会因某一事件的骤然变化而引起内心情感的强烈波动，出现突如其来的震惊、愤怒、恐惧等。这时与之配合的音乐往往是突然爆发，而且延续的时间一般都不长：有的是一个短小的乐句，有的是一个音乐动机，有的只是一个不谐和的和弦。例如，在影片《摇啊摇，摇到外婆桥》中，水生半夜里忽然被激烈的枪声惊醒，他循着走廊里的血迹蹑手蹑脚来到洗澡间，打开门，眼前的情景一下子使他惊呆了——里面竟躺着好几具浑身是血的尸体！音乐在水生刚打开门的一刹那，猛然出现一个极不谐和的和弦。这一强烈刺耳的音乐，对银幕上那张大特写的惊恐的脸起着强化和扩大的作用，不仅大大增强了画面的张力，也控制了观众的情绪以及对场景的感知能力，并进而顺利地被带入到某种规定情境中。

而音乐与影像必须处于一种平衡的动态关系之中。比如，抽象的、超现实的主观音乐有时会与影像记录的真实性相抵触，但却恰恰能传达出更深层面的内涵与意义。而现实的、自然的有源音乐与影像之间会产生一种相协调的含义，并且传达出一种真实感。有时候，我们往往用几个小节的音符或者乐句就可以为影片带来不同凡响的效果。实际上，很多优秀的电影艺术作品都擅于有效地将音乐织进电影的构成结构中并转换为叙事或者情感的符号，

① 这段"吴哥窟"音乐主题，是由迈克·格拉索创作的，他曾与王家卫在《重庆森林》中有过良好合作。

同时会将音乐以一种迷人的方式强调并表达影像内容无法传递的情感因素，甚至是隐藏着的视觉因素，进而使得观众的情感体验与作品的情感达到了高度的共鸣，比如，《霸王别姬》《大红灯笼高高挂》《卧虎藏龙》《天堂电影院》《美国往事》《莫扎特传》等众多经典影片，我们在电影的某些场景中听到音乐时会感到压抑、烦闷、躁动、欢愉、高尚、卑劣等不同的情绪和情感。在电影中，音乐的使用可以说是一个隐藏着的“引导者”，它虽然没有向观众做任何说明，但它恰恰又说明了很多内容、表达了很多意义。

三、结语

总之，在电影创作中选择音乐是一个将观众与作品的情感联结起来的有效方法。而这种联结的妙处在于观众在不知不觉中被音乐控制了情绪，从而达到创作者的意图。罗伯特·乔丹做了一个有意思的分析，这个分析是关于人们如何“像使用‘药物’一样运用音乐来提升情绪。我们‘服用’某种音乐来使我们的中枢神经系统到达一种特殊的状态：激烈的摇滚乐像可卡因一样使人狂乱；轻松的音乐类型就像马提尼酒一样，欢乐的超级市场背景音乐就像一杯提神的咖啡；古典音乐的广阔景象就像梦幻的王国。”①

而音乐与影像之间的矛盾则可以通过使二者之间相互融合并产生新的意义来解决。也就是说，我们不能够只把音乐作为影像的附属物，它必须融入电影作品的整体结构中。当然，不论音乐运用何种类型、何种风格，在电影创作中，创作者必须要让观众体验到的是一个完整的、由影像、声音、拍摄角度等元素构成的综合体，而不能凌驾于其他元素之上。因为，真正好的电影音乐应该是听不出来它的符号功能或者引导功能的，正如观众在观看电影艺术作品的时候往往是不能够即刻辨别出摄影角度、光影、色彩等都是经过精心设计的那样。

---

① ［美］David Sonnenschein 著，王旭峰译：《声音设计：电影中语言、音乐和音响的表现力》，杭州：浙江大学出版社，2007 年，第 96 页。

“互联网+”时代中国梦与电影产业教育创新研究

侯　明

内容提要： 我们生活中存在着美，通过电影可以展现美。“互联网+”时代是历经磨难的中国在历史上的和平与繁荣时期，特别是在党的十八大后，文化媒体及视听艺术成为了大众交流获取信息、传播接受美、进行生活学习和娱乐消费的主要途径。在这种环境中，面对日新月异的中国社会和广大观众，特别是在党的十九大后，面对人民日益增长的美好生活需要和不平衡不充分的发展之间的矛盾，如何展现美、如何能创新培养人才实现中国梦就成为了电影产业教育的重要命题。在电影及新技术发展的当下，艺术创作、技术发展、市场推进等方面的创新给予了中国电影产业教育发展新的希望。

关键词： 中国梦　电影产业教育　创新

一、早期中国电影审美、技术与电影产业的发展

自 1905 年《定军山》拍摄制作以来，中国电影已经有 110 多年历史了。在 20 世纪初中国动荡的历史中，电影制作与产业发展、人才教育体系也在坎坷前行逐渐趋于完备。早期电影产业发达的地区主要是北京和上海。特别是上海，中国电影早期重要的名片巨著、名家大师在此荟萃云集，为时代增添了

一缕亮色。1913 年，上海亚细亚影戏公司的张石川和郑正秋拍摄制作了短故事片《难夫难妻》。1921 年，长故事片《阎瑞生》(10 本)、《红粉骷髅》(14 本)、《海誓》(6 本)的诞生标志着中国电影创作和市场的形成。

早在《定军山》拍摄之前的 1896 年 8 月，"西洋影戏"就于上海徐园进行了公开。幻灯作为电影的过渡形式，在技术细节等内容方面，此一时间大众并不能区分辨别两者的不同。当年 6 月的《新闻报》刊登广告宣传"西洋影戏"，《申报》也进行了广告宣传。到 1897 年，在上海，《游戏报》《字林西报》《新闻报》介绍了影戏和电影的区别。同年 5 月 15 日《字林西报》刊登将于 5 月 22 日在上海外白渡桥北岸的礼查饭店(今浦江饭店)举行电影放映。这些存留的报纸杂志内容从侧面说明了当时上海科技与文化在国际交流中的情形与社会经济文化的活跃。电影一诞生就成为大众娱乐的重要载体，电影技术的不断发展与作品的不断丰富伴随着市场的需求，进而出现了电影产业的萌芽。

1920 年至 1922 年，陆洁、顾肯夫两人一起先后举办了杂志《影戏杂志》和《影戏半月刊》，并且在杂志中多次介绍了电影制作技术及技术创新对电影表现的影响，初步开启了电影美学价值的探讨。1928 年，《电影月报》杂志刊载了多篇文章介绍及说明有声电影的特点和本质，例如，洪深翻译的苏联电影艺术家爱森斯坦和普多夫金等联合发表的《关于有声电影的宣言》。1930 年，《影戏生活》杂志中汤笔花说明了有声电影广告和有声电影的影响。1930 年，由夏衍主办的《艺术月刊》杂志中展开过有声电影大讨论。1931 年的《影戏生活》杂志刊登了芙瑶的文章《有声电影为综合艺术之最完美者》，作者认为画面是空间的艺术，声音是时间的艺术，有声电影集空间艺术与时间艺术于一身，因此是综合艺术的最完美者。首开视听艺术、时空艺术的论断。1933 年，《申报》中出现了"天一"公司与"明星"公司在电影制作技术层面互相挖对方人才的广告。

明星公司和百代唱片公司于 1931 年首先推出了蜡盘发声的有声电影《歌女红牡丹》，电影获得的利润 10 倍于投资，电影在技术及美学体验上大获成功，也获得巨大的市场赞誉，一举奠定了有声电影在观众心中的美学地位。因为蜡盘发声的局限性在当年即被随之而来的技术创新所摒弃，声音制作更是升级到片上发声模式。

1931 年，华光影片公司制作了片上发声电影《雨过天青》。制片方出于规避科技专利和对公映后市场投资回报率的考量，决定采用了日本的技术设备和人员班底，并且在日本拍摄制作完成，于 1931 年 6 月 3 日在上海虹口大戏院试映。不久之后爆发的“九一八”事变使得影片立即遭到国人的抵制，虽然导演夏赤凤发声辩护艺术是不分国界的，但是依然无法平息国难当头怒不可遏的观众的抗议，商业上惨遭败绩。通过电影《雨过天青》的技术成功和市场失败，使得电影人应该明确电影的价值意义不仅仅是技术层面和商业上的利益，更应该注意国家利益和民族感情，不能击碎中国民众的梦想，创作者一意孤行而伤及政治大义则不能弥合美学感受上的失败。同年天一影片公司制作的片上发声电影《歌场春色》花费巨资全部引入美国技术和人员设备，导演李萍倩在中国本土拍摄制作。10 月，《歌场春色》在新光大戏院首映。

明星电影公司面对有声片《歌女红牡丹》商业上的巨大成功，在 1931 年决心倾囊巨资投入有声电影的技术更新与影片创作，这次有声电影大冒险伴随战争来临的惶恐和产业教育人员的欠缺而血本无归，明星电影公司为此几乎断送掉了自身，又退回到无声电影的创作以弥补失血。

电影公司外聘技师及争抢留学归国人才终究不能满足日益发展的电影产业需要，系统的培养人才则成为了必然。电影公司依靠师傅带徒弟的模式虽然培养的人才业务精湛，但是培养期与人才输送机制并不完整、科学，电影产业需要教育的普及发展，甚至是高等教育的支持才能满足观众对文艺的需要。

从今天的视野和角度重新审视中国电影的历史，不仅仅是电影作品的历史，同时包含着电影美学及理论思想发展的认知过程；包含着电影技术不断演变的探索历程；包含着电影市场的不断壮大的进程；包含着电影人奋进刻苦努力前行的旅程。

二、中国电影产业教育培养模式及改革

回溯中国电影的缘起及特色，不仅仅是对中国电影历史的重新审视，更重要的是发现其中所蕴含的普遍规律，为新时期特别是当下“互联网＋”时代中国电影的创新厘清脉络关系。

在战乱频仍的时期，中国电影激发了中华民族意识的觉醒，左翼电影运动承载着民众救亡中国的梦想，电影产业将电影教育的功能发挥到极致，电影创作与时代同呼吸共命运。1935 年上海电通影片公司制作的电影《风云儿女》由许幸之执导，田汉、夏衍编剧，袁牧之、王人美、谈瑛等人主演。影片讲述了在抗战时期，只顾享乐的诗人辛白华最终因为挚友梁质夫的牺牲而投入抗战的故事。由聂耳作曲、田汉作词为电影谱写了插曲《义勇军进行曲》，

聂耳作曲、许幸之作词谱写了另一首插曲《铁蹄下的歌女》。电影通过声音与画面的结合，有力地传达了时代所赋予电影歌曲的伟大历史意义，给予观众爱国主义信念和精神支持。《义勇军进行曲》在美学功能上潜移默化地影响促成了民族共命运感受的形成，成为被侵略被压迫的中华民族奋斗的战歌而流传至今，以至于作为国歌代表了中国的形象，诉说着不同时代中国人对屈辱历史的警醒和对中国富强兴旺的希望、对新时期中国梦实现的期待。

《风云儿女》是一部有声电影，在这部电影出现之前8年，声音技术的发展引发了全世界电影表现形态的第一次巨大变革，也就是自无声电影时代过渡到有声电影时代。电影自诞生之日起就是带有当时高科技特征的媒体，物理学范畴的光学技术、机械技术、电子技术，化学范畴的感光材料科技都只有美、德、法、意等少数西方国家具备，作为舶来品的电影也必然要向西方国家学习科学技术和创作工艺。有声电影科技包括电影图像技术(image technology)中的摄影(photography)、洗印(film processing)、放映(projection)和电影声音技术(film sound technology)中的录音(sound recording)。张石川和郑正秋不仅作为编剧导演参加电影创作，更是在电影技术上注重国外发展的动向，在产业中努力推进设备国产化和产业教育技术人才本土化。早期电影技术开拓传播者同时也是电影产业教育先驱，罗明佑、黎民伟和邵氏四兄弟都为此做出了贡献。学习国外教育机制，培养锻炼了电影摄影师罗永祥、董克毅、吴蔚云以及电影声音技师颜鹤鸣、潘武鼎、石世磬、张季言、竺清贤。

1934年2月，孙明经进入了金陵大学潘澄侯领导的教育电影部任摄影师。在1935年秋，孙明经成为金陵大学理学院教育电影部研究员。自此，中国电影产业教育系统逐步进入发展时期。在中国共产党领导的延安电影团摄制了《延安与八路军》影片后，团长袁牧之奉党中央的指派于1940年夏天携带该片的全部底片赴苏联莫斯科进行后期制作。袁牧之在苏联期间参观了莫斯科全苏国立电影学院，之后深受启发产生了中国也要为发展人民电影事业办一所"中国自己的电影大学"的强烈愿望。东北电影制片厂从1947年年初开始，先后开办了4期电影干部培训班，为建设红色电影产业教育培养了520余名干部。这些干部在新中国电影事业中做出了重要的贡献。

1949年后，周扬、夏衍以及袁牧之、陈波儿等人感到中国急需培养电影专业人才。在陈波儿的领导下，谢铁骊、巴鸿、王赓尧等经过筹划，并经文化部、中宣部和周恩来总理同意，于1950年6月创建了中央文化部电影局表演艺术研究所(简称表演艺术研究所)，也就是今日北京电影学院的前身。

1950年9月14日举行了隆重的首次新生开学典礼，标志着新中国电影事业摇篮的建成。

1952年，全国高等院校院系调整，以孙明经教授为首的南京金陵大学电影播音专修科、以陈汀声教授为首的苏南文化教育学院电化教育专修科、以钱家骏、范敬祥教授为首的苏州美术专科学校动画专修科的师生连同三校的教学设备，赴京组成北京电影学校。1956年6月1日，国务院批准北京电影学校改制为北京电影学院，依据苏联模式专业学科分类建设了电影导演系、电影演员系、电影摄影系和放映师范专修科。当年参加了全国统一招生，三个本科系招收了86名学生，开创了新中国电影产业教育人才培养的第一批本科大学生。

“文革”后，北京电影学院于1978年进行了本科专业全国招生，录取的一大批学生毕业后作为“第五代”电影人成为20世纪80年代后期到21世纪初期中国电影创作、技术、理论及产业、教育的中坚力量，电影美术、录音、文学、管理各专业自成一系的艺术类电影专业完整的高校影视教育培养模式初步建成。进入21世纪后，中央戏剧学院、中国传媒大学等传媒领域著名院校也相继成立影视专业学院科系，全国影视专业高校进一步开展了电影专业的硕士和博士培养和博士后流动工作站工作，从专、本、硕、博不同层面进行全方位的电影产业教育。

电影产业教育的改革不仅在学历学位层面，艺术类专业院校之外的传媒类院校、师范类院校、综合大学甚至理工类高校也纷纷进入教育改革领域，转型进行“互联网＋”时代高科技电影及传媒产业人才的培养教育，以适应不断发展壮大的中国电影产业和市场需求。国际化交流逐步带动了电影教育体系的改革，欧洲、美国高校的教育模式也逐渐推广进入到国内。电影产业教育的普及发展和电影学科的纵横扩展逐步带动了电影及视听媒体，如VR、美术、音乐、造型等与新媒体的结合，中国高等教育在传媒领域学科开展了产、学、研融合的人才培养创新。

三、中国电影产业教育在“互联网＋”时代中国梦的呈现

2012年11月，于扬在易观第五届移动互联网博览会上的发言最早提出“互联网＋”的理念。2012年，习近平主席提出“中国梦”和“实现中华民族伟大复兴”目标，中国梦作为当下中国社会一种理想和政治设计，同时也为中国电影未来的多元化发展和不断提升提供了坐标和方向。2013年9月，“一带一

路”建设进一步推进了中国文化产业与世界的交流，中国电影产业迎来大发展的时机。2014 年后全国电影票房屡创新高，2016 年电影《美人鱼》票房达到 33.9 亿元，2017 年电影《战狼 2》票房达到 56.83 亿元。在中国不仅能看到例如《泰囧》等在海外拍摄的作品，也能看到《变形金刚》等与海外合作拍摄的作品，也出现了在海外投资而广受欢迎的作品，例如电影《狂怒》。电影产业全球化交流日渐深入，电影在艺术、美学、思想、技术、市场层面都获得了空前的飞跃。

在党的十八大后，习近平主席于 2014 年在全国文艺工作座谈会上的讲话指出，“实现中华民族伟大复兴需要中华文化繁荣兴盛”。为此电影责无旁贷要服务于时代，努力呈现出中国梦的美好前景。“历史和现实都表明，人类文明是由世界各国各民族共同创造的。我出访所到之处，最陶醉的是各国各民族人民创造的文明成果。”因此电影产业要善于因势利导，博采众长。汲取全世界优秀文化思想和先进科技，丰富中国电影美学、拓宽中国电影创作及完善中国电影市场的重要环节。习近平主席于 2016 年在中国文联十大、中国作协九大开幕式上的讲话进一步指出，“与时俱进、自强不息，是中华民族的鲜明禀赋，也是我国文艺不断繁荣发展的强大动力。我国文艺不仅要有体量的增长，更要创造质量的标杆。”在党的十八大以来，文化媒体及视听艺术成为了大众交流获取信息、传播接受美、进行生活学习和娱乐消费的主要途径。中国电影产业已经比较深入地融入了世界范围，产生了好的作品，同时也出现了一批国际化的创作团队，在美剧、好莱坞电影的制作中不断崭露头角，这说明中国电影产业教育完全具备世界一流的人才输送机制。2017 年，在党的十九大报告中，习近平主席提出，“从现在到二〇二〇年，是全面建成小康社会决胜期。坚定实施科教兴国战略、人才强国战略、创新驱动发展战略。”在这种环境中，面对日新月异的中国社会和广大观众，特别是面对人民日益增长的美好生活需要和不平衡不充分的发展之间的矛盾，如何展现美、如何能创新培养人才、实现中国梦就成为了电影产业教育的重要命题。

2014 年 11 月，李克强出席首届世界互联网大会时指出，互联网是大众创业、万众创新的新工具。2015 年 3 月马化腾提交了《关于以“互联网+”为驱动，推进我国经济社会创新发展的建议》的议案，表达了对经济社会创新的建议和看法。十二届全国人大三次会议上，李克强总理在政府工作报告中首次提出“互联网+”行动计划。

电影作为一种社会文化及其意识形态表达的艺术形式之一，它与中国梦的联系是非常丰富的，充满多重想象的空间。在电影及新技术发展的当下，艺术创作、技术发展、市场推进等方面的创新给予了中国电影产业教育如何发展进而呈现中国梦的新希望。

媒体报道 2016 年报考北京电影学院的考生达 30400 人，同比增长达 23.4%。其中本科报考达 29207 人，同比增长 21.9%。从录取比例来看，北京电影学院文学系报考与录取比例不到 1%，由于招生人数的天然局限，使得竞争过于激烈导致很多杰出的学生被拒之门外。

2014 年 6 月 15 日，上海大学与温哥华电影学院合办高校上海温哥华电影学院宣告成立。国内高校与国外知名影视高校在中国联合办学屡见不鲜，这种机制可以有效地节省本科阶段学习时间，在较短的学制内完成中外专业教师共同推进的各类课程，上海温哥华电影学院的学生同时还有机会到国外实习，丰富阅历、锻炼能力，寻找更适合自身的专业发展出路。例如，继续在国外读研、读博和就业工作，并且可以掌握国外的第一手产业信息。这种中外合作办学在教育领域成功地实现了灵活引进人才、创新借力打力，能够更快地发展国内大学自身学科，完善电影产业教育体系。

自改革开放后，留学走出国门已经变为可能，早期基本上都是本科毕业生赴国外攻读研究生，然而如今却有更多的选择。高考状元被国外名校挖走的新闻报道屡见不鲜，甚至初高中生就开始就读国际学校。当下学生可以在高中阶段赴国外攻读著名的电影院校，国外院校可以聘请中国最优秀的师资保证资源的合理配备。利用国外高校灵活的办学机制、环境和硬件优势，加上国内教师重点的提携，可以更加有效地完成高质量的人才培养。2015 年，习近平主席访问新加坡，就两国人才交流与文化合作签订了《文化合作谅解备忘录》，新加坡中国文化中心在中国成立，这为中国与新加坡传媒教育合作提供了有力的保障。新加坡亚视传媒艺术学院敏锐地看到了中国国内艺考人才因为资源的限制和考程的不利而错失机遇的根本问题，聘请国内外著名的电影学科专家教授及产业一线实践经验丰富的“双师型”专职教师对报考该校的学生进行小班定制教学，在学分制与短期实训制相结合的教学体系下，可以在不断提升学生能力的情况下增加学生在英联邦高校乃至“互联网＋”时代全球化产业链内的竞争能力。因此，中国与新加坡传媒艺术学院的这种合作，不仅仅会产生巨大经济潜力，也有较好的社会效应，同时也是对国内电影产业教育机制的创新的鞭策。

中央候补委员、上海大学书记兼校长金东寒院士于党的十九大期间在央视发言谈到，“满足人民日益增长的对于优质高等教育期望，是当今中国大学的历史责任和使命担当，正如十九大报告所说，我们要加快一流大学、一流学科的建设，实现高等教育内涵式发展。一流大学一定要把一流人才的培养放在核心位置，不仅要传授知识，更要价值塑造、能力培养和知识传授三位一体。”

中国电影产业教育创新之路任重道远，在“互联网＋”时代电影不仅需要在 VR 发展的当下在技术上弯道超车，还要做市场开拓和产业领域与内容创新的发动机。2017 年贾樟柯以一己之力举办首届平遥电影节，丰富了中外电影文化交流，本土电影产业有机会在资本、技术、人才、故事、发行等全球市场更多地展现中国的形象和实力。电影产业教育领域不拘一格、互通互惠、大胆创新，上海温哥华电影学院、新加坡亚视传媒艺术学院这类高校的教育体制将成为中国教育发展的借鉴目标，它们的经验可以有力地促进中国电影与传媒领域专业人才培养学科的改革。不同环境中培养的产业人才能够更快更多地参与产业创新实践，可以表现与众不同的艺术内涵，通过加深交流会进一步丰富当代视听新的审美体验，在人类共同的审美与感受发展延伸推进的进程中，中国电影产业可以更快地实现中国梦在世界的展现。

识微见远：从舞蹈赏析到舞蹈批评

金　浩

内容提要：微时代，即以微博等形式作为传播媒介代表，以短小精练、“碎片化”的信息整合作为文化传播特征的时代。简约、快速、犀利、生动，这就是微博的魅力所在。微舞评是以鉴赏为表；以学术透视为里；以推展传播为目；以文化启示为纲。记录着聚焦中的舞蹈人物与事件，包括与舞蹈相关的寄语、观感、心得和札记等，试以开阔的学术视野，直面当下的舞人舞作。

关键词：舞蹈赏析　舞蹈批评

微时代，即以微博等形式作为传播媒介代表，以短小精练、“碎片化”的信息整合作为文化传播特征的时代。微博的流行，促进阅读进入“微时代”，人们在身体力行地写微博、读微博之后，恍然发现真是“船小好调头”，原来传播交流信息乃至进行情感沟通，仅仅通过百余字就完全可以实现。简约、快速、犀利、生动，这就是微博的魅力所在。

网友谑称孔子才是微博开创者，《论语》就是最早的微博集。考证如下：其一，言简意赅，寓意深刻；其二，较为碎片化，多为孔子晒心情、探讨哲理；其三，互动性强，经常与子贡、颜回、子路等进行回复和交流；其四，孔子拥有3000多粉丝，其中72人为加“V”认证的。我看后不觉莞尔，但事实却印证了以微博为代表的自媒体的出现全然推动着

"微时代"的到来。从网络文化的流变来看，它也经历了一个从加法到减法的沿革过程，长篇大论的时代正悄然褪色，有兴趣的人可以深入阅读，但"草根"们如今更需要惜字如金，撙节用度地表达清晰自己的想法。伴随着新媒体影响力的不断增强，公共载体的网络生存度明显加深，微博的这种"碎片化"正在改变传统媒体的形态，它形如一条带有敏锐嗅觉的新闻导语，正在被越来越多的人接纳，并汇聚成一股强大的新生力量。

我开始"发微"恰在 2012 这个特殊的年份，以实名和笔名相连的新浪个人认证奏响了属于自己的江湖弦歌，我相信这一年我们的星球绝不会消弭，反而会在微时代中愈发显得澎湃。那神秘的玛雅预言，其实质也可能是人类在精神与意识方面的觉醒及转变！

舞蹈赏析，是人们在观看舞蹈表演时所激发的审美上的感思，它是通过舞者的肢体语言恰切传释的身体符号与信息，从而达到艺术上的共鸣。艺术家通过舞蹈作品将内在的精神跃动，化为外在的有形姿容，这是将个体的生命思想经由积淀与升华转化为舞蹈形式的结果。同时，舞蹈现象与舞蹈作品如同一个反映时代变化的晴雨表，敏锐地昭示着与之维系在一起的整个社会历史观和民族自然观。因此，诸多的舞蹈作品挂上了现当代的标签，或运用超现实的舞技，或运用声光电的手段，一度刺激着审美大众的感官。西方现代释义论美学则认为，审美的过程也是人对于自身发现的过程，这种过程满足了人希望了解自己的精神需求，而舞蹈具有的丰富内涵，恰能将视觉的刺激转化为精神的思考和态度。因而，不尽相同的艺术修养、人生阅历、兴趣爱好的观众对于欣赏舞蹈的收获各抒己见，有人说"看不大懂""欣赏不了"，也有人说"我在舞蹈里面看到了自己"，这恰恰都是观众从舞蹈的动作、造型、韵味、风格及技巧到作品的意蕴各个方面展开的自我的审美体验和理性分析。随着时代的发展变迁和大众鉴赏力的不断提升，观众渐渐对现实中的舞蹈作品感到不满足，总希望出现更高要求的审美期待。不置可否，现实的一些舞蹈作品尚显苍白或留有一定的改进空间，这个问题一再引起专业舞者们的关注。

放眼当下的中国舞蹈界貌似形成了一个繁荣景象，但事实上"舞蹈批评"还远未臻完善。笔者以为，这里深层次的原因不止于舞蹈本身，而在理念。我们这样一个有过长期农耕文明的民族也同样存在着过长的思想禁锢隐忧，甚至由于中国的舞蹈人受到太多的束缚，以至于文化视野不够开阔或只沉溺于小众欣赏的旨趣之中，即所谓"此中有真意，欲辩已妄言"。尽管作品非常含蓄、耐人寻味，但毕竟铺展不开，缺乏复杂多变的作品结构与深刻的思想，还只停留在情绪性的表现层面。“批评不自由，则赞美无意义”，吾侪呼唤真诚、善意、锐利的舞蹈批评的存在，去纾解和展示你的真想实感。

对于舞蹈行业中的一些热点问题的探讨，常常只是阈限于期刊、报纸中对热点现象进行研究的文章，读者也基本是舞蹈艺术行业的从业者或研究者。但是事实上，随着目前我国的舞蹈文化产业的不断发展，艺术问题探讨的受众群正在不断壮大，同时，自媒体的蓬勃发展也促使着专业性的评论向公众平台上转化。在社会和文化转型的双重时代背景下，舞蹈界必然会面临着一些创作实践观念上的冲击或理论研究思维上的躁动。这些冲击和躁动直接造成了种种热点问题的产生，比如在大众文化的背景下，舞蹈艺术是否要摒弃精英、走向通俗？这种通俗是否会导致庸俗？及时对这些问题进行澄清、论证、辨别、梳理和分析将会对中国舞蹈朝着正确的方向发展起到积极的引导作用。

高校舞蹈美育"讲台—舞台—平台"模式思考

许　晶　刘伟东

内容提要： 文章从强国复兴、以人民为中心、立德树人三方面指出了美育的新时代价值。继而探讨了改进高校美育工作所应遵循的理论基础，分析了"讲台（课堂教学）—舞台（校园文化活动）—平台（社会资源共享）"之间协同发展的必要性和可行性，提出了"普及人人、惠及人人"的旨在扩大美育受众面和美育渗透教育全过程的高校美育工作理念。在此基础上坚持问题导向，以舞蹈美育为视角，重点厘清了三个平台各自的定位、任务和有效做法，最后从政治高度对实践探索进行提升，回答了"讲台—舞台—平台"育人模式核心，即美育为谁培养人，怎样培养人的问题。

关键词： 美育　协同发展　普惠原则　教学案例

一、美育的新时代价值

习近平总书记对中华民族伟大复兴、以人民为中心和立德树人做出了充分阐释。国家层面，规划了 21 世纪中叶要建成富强民主文明和谐美丽的社会主义现代化强国；以人民为中心层面，指出了我国社会主要矛盾已经转化为人民日益增长的美好生活需要和不平衡不充分的发展之间的矛盾；在全民教育层面，强调优先发展教育事业，做好中华民族伟大复兴的基础工程，落实立德树人根本任务，发展素质教育，推进教育公平，提高教育质量，培养德智体美全面发展的社会主义建设者和接班人。

“国家、人民、青年”所对应的“美丽中国、美好生活、全面发展”无不与美息息相关，美育的重要性进一步突出，新时代对美育提出了新要求。复兴布局所提出“四个全面”战略，标志着我国正处在从经济大国到经济强国，从科技大国到科技强国的转型期。历史证明，在社会转型期国家战略的落实需要大力发展“软实力”，国民的审美品质和精神追求对国家战略发展发挥着重要支持作用。19世纪英国的手工业运动，德国的包豪斯学校的现代艺术设计，美国的零点项目等推动过这些国家关键时期的社会转型，20世纪英国推出的文化创意产业、法国的时尚产业、美国和日本的电影电视产业、韩国的电视音乐产业等都与美育发展密切相关。此外中国经济高速发展但在国际旅游市场上曝光的不文明旅游现象，文化生态领域低俗媚俗庸俗现象一方面提示国民精神文化素养有待提升，另一方面更强调人民对高品质文化生活的强烈需求。青年学生作为社会主义现代化建设者与接班人，其综合素养和精神品格决定着国家的未来发展。

因此美育已经突破了最初的意义，事关国家发展战略的落实，文化走出去的实现，人民日益增长的美好生活需要，国民审美品质和精神追求的提升，社会主义全面人才培养的需要。高校作为社会主义现代化建设者和接班人培育阵地，应从“普及人人、惠及人人”理念和扩大美育受众面和美育渗透教育全过程的平台搭建举措来促进实现立德树人育人目标，从国家发展的战略高度加强和改进美育工作。然而高校美育还存在诸多问题，国务院办公厅印发的《全面加强和改进学校美育工作的意见》中指出学校美育仍是整个教育事业中的薄弱环节，高校美育呈现的系统性困境既有理念上的认知盲区也有推进机制上的欠缺，需要战略和战术上的双重思考。

二、高校美育协同发展普惠推进的理论依据

国务院办公厅印发的《关于全面加强和改进学校美育工作的意见》从指导思想到目标落位八次提到“协同”，既说明了问题所在，也为改进指出了方法。将协同理论移植高校美育研究是高校美育复杂化、高效化、自动化的客观需求，也是高校美育自我完善、自我发展的根本途径。笔者还广泛地融合了学生发展理论和普惠推进原则。

（一）协同理论

“协同”一词借用于古希腊语，由著名物理学家哈肯(Hermann Haken)首

次提出，是指事物或系统在联系或发展的过程中其内部要素之间的有机结合，以及在某种模式支配下事物或系统产生不同于原来状态的质变过程。简言之，协同就是系统中诸要素或子系统间的相互配合和共同作用①。协同理论创立于20世纪70年代，主要观点是系统内部子系统或诸要素的协同程度以及与外界保持信息交换的广度决定整体功效的发挥。

从协同论视角看，国家人才强国战略、学校人才培养目标和美育系统的整体性是协同论应用的必要条件；而高校美育呈现出的系统性、非线性的相互作用及普遍存在涨落特点为适用协同理论提供了可行性。第一，系统性。高校美育是一个系统工程，包括美育管理组织、美育施教主体、美育制度保障、美育实践途径和美育外部环境五个子系统，系统性是适用协同理论的基础。第二，非线性的相互作用。非线性多指事物间复杂联系的局面，是量化研究认识复杂事物的重要方法之一。美育系统的非线性主要体现在教育组织层级多、内容涉及学科领域广，参与主体多元，包括教师、学生和管理者，呈现出丰富的联系性、交叉性和层次性。第三，普遍存在涨落。主要指大学生群体中个体差异引发的群体特性内涨落和外涨落。比如，一个班级中艺术特长生通过自身引领带动其他学生美育的内在影响以及社会环境对学生美育的外部影响。

(二)学生发展理论

学生发展理论是人的发展理论在高等教育中的延伸，涵盖学生心理发展、认知和智力发展、情感和态度发展、伦理和道德的发展及具体行为的发展。学生发展理论的重要思想之一是以学生为中心，考虑学生一生发展和素养提升。美育应该顺应时代变化，克服艺术院校传统的专业思维模式，跳脱专业的理念与方法，用更广阔的大美育观和大教育观去澄清、思考美育应该为学生做什么怎么做。

具体而言：第一，尊重学生个体的感性地位。感性是人的天性，黑格尔在《美学》专著中表述艺术(美)是理念的感性显现，有其自身的独特价值和目的，是不可替代的，重新肯定人的感性地位是对人性和审美规律的尊重。在引导学生鉴赏中既要尊重学生的审美主体地位，明白审美标准的相对性，还要把握审美判例标准的客观存在。第二，重视美学对学生的基础性作用。美

① 郑吉春：《协同理论视域下的高校大学生思想政治教育工作机制优化研究》，北京：科学出版社，2016年，第45页。

学是研究美的哲学、审美心理学和艺术社会的科学①，美学对于美育的意义在于能够提供给审美主体正确的审美规律、欣赏美的方法和理解美的角度。教师具备美学常识可以更好地用美学方法论开展美育的工作，学生具有美学常识有助于更好地体悟美、鉴赏美和进行美的创造。第三，注重审美氛围和选取适合的审美素材。营造吸引受教育者的美的气氛，利用并引导这个氛围开展教育是美育的第一步。如果教育对象根本没有进入审美当中，或者没有专门引导学生去理解“美的气氛”就谈不上美育。选择适合学生审美能力和趣味的作品，建立客观的审美判断原则，在审美过程中注意学生审美饱和的问题。第四，在优秀传统文化中汲取美育指导思想。我国有独特的历史、文化和国情，决定了我国必须走自己的高等教育发展道路②，要用中华民族创造的一切精神财富来以文化人、以文育人③，培养德智体美全面发展的人才。因此美育的指导思想上既要吸收西方理论为我所用，更要坚持我国传统的乐教思想、移情方式等。

(三)普惠推进原则

普惠推进原则，即美育普及全体学生、惠及全体学生，使大多数学生受益的教育公平之意，是美育从形式公平走向实质公平的重要保障。

具体来说：第一，受众面的扩大。长期以来由于高水平艺术团受到政策支持、资金资助等益处，很多高校花大力气将美育资源倾斜给少数艺术特长生群体，形成不公平的美育精英教育。普惠推进恰是要改变这种教育不公现状，明确普通高校的美育定位是面向全体学生的公平教育，最大限度关照每一个学生，让每一个学生在美育课堂、美育活动中找到自己的定位。第二，全过程参与学生教育各个环节，即“美育＋”模式。美育的全过程参与是美育基础价值、核心价值实现的过程，即美育的功能定位不再局限于审美基础价值，运用“美育＋”模式发挥美育在其他教育中的核心价值，如德育中思想教育和价值塑造功能、智育中左右脑平衡激发创造力功能、体育中的健身功能、文化传承和心理健康中的音乐舞蹈治疗功能等。“美育＋”模式在国外通识课教学中也广泛应用，比如哈佛大学《通识教育特别小组工作报告·通识教育课程目标》中提到“帮助学生对自身的信仰体系和价值观进行批判的反思，并学

① [德]鲍姆嘉通著，王旭晓译：《美学》，北京：文化艺术出版社，1987年，第12页。

② 习近平：《把思想政治工作贯穿教育教学全过程》，2016. http://news.xinhuanet.com/politics/2016-12/08/c_1120082577.htm.

③ 习近平：《建设社会主义文化强国 着力提高国家文化软实力》，人民日报，2014年1月1日。

会理性地为其辩护”①。第三，普惠推进的根本目标是立德树人。《子夏易传·第八》“礼乐之道，可以立德而成行矣。”在许慎《说文解字》里“德”的本意是“升、登”，用力徙前曰德，也就是努力走向并达到综合能力的至高境界。立德树人作为普惠推进的根本目标即是实现学生德智体美全面发展。

综上，协同是基于学生全面发展视角的协同，普惠是协同和学生全面发展两个理论的落脚点。高校美育的协同发展就是要建立以立德树人为导向，以学生发展为中心，通过深入分析具有主导作用的美育系统参量变化，提高对学生有影响的各个美育子系统效用，建立“讲台—舞台—平台”合作同步、有效互补、有序规律的高校美育普及机制。

三、“讲台—舞台—平台”的内涵、联系及舞蹈美育范例展示

课堂教学、校园文化活动和社会美育资源是根据不同的教育目标和教育内容实践美育的三条路径，将每一个路径看成独立的子系统，厘清定位、核心任务和影响因素是做好协同、扎实改进美育工作的前提。为了在说明上更有针对性，此部分以舞蹈美育为切入点进行案例植入分析。

(一)讲台

讲台即指与课堂教学有关的一切教学活动，是落实美育最为重要和基础的环节。课堂教学中应该遵循《全国普通高等学校公共艺术课程指导方案》、贯穿美育的目标价值、落实四个课程设计维度并关注几个共性问题。

目标价值在普惠原则中已有介绍，四个维度具体指：第一，目标维度。课程目标的确立直接决定着课程构建是否站位高远。我们是基于什么样的目的去设置、设计一门课程，是基于学生一生健全人格发展和培养合格建设者接班人的视域，还是仅就当下一门艺术知识(技艺)的讲解。第二，目标指引下的体系维度。目标指引下的美育即是育美，观乎人的一辈子德行，在这样一个高贵目标引领下我们应该构建怎样的课程体系，使课程结构系统化。第三，实施方法维度。我们用什么方法去实现我们的目标和结构化的课程。第四，评价维度。学生的实际接受效果又如何?

四个维度下的舞蹈美育，接受传统专业思维模式的舞蹈教师如何应对时代变化，跳脱专业舞蹈的理念与方法，引导学生理解和讨论什么是舞蹈，舞蹈是怎样组成的，在这个过程中我们导入了什么意识?在舞蹈表演和舞台展

---

① The President and Fellows of Harvard College. *Report of the Task Force on General Education*. 2007.

现过程中我们的意图又是什么？编创舞蹈时主体是谁？编创的目的是表演还是另有目标，澄清这些问题是舞蹈美育教学变革的关键。

舞蹈鉴赏教学中的舞蹈特殊性。舞蹈是一种非语言文化，不要用语言文化的标准去衡量它。舞蹈的语言是身体的语言、动作的语言，它是非语言范畴的一种思维方式，使用的是舞蹈自己的语言①。在普通高校课堂教学中经常会有学生问这样的问题——"这个舞蹈跳的什么意思，它到底在说什么？"此时就需要教师遵循舞蹈的特点和规律引导学生审美，避免学生尤其是理工科学生用认知自然科学的思维方式去误解舞蹈，强迫舞蹈去表达"概念"。吕艺生教授讲过一个比喻，经典课例片段芭蕾舞《红色娘子军》中洪常青的独舞给人向上的革命感召力，但学生绝不可能用精准的文字说出这支舞是表达"无产阶级只有解放全人类才能解放自己"的道理，学生能够深刻的体悟出就可以了。

舞蹈美育的创造力培养。创造力培养是美育核心价值之一，采用创新型教学理念让学生亲自参与创造体验是内化审美、培养学生的创造力的有效方式。"创新型教学"是指在创新教育的大目标下，教师遵循创新教学的原则，以创新教育的方式和方法，启发学生的创新动机、树立创新志向、培养创新精神、训练创新思维、传授创新技法、开创创新活动、提高创新能力的教学模式。② 在舞蹈美育实践教学中进行创造力培养可从教学理念、教学方法和评价手段三方面着手：第一，设立以学生为中心，教师引导、鼓励为辅助的创新型教学理念；第二，设置以技能为基础、思维拓展为核心、合作编创为方式、社会生活元素为连接点的教学内容与方法。课程注重感受、创新、实践、探索、合作、评价。以一堂舞蹈实践课程为例(详见表 1)。

表 1　舞蹈美育实践课程主体角色分工和能力培养

阶段	教师	学生	能力培养
第一阶段	教师表演或多媒体展示优秀的舞蹈剧目	学生进入审美状态，体悟舞蹈	审美能力
第二阶段	教师示范、演示基本舞蹈肢体动作	掌握基本舞蹈表达元素	技能学习能力
	鼓励、引导、纠正学生发现、想象、表达的舞蹈肢体动作	自我表达、学生间相互学习，进一步积累舞蹈表达元素	思维拓展

① 吕艺生：《舞蹈美学》，北京：中央民族大学出版社，2011 年，第 311 页。

② 廉永杰：《创新教育及比较研究》，北京：科学出版社，2006 年，第 135 页。

续表

阶段	教师	学生	能力培养
第三阶段	鼓励、引导学生练习组合舞蹈肢体动作	练习组合舞蹈动作	综合、合作能力
	教师编创、展示舞蹈组合动作，综合动觉、听觉	观摩教师编创、展示过程	多艺术学科融合能力
	鼓励、引导学生基于一个社会元素或生活元素编创舞蹈片段	以小组为单位进行编创、演练	创造力
	点评学生编创	学生听教师点评、学生小组之间互评	学习、交流
第四阶段	布置学生编创完整舞蹈，配乐、服饰、语言等均可切入舞蹈本身	以小组为单位进行准备	多学科综合应用能力
第五阶段	考查	展示	综合实践
第六阶段	组织汇报演出	课堂学生演出，组织其他学生观摩	舞台经验积累

目前清华大学、北京大学、北京理工大学、北京工业大学等高校都在实践课教学中引入了吕艺生教授的“课例教学法”，其不同于以往以动作为目的、依靠简单模仿僵化标准以及高强度训练将人工具化的传统教学，重在启发人的思维和创造力。

舞蹈交叉课程的学生综合素养提升。交叉课程是指将美育策略运用到技能发展及各个学科的课程中，包括阅读、数学、自然科学和社会科学类，也就是前面所提到的美育＋范畴。它是通过艺术并且和艺术“一起”教学，在不同学科之间建立广泛联系，以此达到扩大知识面，拓展思维的效果。

(二)舞台

舞台泛指各级校内组织机构(班级、院系、学校)举办的给予学生审美展示和熏陶的综合性校园文化活动，狭义上包括校园学术文化活动、社团文化活动和艺术文化活动，广义上还包括具有实践内容的课堂教学结课演出。舞蹈的作用是检验课堂美育成效，普及扩大美育受众范围。

以北京工业大学开展校园舞蹈节为例，该校通过“课堂、社团和艺术团”，走出了一条具有极高借鉴价值的校园舞蹈普及之路。活动由校团委组织发起，登台原则明确只有普通学生可以登台表演，特长生不参加演出。全校19个学院共同参与，校舞蹈团骨干学生(包括特长生)每两人一组分到各个学院进行活动组织指导节目编创。2010 年第一届舞蹈节共有 20 个节目 431 名学生走上舞台，90%的同学是第一次上台；2014 年第二届舞蹈节参加人数达到 500 多人，有来自 16 个学院的 19 个参赛节目，其中有 12 个节目是学生原创作品。通过特长生骨干走基层和普通学生登台，学生真正站在舞台上感受灯光，真正体会面对面跳舞的快乐，学生的沟通能力、审美能力、创造能力都得到极大锻炼和提升；同时通过舞蹈节也培养了一批非特长但有舞蹈潜能的学生，构成舞蹈团后备力量，成立了校级舞蹈二团，条件比较好的三个学院已经有了院级舞蹈团。校级学生舞蹈团的引领示范，院级学生舞蹈团积极参与将审美的种子带给更多的学生，吸引他们参与到舞蹈审美活动中来。

在舞台层面需要处理好几个关系：第一，顶天与立地，即处理好学校高水平艺术团与高水平人才的关系；第二，提高与贡献，即艺术团学生自身提高与引领普通学生共同提高的关系；第三，技能与价值，即我们的校园文化活动和社会资源的选择，要关注历史、关注文化、关注内涵，通过一些共同的价值观将不同信仰和价值联系起来。

(三)平台

平台是指社会、企业和其他社会组织为高校美育提供优质美育资源和各种交流活动。具体包括师资资源、硬件设施资源、高水准审美演出和活动。它是课堂教学和校园文化舞台的扩展，是借助社会力量和丰富资源深化教育目的有益补充。以师资为例，可以构建多元化的教学团队，既有校内教师更包括外聘专家和艺术大师。以审美展示与交流为例，有高雅艺术进校园、民族艺术进校园活动及学生参加省市及国家国际的艺术比赛等。高校应主动寻求社会合作，努力挖掘社会资源，争取和借助社会力量对学生进行美的熏陶，更广泛提供学习交流机会，满足不同审美层次学生的需求。

以 2017 年北京舞蹈展演为例，为了普及惠及更多学生，增强互动参与度，淡化比赛色彩，本届展演以舞蹈节的方式呈现。除了常规的剧目展示、舞蹈专场演出、大师教学公开课等传统板块，还增设了户外舞蹈营、多媒体舞蹈单元。本届舞蹈节通过“现场+新媒体”方式吸引了 500 多万人点击观看，几万名大学生亲自现场参与，这种北京模式让更多的学生、教师和管理者通过校际间、校社间的舞蹈美育资源了解舞蹈艺术、实践舞蹈艺术、交流舞蹈艺术。

在本届舞蹈节上，北京物资学院师生通过这个平台呈现了一部体现核心价值观、优秀传统文化、本校校史和育人目标相结合的舞蹈编创精品《运河畅想》。该校是一所地处通州、培养物资运输人才的市属高校，通州界内有一条知名的京杭大运河是北京市非物质文化遗产。舞蹈表现中使用了号子、划船等舞蹈形象，在音乐编创上聘请了该非物质文化遗产项目的文化传承人 86 岁的赵庆贺老先生，整部舞蹈音乐以一种磅礴震撼的气势表达运河的兴旺发达和人民对美好生活的向往。该舞蹈不是打开音乐跳舞，不是歌伴舞，不是小品，而是有主题、有立意、有舞蹈结构和相应舞蹈技术和方法的优秀舞蹈剧目，得到专家一致好评。校内演出使学生对自己的校史有了认同，对自己所处的地域文化、校园文化有了高度认可和自豪感。

四、结语

十九大报告这样结语：青年兴则国家兴，青年强则国家强。青年一代有理想、有本领、有担当，国家就有前途，民族就有希望。全党要关心和爱护青年，为他们实现人生出彩搭建舞台。

“讲台—舞台—平台”协同发展普惠推进的理念与模式正是全方位、立体式响应党的十九大为青年学生搭建舞台的具体要求和深层次落实美育价值的具体做法。面向全体学生以美育课堂为基础的校园文化活动和学校社团间的美育资源共享，为实现“讲台、舞台和平台”协同发展的美育普惠新模式搭建起了桥梁，使这三个子系统不仅仅是形式上的结合，更强调它们在运转上的协同和相互促进。讲台、舞台和平台分别对应着“学理的知”“亲历的知”“综合的知”，经过这三个阶段学生的审美能力从书本知识和间接经验，上升到亲身体验和直接经验，最后再上升到综合体验和社会经验。“讲台—舞台—平台”这三种教育途径各有特色，在实现美育目标的不同阶段各有所长，可根据不同的教育目标和内容选择多种途径实现同一个目标，或者选择同一种途径来实现不同目标，促进子系统间的交叉、融合、协同。

要把这三条路径衔接起来，关键在于各子系统背后要有一个共同的主线，也就是关系到美育的目标，即培养什么人和为谁服务的问题。在我国现阶段，美育教育的素材资源选择要关注中华优秀传统文化，通过美育的形式将不同信仰和价值联系起来，让学生在多元世界多元色彩下具有中华优秀传统文化这个中国底色，秉承“天下兴亡匹夫有责”的家国情怀，“立己达人”的处世哲学和“正兴处事”的人格修养，成为一个自信有根的大国公民。

美育工作者应本着高度责任感和理想情怀，从国家发展、人民福祉、学生需求，把“讲台—舞台—平台”协同发展普惠推进工作落到实处。

陈师曾文人漫画及现代思考

王九成

内容提要：陈师曾，民国初年北京画坛的领袖，祖父是维新派湖南巡抚陈宝箴，父亲是著名诗人陈三立，弟弟是历史学家陈寅恪；他与鲁迅是同窗好友；他促成了齐白石衰年变法；他去世时，梁启超称“是中国画界的一场‘大地震’，其损失将无可估量”。论文从“陈师曾是中国文人漫画的开创者”“陈师曾对中国漫画界的影响”“陈师曾文人漫画引发的现代思考”三个方面对陈师曾在中国漫画史上的作用及对当前文化创意产业发展的启示进行了阐述。特别是在对“文人漫画”的提法上，本文有独到认识。

关键词：陈师曾　文人漫画　人文关怀　文化创意产业

陈师曾，名衡恪，字师曾，号槐堂、又朽道人、朽者等。江西义宁（修水）人，1876 年生于湖南。他是民国初年北京画坛的领袖，他的艺术思想广泛而深远地影响了北京乃至整个 20 世纪的中国绘画。

一、陈师曾是中国文人漫画的开创者

探究文人漫画，首先要厘清什么是文人画。

何谓“文人画”？陈师曾在《文人画之价值》开篇写道：“即画中带有文人之性质，含有文人之趣味，不在画中考究艺术上之工夫，必须于画外看出许多文人之感想，此之所谓文人画。”①陈师曾最后总结，“文人画之要素：一为人品，二为学问，三为才情，四为思想，具此四者乃能完善。”②

文人漫画应是漫画中的文人画。那么文人画要求具备的要素，文人漫画理应具备。在中国漫画界，陈师曾、丰子恺、黄永玉、白善诚、蔡志忠、郑辛遥的作品当属此列。

(一)深厚的家学渊源

陈师曾的祖父陈宝箴，字右铭，清咸丰年中举，步入仕途后，得到曾国藩、张之洞、李鸿章的赏识，在甲午战争中功勋卓著。光绪皇帝试行新政，陈宝箴任湖南巡抚，鼎力支持，报馆、工商局、轮船公司、武备学堂等新事物在湖南蔚然兴起。1898 年秋，戊戌变法失败后，陈宝箴被“即行革职，永不叙用”。陈师曾 5 岁，母亲罗氏去世，由祖母黄氏抚养，开始跟随祖父陈宝箴，作为长孙深得陈宝箴喜爱。父亲陈三立记载：“衡恪夕依余母寝，朝就余父识字说训诂，两老人股视笑语争寄于衡恪。七岁至十岁，能作擘窠书，间弄丹青，缀小文断句。余父辄举以夸示宾客。”③

父亲陈三立，光绪年进士，清末著名文人，同光体诗派领袖。授吏部主事，在湖南协助父亲推行新政。与湖北巡抚谭继洵之子谭嗣同、福建巡抚丁日昌之子丁惠康、福建提督吴长庆之子吴保初被称为“清末四公子”。著有《散原精舍诗集》，世称散原先生。

陈师曾的夫人范孝嫦(菊英)出身于有着十三代诗书相传的南通名门范氏家族。范伯子，号肯堂，清末著名诗人，近代教育家，曾兴办现代学校，提出“凡学堂之大纲有三，智育，体育、德育是也。”1891 年，任李鸿章幕府西席。其弟范钟，此前张之洞有意延请他主两湖书院文学一席，被陈宝箴所聘教授陈师曾诗文、书法。因赏识陈师曾的才华，范钟撮合了范伯子之女范孝嫦与陈师曾的美好姻缘，1894 年，二人成婚后，范伯子视陈师曾亲如子嗣，范与严复交往较多，十分重视西学，因此他在诗书方面及文化观念方面影响了陈师曾。内弟范彦珠也是丹青高手，时有切磋。

义宁陈氏与南通范氏，形成了一个精英文化圈，陈师曾身处其中，受益良多。

---

① 李运亨、张圣洁、闫立君编注：《陈师曾画论》，北京：中国书店，2008 年，第 167 页。

② 李运亨、张圣洁、闫立君编注：《陈师曾画论》，北京：中国书店，2008 年，第 171 页。

③ 马卫中、董俊珏：《陈三立年谱》，苏州：苏州大学出版社，2010 年，第 119 页。

(二)身边蓬勃向上的文化生态圈

陈师曾与鲁迅友谊深厚。陈师曾与鲁迅在一起的时间，实在远过其与父兄。陈师曾早在青年时代就与鲁迅在南京矿务铁路学堂同窗，1902年春，携弟陈寅恪东渡日本，在日本东京弘文学院留学时，又与鲁迅住一个寝室，关系开始密切起来，鲁迅在东京筹办《新生》杂志，得到了陈师曾的积极支持和赞助。民国成立后不久，鲁迅与陈师曾先后来到北京，在教育部同事十年，直至师曾1923年去世。“五四”之前，鲁迅名气尚微，而陈师曾已经确立了画坛领袖的地位。陈师曾是鲁迅日记中频繁出现的名字之一。他们常常一起逛市场，看画帖，交换碑拓，一个月总要聚首几次。陈师曾向鲁迅赠画多幅，为之刻印多枚，并请鲁迅鉴赏他的书画作品。鲁迅收藏的中国现代国画家的作品中，陈师曾的最多。陈师曾病逝后，《故宫博物院编佣师曾遗墨》10辑，陆续出版时间长达两年，鲁迅逐期购买，直至购齐。1932年，鲁迅与郑振铎合编《北平笺谱》，鲁迅在序中高度评价陈师曾：“才华蓬勃，笔简意饶”。

陈师曾与李叔同是艺术知音。陈师曾抵达日本后，先在东京弘文学院补习日文，1904年秋，进入高等师范学校学习博物科。李叔同是1905年来到日本的，他考入东京美术学校油画科。从1906年开始，因为同样对绘画的浓厚兴趣，陈师曾与李叔同相识，二人一见如故，经常切磋技艺，还一起参加了文艺团体“淡白会”。回国后。1912年4月至7月，李叔同在上海《太平洋报》任副刊编辑，发表了陈师曾的绘画作品60余幅，5月间，陈师曾到上海，李叔同特意在《太平洋报》进行报道，同时还刊出了陈师曾大幅半身照片。李叔同在创作书画时使用的不少印章，出自陈师曾之手。1918年，李叔同出家前，还将陈设、泥偶、玩具等赠予陈师曾，陈师曾将这些小品绘成图，留作纪念。

陈师曾是北平文化名流中的中心人物。1898年，陈师曾考入南京江南陆师学堂附设矿务铁路学堂。1902年赴日本留学，1910年归国。先就职于江西省教育厅，不久即转赴江苏南通师范学校任教，教授博物学。1913年，应聘于湖南长沙第一师范学校，半年后北上北平任教育部编审，同时兼任北平高等师范学校及北平女子师范学校博物教员。1916年，兼任北平高等师范学校手工图画专修科国画教员。1919年在北平的多所美术专门学校任国画教授，刘开渠、李苦禅、胡佩衡、刘子久、王雪涛、王子云、俞剑华、高希舜、苏吉亨等均得其亲授。1915年，陈师曾参加余绍宋组织的宣南画社，与梁启超、汤定之、姚华、林纾、陈半丁、沈尹默等人时常聚会。1917年11月，大力推行美育的北京大学校长蔡元培建立“画法研究会”，聘请陈师曾为北京大学画法研究会中国画首席导师。陈师曾在离开了北京大学画法研究会之后，1920年5月，在北京与金城、周肇祥等人，共同发起成立了中国画学研究会，由金城、周肇祥任会长，陈师曾在画学研究会中担任学术地位最高的“评议”。据陈师曾的弟子俞剑华回忆：“那时北京的书画家颇多，彼此之间，意见不免有分歧，但陈师曾却不作左右袒。有些画家轮流做东聚会，于饮宴兴酣之时，吟诗作画。陈师曾总是奋笔直挥作为首倡。”①陈师曾以其坦荡热忱的为人、丰富深厚的学识和包容并蓄的艺术态度，很快成为了北京文化艺术圈里的中心人物。

(三)较大的文化成就

五四运动前后，文人画遭到了反传统和“美术革命”冲击，陈师曾高度肯定文人画之价值，他既不同于康有为、陈独秀否定元明清文人画的观点以至否定传统中国画的观点，也不同于徐悲鸿的中国画退步论，他反对全盘西化，但不故步自封。20世纪20年代初期，陈师曾在北京大学画法研究会编辑的《绘学杂志》第一、二、三期发表了《清代山水画之派别》《清代花卉之派别》《文人画的价值》《中国画是进步的》《绘画源于实用说》《对于普通教授图画科的意见》，在《东方杂志》上发表的《中国人物画之变迁》等文章，以及中国绘画史的开山之作——《中国绘画史》，提出了中国画进步的鲜明论断和对文人画价值的独特思考。陈师曾身为国画大家，同时又对中外绘画史做过较为深入的研究，因此他对中国画的本质特征和艺术精神把握得更加真切，对中国画发展规律的研究更加实际。在当时新文化运动否定传统文化和美术革命的浪潮声中，陈师曾逆流而上，为中国画的进一步发展、特别是对文人画的发展提供了理论基础。

除绘画理论外，陈师曾得陈范两大诗门之益，他的诗学可谓笑傲同辈，特别是他的悼亡诗，“嗟余只影系人间，任何同生不同死。”情真意切，字字催人泪下。

(四)精湛的艺术

陈师曾出生于湘西，青少年时期曾在长沙求学，留学日本之前，一度尊父命跟随尹和白学画。尹和白是近世画梅高手和一方名士，齐白石也曾当面向他请教作画方法。

陈师曾崇拜海派名家吴昌硕(仓石)，以“染仓室”自名，并受益于吴昌硕。

① 周积寅、耿剑主编：《俞剑华美术史论集》，南京：东南大学出版社，2009年，第412页。

吴昌硕是近代文人画大师，诗、书、画、印大气磅礴。陈师曾在日本学习过博物学，对各种花卉的结构、形状、色彩，都有较好的研究，所画写意画，取象不惑，用笔用墨全不妄下，皆符合自然的生长规律。所绘花卉，笔墨潇洒自如，色彩艳丽自然，作品气韵生动。特别是菊花，多姿多彩，令人叫绝。吴昌硕赞许："师曾老弟，以及雄丽之笔，郁为古拙块垒之趣，诗与书画下笔纯如。"

陈师曾点拨提携齐白石是美术史上的一段佳话。1917 年，为避家乡匪患，齐白石第二次来到北京，陈师曾在琉璃厂见到齐白石刻的印章，颇为赏识，于是登门造访，两人成为莫逆之交。这时齐白石的画风冷逸，识者甚寡，在陈师曾的劝告下，齐白石进行了"衰年变法"。"师曾劝我自出新意，变通办法，我听了他话，自创红花墨叶的一派。"① 1922 年，陈师曾携齐白石画赴日本东京参加中日联合绘画展览会，齐白石的作品大受欢迎，从此名声大震，画价暴增。齐白石说："师曾提拔我的一番厚意，我是永远忘不了他的。"②以前在北京，齐白石的画两个银元很少有人买，这以后一下子爆增到了二百多元。对于陈师曾的绘画，白石老人评价道："师曾能画大写意花卉，笔致矫健，气魄雄伟，在京里很负盛名。"③

国画大师潘天寿也如此评价陈师曾：天赋高，人品好，学识渊博，国学基础深厚，金石书画无所不能。

(五)深沉的人文关怀精神

中国的文人画，过去一直有些顾影自怜。陈师曾打破了中国人物画的题材传统，开始反映现实生活中小人物的生活，使之面目一新。《北京风俗图》是陈师曾人物画的代表作，创作于 1915 年，全册共 34 幅图，用速写和漫画的形式，描绘了旧京市民生活情状，红白喜事和民间娱乐活动，封建遗老穷愁无聊之态，亦有对时政的讽刺。《北京风俗图》笔法简练，有书法笔致，略施色彩，又擅于以墨作色，处处有文人画意趣，又略见西画形体、光线之痕，艺术上颇耐人寻味，作品实现了他陶写性灵追求个性的文人画主张。《墙有

---

① 齐白石口述，张次溪笔录：《白石老人自述》，北京：生活·读书·新知三联书店，2010 年，第 117 页。

② 齐白石口述，张次溪笔录：《白石老人自述》，北京：生活·读书·新知三联书店，2014 年，第 121 页。

③ 齐白石口述，张次溪笔录：《白石老人自述》，生活·读书·新知三联书店，2014 年，第 112 页。

耳》是讽刺时政者的漫画，它以茶馆外两位密探的窃听情景反映了民国初年统治者的专治，人民生活的压抑，表现了作者对民主自由的向往。《乞婆》中蓬头垢面的乞讨的老婆婆与洋车上衣冠楚楚、面露嬉笑的贵人构成了强烈对比。《人力车》中人力车夫低头前拽，车上人仰首挺胸面无表情。《陆地慈行》中一辆牛拉篷车，车内装着若干类似小棺材的方盒，篷眉处挂着“陆地慈行”牌子。遐道人(按，即叶恭绰)在题跋中解释道：“此乃某寺和尚制以专收殓街市中之弃婴尸骸者，行之已有百余年，今不知能继否？恐知之者少，故为拈出。”画面中没有出现婴儿尸骸，但从“陆地慈行”的背后，读者体味到了那个社会的吃人一面，作品传达了画家对社会黑暗的愤怒。这类作品很多，诸如《扛肩》《拉骆驼》《卖烤白薯》等，真实地反映了民国初年北京中下层市民的生活，体现了陈师曾对下层劳动人民深切的同情。这些作品既是优秀的国画作品，更是杰出的漫画大作。

其实，早在1909年，陈师曾就在创作的《逾墙》题跋中提到了“漫画”一词。他说：“有所谓漫画者，笔致简拙，而托意俶诡，涵法颇著，日本则北斋而外无其人。吾国瘿瓢子、八大山人近似之，是非专家也。”陈师曾所提“漫画”一词，比“子恺漫画”最早在1925年郑振铎主编的《文学周刊》出现要早16年。陈师曾漫画，实开中国文人漫画之先河。

二、陈师曾对中国漫画界的影响

(一)陈师曾对丰子恺的漫画有重要影响

首先，同样的漫画渊源，使陈师曾与丰子恺的艺术产生了天然的联系。陈师曾漫画与丰子恺漫画同受日本浮世绘的影响。陈师曾受葛饰北斋的影响。葛饰北斋被誉为日本现代漫画的鼻祖，是日本江户时代的著名的浮世绘画家，他的《富岳三十六景》(特别是《神奈川冲浪里》)是日本浮世绘版画的代表作。他舍弃对外形的一味追求，着意于主观精神的夸张，以求内在精神的充实，强调作画要以心写成。葛饰北斋不满足于真实的描绘，而以超拔的意境取胜，在此与陈师曾的文人画主张是契合的。《北斋漫画》在日本影响很大，是一本绘画示范书，书中示范了描绘各种形体时使用的不同方法和科学认识，特别是对人物的各种姿势和表情进行了深入的研究。西方印象派画家马奈、高更等对葛饰北斋的画法画风非常推崇，这对于很早就已研究西方现代派艺术的陈师曾来说，应该也有影响。陈师曾在日本开始学习西方绘画，同时对西方的绘画发展史有所研究，1911年，在《南通师范校友会》杂志上发表了译作《欧洲画界最近之状况》。因为直接和间接的原因，北斋漫画影响了陈师曾。

1921 年早春，丰子恺开始游学日本，此时的日本正流行着一股竹久梦二情调。竹久梦二是明治、大正年代的日本画家，他运用传统日本画和西洋画的各种技法，以其独特的审美视角，独创了“梦二式美人”，在一代日本人中风靡。这年春天，丰子恺偶然在东京的旧书摊上发现了一册《梦二画集·春之卷》，后来丰子恺写道：“我当时便在旧书摊上出神。因为这页上寥寥数笔的画，使我痛切地感到社会的怪相与人世的悲哀……这寥寥数笔的一幅小画，不仅以造型的美感动我的眼，又以诗的意味感动我的心。”①竹久梦二之前的日本漫画，主基调为滑稽、诙谐，而竹久梦二的漫画更多的是直面人生，他的作品就像一首首无声的小诗沁入丰子恺的心田，深深地影响了丰子恺的漫画，甚至丰子恺笔下不画眼睛的孩童都与竹久梦二的造型如此的相似。

其次，在陈师曾和丰子恺中间，有一位传媒者——李叔同。在日本留学时，陈师曾与李叔同结识。1912 年年初，李叔同来到上海，参与了《太平洋报》的创办，兼任《太平文艺》副刊编辑。李叔同首先想到约老友陈师曾的作品。从 4 月 1 日出刊开始到 4 月月底，《太平洋报》每天刊登陈师曾的作品。这些作品题材广泛，笔法随意，但天天见报，可见李叔同对陈师曾作品的欣赏。这年秋，《太平洋报》停刊。经亨颐聘请李叔同任浙江两级师范学校(1913 年改名为浙江省立第一师范学校)音乐、图画课教师。1914 年，丰子恺从崇德县立第三高等小学毕业，考入浙江省立第一师范学校，从此跟随李叔同学习绘画和音乐。在日后对丰子恺的艺术教育过程中，李叔同必然会流露出对陈氏艺术的推崇，这间接影响了丰子恺。

再次，从丰子恺自己的记录和丰子恺女儿谈话中可以看到陈师曾的直接影响。至 1923 年陈师曾去世，丰子恺没有与陈师曾直接接触过，但不可否认陈师曾艺术对丰子恺漫画的影响。1939 年 6 月 9 日，丰子恺在《教师日记》这样记述：“国人皆以为漫画在中国由吾倡始。实则陈师曾在《太平洋报》所载毛笔略画，题意潇洒，用笔简劲，实为中国漫画之始，第当时无其名，至吾画发表于《文学周报》，始有‘漫画’之名也。忆陈作有《落日放船好》《独树老夫家》等，皆佳妙。”②他认为陈师曾的漫画“即兴之作，小形，着墨不多，而诗趣

① 丰子恺著，陈宝等编：《丰子恺文集》(艺术卷二)，杭州：浙江文艺出版社、浙江教育出版社，1990 年，第 487 页。

② 丰子恺著，陈宝等编：《丰子恺文集》(艺术卷三)，杭州：浙江文艺出版社、浙江教育出版社，1990 年，第 147 页。

横溢。”[①]应该说《太平洋报》上的陈氏漫画对丰子恺艺术起到了启蒙作用，甚至《落日放船好》《春江水暖鸭先知》等题材二人都画过，从画面分析，不难看出二者的联系。丰子恺的女儿丰陈宝说：“父亲的漫画，在国外是受了日本画家竹久梦二的影响，也受过蕗谷虹儿的影响。在国内，近代漫画家陈师曾也给了他很大的启迪。”[②]丰子恺作画强调“不专重画面的形式美，宁求题材的情趣”，这与陈师曾关于对文人画的认识是一致的。这可能才是导致这种影响的深层原因。

(二)陈师曾对张仃的影响

艺术大家张仃，最早从事的艺术创作是漫画。1917年，张仃出生在辽宁，“九一八”事变后，日本人占领了东三省。第二年，张仃流亡北平，考入私立北平美术专科学校中国画系。当时北平美专的人物画教学只是临摹古画，民族危难的现实显得北平美专气氛的陈腐。学者王鲁湘指出，“愤怒的，苦闷的，绝望的张仃开始把艺术视野转向社会。这时他特别喜欢陈衡恪画北京下层百姓生活的水墨画，开始画一些取材下层社会的人物画”，“这个时候的张仃开始广泛阅读许多新出的刊物，比如《论语》，特别崇拜鲁迅，一种强烈的‘艺术为人生’的冲动促使他从中国画转向漫画。”[③]当张仃加入左翼美术家联盟后，他的漫画的政治倾向突出，创作了大量的揭露社会黑暗，反对内战，号召抗日的漫画作品。

(三)陈师曾对京味漫画家李滨声的影响

李滨声是著名的京味漫画家。他原籍辽宁本溪，但久居北京。自幼受民国初年寓居北京的外祖(满族)家庭生活影响，兴趣广泛，青年时代与著名民俗学家金受申先生经常接触，凡事好体察与“每事问”，对老北京的风貌民俗民情有广泛而深刻的了解，他的漫画描绘北京风情的很多。

李滨声回忆：“‘独钓寒江雪’是常见于扇面的国画题材。有一次我得到一只白铜墨盒，上边刻的也是‘独钓寒江雪’。画面非常简单，没有景，孤零零的蓑笠翁手持钓竿坐在只一横象征的船上。我数了数一共才六笔半。画的落

---

① 丰子恺著，陈宝等编：《丰子恺文集》(艺术卷四)，杭州：浙江文艺出版社、浙江教育出版社，1990年，第264页。

② 丰子恺绘，丰陈宝、丰一吟著：《爸爸的画》第二集，上海：华东师范大学出版社，1999年，第75页。

③ 王鲁湘：《中国名画家全集(当代卷)·张仃》，石家庄：河北教育出版社，2007年，第9页。

款是陈师曾。""因是简笔画，临摹容易，我写完'仿'常摹画。还多次以川连纸蒙在墨盒上以铅笔拓拓片。""这该是我爱简笔画(漫画)的起步。"①

2011年1月，中华书局出版了李滨声绘著的《燕京画旧》，以漫画的形式向广大读者介绍了老北京的风俗。从李滨声漫画看，其简练的画风，对民俗的关注等，应该说受陈师曾影响很大。

三、陈师曾文人漫画引发的现代思考

(一)对日本动漫的学习、消化、吸收、创新

陈师曾从1902年至1910年在日本留学八年，学博物科，对日本及西方绘画进行了较为系统的研究，同时对葛饰北斋等日本漫画家也进行了认真的研究。认真学习是创新的基本前提，包括动漫产业的发展也是如此。应当是认真的而不是浮躁的、全面的而不是片面的学习，我们的动漫产业发展并没有好好学习日本动漫的产业流程，刚一开始就是根据某些人的偏好，导致我国动漫产业的畸形发展。尤其是缺少漫画这一环节为动漫产业试水，用漫画为动漫培育市场。

(二)文化产业中的文化本质

创意产业首倡于英国，主要包括版权产业、文化产业、休闲产业、体验经济、注意力经济等概念。对创意产业的理解主要分为三种：以美国为代表的"版权型"，以英国为代表的"创意性"，以中、韩为代表的"文化型"。文化创意产业是一种强调主体文化或文化因素依靠个人或团队通过技术、创意和产业化的方式开发、营销知识产权的产业。动漫产业是文化创意产业创意群体中的主要组成部分。文创企业和个人要创新，有差异化才能有市场。在互联网的迅速发展的今天，全球经济日趋一体化，其他产业尤其高科技行业已经日益因全球化而趋同，但文化是别人替代不了的。每个民族每个国家都有自己独特的文化历史，各个民族的差异化很明显。如果没有关注本民族的文化资源，没有对本民族文化进行产业化发展，那么必将受到其他国家文化产业的冲击。文化创意产业在带来巨大的经济效益的同时，也将该国的文化价值体系迅速地向世界其他国家和民族进行推广。美国迪士尼集团不仅生产发行了动画片《米老鼠与唐老鸭》，还将这些卡通形象做成玩具、服装，建造迪士尼乐园。迪士尼的产品一年在全球的零售达1120亿美元，其中290亿美元

① 李滨声：《拙笔留情》，北京：人民文学出版社，2008年，第101页。

来自于娱乐人物形象，涉及玩具、服装、电影、电视等。迪士尼集团不仅产生了经济效益，同时也传播了美国的文化价值体系。

“创意”包括两个方面：一是“原创”，这是指前人和其他人没有的，完全是自己首创的，比如京剧、昆曲、武术、中国画、中医药，就属于中国原创；另一个是“创新”。中国有悠久的历史，丰富的文化资源，但是在以产业形式进行文化推广方面的工作做得很不够。目前，各省市都比较重视本地民俗文化的产业化，陈师曾的《北京风俗》可以说为我们提供了一个很好的参考。我们在文化推广之前，应好好研究本民族的优秀文化，以便提高文化产业的文化性，使文化创意产业回归应有的文化本质。

(三)文化产业中文化趣味的市场定位

文化产业的市场定位为大众市场，毋庸置疑。大众市场并不等同于低俗文化市场。文人、知识分子的市场也应是大众市场的重要部分，大概占 1/4，且知识分子衣食无忧，应该是稳定的消费层。虽然不属于大部分，但 1/4 的市场份额也足以令文创产业从业者引起重视。而文人市场有其独到的品位要求，陈师曾的文人画也许反映了这一阶层的文化趣味。

1949—1966 年红色书籍封面的政治图像学解读

龚小凡

内容提要：本文拟从政治图像学的视角，揭示政治与图像、历史与艺术的深层关联。主要包括两个方面：一、国家出版体制的建立与红色书籍的出版。红色书籍的重点推出与大量发行是国有出版体制实现其专属社会政治功能的体现，其作为政治机制的构件发挥了提供体制的合法性叙述、建构政治文化和新意识形态的作用。二、1949—1966 年的红色书籍封面的政治图像学。其中包括：1. 政治合法性与象征性符号。政治性符号在“十七年”书籍封面及日常生活中的大曝光率，及其在整个图像体系中所占有的份额，是一个政党及其政权在社会生活中所处位置的视觉象征；2. 红色与政治激情。封面上的红色是中华人民共和国成立后持续的社会政治运动和不断革命所形成的激昂社会情绪与心理冲动简约而集中的视觉表达；3. 延安传统与封面版画。版画由于与特定现实物质、技术条件的契合，继延安时期的革命美术之后，成为书籍封面上常见的图像形式，并成为“十七年”书籍艺术中的一个新传统。

关键词：红色书籍　封面　政治图像学

作为一种造型艺术，1949—1966 年（以下简称“十七年”）的书籍设计是新中国美术的一部分。但由于种种原因，包括书籍设计在内的设计活动长期以来在美术史中处于边缘地位。因而，对“十七年”书籍设计发展的检视与研究，对于总结新中国视觉艺术发展的历史十分必要。

1949 年随着中华人民共和国的成立，开辟了书籍出版的新局面，大量具有鲜明政治色彩和革命内容的红色书籍是“十七年”图书的重要组成部分。这里所说的红色书籍是指中华人民共和国成立后的十七年中，在中国大陆出版的反映中国共产党领导的革命战争及社会主义建设的文学、历史书籍以及有关马克思主义、社会主义的政治思想性书籍。红色书籍是新中国书籍出版中最重要、最有代表性的部分，具有鲜明的时代特色与丰富的历史内涵，研究红色书籍对于研究、总结新中国书籍出版及红色出版文化具有重要意义。

以往对中华人民共和国成立后书籍设计的研究绝大多数属于形式研究，主要是从文字、图形、构图、色彩等角度进行的一般视觉语言研究。这些研究对中华人民共和国成立后书籍设计的形式语言进行了梳理与总结，但也存在一些问题，主要是这些研究的内容以及最终指向多限于书籍设计的形式因素，未能关注和揭示特定的视觉形式与具体历史情境之间的内在关联，因而那些设计元素投射的社会文化内涵未能得到应有的注意与阐释。本文将以政治图像学的方法将书籍设计活动置于“十七年”的历史情境之中，试图考察和揭示书籍封面设计表现形式的特定样貌与当时社会政治生态的对应性，揭示政治与图像、历史与艺术的深层关联。

政治图像学注重图像与政治体制、意识形态的内在关联，注重解析特定历史境遇中视觉表现形式的社会政治内涵。红色书籍的出版及相关图像的生产与“十七年”的政治体制、政治文化密切相关，本文所关注的政治合法性与封面政治性符号的隐身与流行、色彩与社会政治情绪的表达、延安传统与封面版画的艺术表现方式，应该是“十七年”书籍设计的一个重要研究方面。

一、国家出版体制的建立与红色书籍的出版

1949 年后建立起来的、由中国共产党领导、以国有出版机构为实体的组织架构是红色书籍出版的体制保证。中华人民共和国成立之初，在全国出版业中，私营性质的出版、印刷和发行业占有相当大的数量。根据《中国出版通史·中华人民共和国卷》的数据显示，当时出版业中的国有经济、集体经济及国家资本主义(公私合营等)经济占整个出版业的 1/4 左右，私人资本主义经济和个体经济占 3/4 左右。经过公私合营与社会主义改造，1956 年，国营出版社在全国出版业中所占比例从 1950 年的 11.9%发展到 82.5%，公私合营

出版社占17.5%，私营出版社所占比例从1950年的87.2%下降至1955年的19.8%，到1956年全部完成社会主义改造。[①] 至此，新中国出版体系基本建立。它主要包括建立了全国统一的出版管理机构(1949年成立中央人民政府出版总署，1954年成立文化部出版事业管理局)，形成了国有出版、印刷、发行分立的专业化出版体制，在全国实行了包括书籍编校、稿酬制度、书刊定价等各项出版工作制度的集中统一，建立了书刊出版、期刊登记、文字使用、国外印刷品进口等相关出版法规。国有出版体系的建立意味着中国共产党全面掌握了出版领域的文化领导权。红色书籍的重点推出与大量发行正是这个上下贯通、集中统一的出版体制良性运转、实现其专属社会政治功能的体现。

红色书籍是1949年后特定政治体制与意识形态的产物。中华人民共和国成立后“十七年”的文化艺术活动以毛泽东文艺思想为主导，将文学艺术视为实现政治目标与社会理想的工具，倡导以“民族的形式”作为文学艺术的表达形式。正是在这样一种历史背景下，红色书籍的出版作为政治机制的构件发挥了提供体制的合法性叙述、建构政治文化和新意识形态的作用。其实早在中华人民共和国成立前的1949年2月，当时的中宣部就已经开始着手重要出版物的准备工作。如新版《毛泽东选集》的编辑，《社会发展史》《共产党宣言》等12种“干部必读”书目的拟定，包括解放区作品《李有才板话》等55种作品的大型“中国人民文艺丛书”的选编。中华人民共和国成立后“十七年”的红色书籍题材、种类广泛，以大量原创性红色文学作品的出现最为突出，如“三红一创，青山保林”等作品。在高度集中的组织建制与运作机制推动下，红色书籍常常出现很大的发行量，如截至1957年，《保卫延安》已发行238万册。

这些红色书籍的封面设计将书籍的内容及其政治话语转换为图像话语，在艺术生产的同时进行着意识形态的生产。

二、“十七年”红色书籍封面的政治图像学

由于在图书出版中的特殊地位与“优先权”，红色书籍成为新中国第一个书籍设计繁荣期的重要部分。书籍设计是指对书籍的开本、封面、字体、版面、色彩、插图，以及纸张材料、印刷、装订、工艺等各个环节的系统设计。封面设计在书籍整体设计中发挥着视觉先导的作用，是书籍设计中的重心所在。站在今天回看红色书籍的封面，已经形成了新的形式表达经验和新传统。

① 数据参见方厚枢、魏玉山：《中国出版通史》(第9卷)，北京：中国书籍出版社，2008年，第62页。

以下将从特定的图形符号、色彩及图像表现形式上分析红色书籍封面体现的新时代精神及其政治内涵。

(一)政治合法性与象征性符号

五星、镰刀与锤头(斧头)、红旗等具有特定政治性含义的符号曾大量出现在“十七年”的红色书籍封面中，成为这一时期十分突出的视觉现象。符号是人们共同约定用来指称一定对象的标志物，符号由其代表的意涵及承载意涵的载体构成，载体具有可被感知的客观形式。一个符号的流行总是与某种特定的社会、文化现实相联系。作为特定的政治性符号，五星、镰刀与锤头(斧头)组合的最早使用是在20世纪20年代前后苏联的国旗和党旗上。中国共产党成立后，作为当时共产国际的一个支部，中共党旗的颜色与图形参照了苏联版。由于条件所限，当时党旗的制作没有统一标准，党徽上的锤子常常被人误认为斧头，或将锤头做成了斧头。直至1943年的政治局会议上，才正式将“镰刀锤头”确定为党旗党徽的图案。在中华人民共和国成立前，五星、镰刀与锤头就已经作为特定符号出现在当时的左翼和共产党的印刷出版物上。1920年，由周恩来主编的天津进步学生团体觉悟社的会刊《觉悟》，其封面右上角便设计了一颗空心五角星。1946年出版的刘少奇《共产党员修养》单行本封面上，在书名的左下方绘制了叠加在一起的五星、镰刀和斧头。这种符号即使在非正规印刷品上也可见到，比如，20世纪30年代瑞金时期的中华苏维埃红军临时借谷证(干谷一百斤)，在其上端排列着8颗五星。这些符号有着鲜明的政治含义，成为进步、革命、共产主义意涵的简明象征。

中华苏维埃红军临时借谷证(20世纪30年代)

天津进步学生团体觉悟社会刊(1920年)

中共六大决议文件合订本的伪装本(1928年)

尽管这些革命符号在中华人民共和国成立前的印刷物上已有应用，但由于当时社会政治环境的限定，这些符号在很多时候并不能自由使用。例如，

1928 年中国共产党第六次全国代表大会的决议文件合订本，为了避免当时国民党的搜查，在封面上使用了“新出绘图国色天香”的标题和荷花图案，作为伪装封面。随着中华人民共和国的成立，中国共产党取得了政治合法性，五星等革命符号遂在书籍封面上被大量使用。1951 年出版的《毛泽东选集》(第一卷)，封面上除了书名，只在页面中部有一颗小红星，设计元素十分精简，但一颗红星已将书籍内容的属性做了十分清晰的视觉传达。再如《苏联经济新论》(三联书店，1950)的封面使用了红星、镰刀、锤头的叠加图形。这些符号从被限制、被隐身到被自由使用、大量使用，其背后是社会制度、政治理念巨大变更的历史场景。当时即使一些没有直接表现意识形态内涵的书籍，如《怎样作工作总结》(联营书店，1950)，也将五颗红星作为封面的主要视觉图像。这种现象说明这些政治性符号不仅随着共产党的政治合法性而获得了自身呈现的合法性，而且成为一个时期特定的流行符号。一个时代生产图像的能力以及承载这些图像的媒介是有限的，五星、镰刀、锤头以及相类的红旗、火炬等符号在“十七年”书籍封面及日常生活中的大曝光率，及其在整个图像体系中所占有的份额，其实是一个政党及其政权在社会生活中所处位置的视觉象征。

《怎样作工作总结》(1950 年)

《苏联经济新论》(1950 年)

(二)红色与政治激情

红色是“十七年”书籍封面中最具代表性的色彩。红色具有色彩鲜明、视觉冲击力强的特点，并具有吉庆、热烈、激情、危险、牺牲、革命等多重含义，在日常生活与历史上每每被人们作为表达不同含义的视觉符号。天主教中的枢机主教因身着象征基督宝血的红色祭服而被称为红衣主教。在 17 世纪末之前，红、白、黑色曾是法国皇家的专享颜色。法国大革命时期的激进女性曾以红、蓝、白为主色的服饰及小红帽来公开标识自己的政治态度及对大革命的支持。中国的文化传统中一直有着对红色的喜爱。老百姓以红衣、红盖头、红色春联来祈祝吉祥喜庆，京剧脸谱中以红色象征英勇侠义。20 世纪后，随着马克思主义、共产党与红色相联系，红色所体现的进步、革命的意涵被释放与凸显，这一红色的新内涵在中华人民共和国成立后得到了最为强烈的表达。

凸显革命的红色成为中华人民共和国成立后各类视觉艺术的一个普遍特征。中华人民共和国成立后取代旧年画的新年画逐渐形成了以现实题材为主和“红、光、亮”的艺术表现模式，并由于其在宣传党的政策、表现现实生活、塑造新中国形象上的成功及其大众化特点而对其他艺术类型产生了影响。更典型地对红色的时代性含义的表达，是“十七年”国画创作中以李可染为代表的“红色山水”(也称“李家山水”)。它以毛泽东诗词中的山水形象为题材，将红色作为画面的主色调，突破了山水画对传统文人画的因袭，是在新的历史境遇中一代画家通过山水画体现时代政治性、革命性的探索。不难看出当时的政治权力及意识形态的色彩观念，以及这一观念对那一时期视觉图像及其色彩的规约。

新年画《赶先进》(1958 年)

《大风歌》(1964 年)

李可染的“红色山水”集中体现了这一时期的艺术对红色的理解与运用，这种对红色的运用也表现在当时的红色书籍封面中。革命是需要激情的事业，红色适于表达激情。从抗美援朝、社会主义改造，到总路线、人民公社，中华人民共和国成立后持续的社会政治运动和不断的革命，形成了一种激昂的社会情绪与心理“冲动”，红色正是对这种心理情绪恰当的视觉表达。这一时期的红色文学书籍表现出革命的理想主义激情，而封面上的红色便是这种情绪简约而集中的体现。以人民公社为背景的小说《大风歌》(作家出版社，1964)的封面上，几面红旗几乎占据了封面的全部面积，形成一片红的画面效果。描写农业合作化运动的小说《艳阳天》(人民文学出版社，1964)以红色作为整个封面的底色，用黑色勾勒了一幅农民赶车的图像，但将它缩小放在封面左上方，黑而小的图像在大面积的红色中被弱化和消解，红色成为封面具有冲击力的最强视觉元素。即使是纯文字的封面，如《论人民民主专政》(人民出版社，1960)也通过在浅色封面上放置红色条块作为书名的底衬，使红色成为封面的亮点，从而表达出书籍的政治性内涵。这种对红色的痴迷在“文化大革命”时期随着人们狂热的政治热情达到顶峰，并以遍布城乡的“红色海洋”作为一个时代的视觉标志。

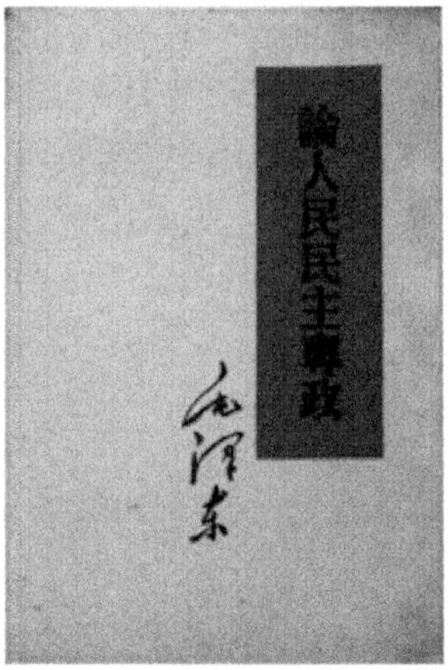

《论人民民主专政》(1960年)

(三)延安传统与封面版画

现代版画是“十七年”书籍封面中较常见到的封面画形式。一幅主题性绘画加书名是“十七年”书籍封面中最常见的设计图式之一，封面上的这种绘画通常被称为封面画。书籍封面上的图像可以有多种表现方式，国画、油画、版画、摄影、抽象图案或纹饰等。世界上最早的木刻版画出现在中国唐朝，但在中国的古代，版画主要是作为图像复制技术来使用。20世纪30年代现代版画在鲁迅的直接倡导和推动下发展起来，由于其在创作题材、风格及表现手法方面与古代版画的不同而被称为现代版画。现代版画是左翼美术的源头之一，因在中华人民共和国成立前，特别是延安时期为党的宣传和毛泽东文艺实践做出了巨大贡献而具有革命美术的身份。延安版画在中国现代版画发展中占有重要地位。在延安时期，从西方引进的版画艺术开始向中国大众喜闻乐见的方向发展，形成了以西方版画技法为基础，吸收中国年画、画像石、剪纸、线描等传统手法，表现中国本土生活的独特画风，具有中西结合的民族特色。在表现新的现实生活、贴近人民、参与革命斗争方面，版画当时走在了油画、国画的前面。由于延安物质匮乏，缺乏油画、国画等艺术的创作条件，就地取材的木刻版画便成为延安最主要的美术品种而独领风骚。

1949年，随着中国共产党取得政权，视觉艺术的社会生态发生了改变。由于此时已经拥有多种造型艺术并行发展的条件，在美术创作领域，油画、国画开始居于中心，特别是油画，由于更适合表现意识形态的革命历史画和领袖画而备受重视。这种变化反映了中华人民共和国成立后不同类别的图像与政治体制关系的改变，由此可以看出中华人民共和国成立后政治权力对图像生产资源的影响。与此同时，版画在纯艺术创作中被逐渐边缘化。但版画在书籍设计中的情况却有不同。由于版画制作便捷、视觉效果强烈，特别是其更符合当时的印刷工艺条件，从而成为这一时期书籍封面上十分常见的图像形式。

虽然印刷术源于中国，但近代以后中国的印刷机械与技术一直落后于西方。中华人民共和国成立初期一些印刷厂没有四色印刷的条件，因此这一时期的书籍封面多为单色或双色的画稿。也因此，“十七年”包括红色书籍在内的书籍封面在色彩使用上并不丰富，用的最多的是黑色和红色，一般不超过三种颜色，在色彩表达上显得较为单调。除了色彩少，由于技术条件的限制，精细上色难以实现，因而封面设计多使用大色块。这种印刷条件的限制，对于以黑白色为主，较少使用色彩，长于大色块表达的版画来说，艺术表现受到的影响较少。换句话说，版画是较能适应当时印刷条件的艺术形式。由此不难理解在封面设计中设计者对版画的青睐。20 世纪 50 年代初，周恩来曾对一幅封面版画表示赞赏。小说《红岩》(中国青年出版社，1961)使用了一幅版画作为封面画，画面充分发挥了版画大块面的厚重造型、有力度的刀刻感的特点，封面上大面积的红色，以及成仰角的山岩和松树，表达出一种强烈的崇高美学风格。这一时期人们熟悉的许多红色文学作品，如《李有才板话》《王贵与李香香》《艳阳天》等都使用了现代版画作为封面图像。版画由于与特定现实物质、技术条件的契合，继延安时期的革命美术之后，在“十七年”的书籍封面中又一次历史性地担当了重要角色。现代版画也就成为“十七年”书籍艺术中的一个新传统。

《红岩》(1961 年)

《艳阳天》(1964 年)

在讨论中国现代化的历史进程中，现代化常常被等同于西方化。政治权力及意识形态与艺术生产的特定关系是当代中国现代性的本土议题，红色书籍及其图像所叙述的革命中国作为一种“反现代性的现代经验”，将有助于理解和认识现代性中的中国本土内涵。红色书籍是中华人民共和国书籍出版中最具时代性的部分，研究红色书籍对于研究总结新中国红色出版文化及中华人民共和国成立后的视觉艺术都具有不可取代的重要意义。

论服装学[①]作为艺术学中的一个门类

杨道圣

内容提要： 服装是一种和人的身体最为接近的文化形式，是各个研究领域都会特别感兴趣的一个对象。但目前服装的研究比较分散，无益于服装研究，尤其是服装理论研究的发展。根据服装的性质和研究的现状，服装实际上可以作为一种独立的艺术形式。可以在艺术学学科里面建立一门服装学，就如美术学一样，以便综合服装研究，提供特定的学科规范。如此，也有利于艺术学自身的完善和发展，为服装行业的发展以及国人外观形象的建立提供理论依据。

关键词： 服装　身体外观　服装学　艺术学

服装(dress)不同于衣服(clothing or costume)，指利用衣饰对身体外观(body appearance)进行管理，以获得某种社会意义的技术。包括发式、化妆、文身、穿衣、戴首饰等。当然由于衣服是用于管理身体外观最主要的物质手段，一般把穿衣之后的身体的状态称之为服装。常言道"服装使人成为人"，要想使一个人成为社会的人，这个人一定要着装，所

① 这里所说的服装学和一些服装专业学者所说的服装学有所不同。黄能馥和李当岐先生认为服装学研究服装的物的属性，因而涉及自然科学；研究社会中的衣生活，因而涉及人文社会科学(参见李当岐：《服装学概论》，高等教育出版社，1998 年)。本文所说的服装学主要专注于二位先生所说的第二个方面。

以，有人把服装称之为一种文明技术，通过这种技术对于自然的身体进行管理而使自然的身体成为社会的身体，使个体的人成为被社会所接纳的人。康纳顿指出："服装系统，不仅象征了行为范畴的存在，而且造成了这些行为范畴的存在，并通过塑造体形，规范举止，成为习惯"。① 所以社会通过服装来规范和管理人的身体，使其成为社会的身体。而不同的社会环境则会产生不同的着装形式，有关不同社会、不同文化的信息都可以积淀于服装之中。奥地利批评家卡尔·克鲁斯说："几千年来，服装已经被灌注了那么多的人类的精神，只要我们能够完全地直接地了解服装的精神，我们就能掌握人类文化的全部问题……尽管对于浅薄的思想而言，服装似乎只是一种伪装，一种欺骗的手段，一种掩盖人类真实形状和本质的面具；事实上，它特别清楚地表达出了人类的潜意识的本质。它直接地、坦率地讲述了产生人类欲望、思想、体验的最内在的部分。"②因此，英国人卡莱尔甚至说："所有学问之开端，在于目不转睛地看着服装，或甚至以武装好的眼光盯着服装，直到它变得透明。"③确实，由于服装在任何社会和文化中都产生了多层面的影响，所以它成为许多学科都最为方便的分析对象。但各个学科也只是在自己的领域内对于服装进行研究，很少涉及服装超出自己领域的其他方面，使得这些研究都非常有限，支离破碎。如果能将各个领域对于服装的研究综合在一起，建立一门服装学，可能会对于以往的研究带来很大的突破。本文将对建立服装学的合理性提出几点浅见，供大家指正。

一、服装研究的现状

较早对于服装的研究多是物理层面的研究：专注于服饰本身的质料、形制、色彩，其中又包含两个不同方向的研究：(1)现实的研究。各类指导服装原料、样式的设计、生产以及销售的研究即是此类；比如东华大学、北京服装学院的许多专业即为此而设立的。(2)历史的研究。对于曾经存在的历朝历代各类服饰的研究即是此类，服装史是这一类研究的代表。中国服装史的研

① ［美］保罗·康纳顿著，纳日碧力戈译：《社会如何记忆》，上海：上海人民出版社，2000年，第33页。

② Karl Kraus. "'the Eroticism of Clothing' from Die Fackel 1906"，见 *The Rise of Fashion*，edited by Daniel Leonhard Purdy，University of Minnesota Press，2004：241.

③ ［英］卡莱尔著，马秋武等译：《拼凑的裁缝》，桂林：广西师范大学出版社，2004年，第64页。

究以沈从文《中国古代服饰研究》和周锡保的《中国古代服饰史》为代表，西方服装史的研究以詹姆斯·拉弗(James Laver)的《服装与时尚》和琼·娜的《服饰时尚800年》为代表。

按照我们前面服装的定义，对于服饰物理层面的研究严格地说只能称为对于服装的预备性研究，需要把服装作为人类的行为来研究。这其中又有两个方面：其一，对各个时代的服装传递的信息进行考察，如周汛、高春明的《中国服饰风俗》，孙机的《中国古舆服论丛》，还有近年来扬之水著的数种名物考证的著作。比较让人关注的是阎步克的《服周之冕》，这部著作明确地从“服饰背后的权力运作”的视角研究六冕礼制的兴衰变迁。蔡子谔的《中国服饰美学史》则关注各代服饰中表现出来的审美意识以及美学思想，也是研究服饰体现出来的观念。其二，19世纪以来，西方开始出现社会心理层面的研究：把服装作为人类的一种行为，研究着装的动机、功能及其随时间的变化；服装社会学、心理学、服装时尚等的研究属于此类；当然随着日常生活史的出现，人们也会去研究服装反映出来的各个时期社会心理、时代精神等。英国社会学家斯宾塞1854年发表的一篇文章《举止与时尚》可以说是开其端绪，后来又有专门的著作，如弗吕格尔(J. C. Flügel)的《服装心理学》、伊丽莎白·赫洛克《服装心理学》、苏珊·凯瑟(Suan B. Kaiser)的《服装社会心理学》以及艾利森·卢尔(Alison Lurie)的《解读服装》等。

随着理论界的“身体转向”，人们越来越关注服装作为对于身体进行社会化管理的一种手段，研究各个时代对于身体进行社会化控制或管理的方式，研究服装中所渗透的意识形态内容。女性主义、结构主义、符号学等这些文化研究的方法开始对于服装做出各种崭新的解读。比如安妮·霍兰德的《性别与服装》，乔安妮·恩特韦斯特尔的《时髦的身体》，瓦莱丽·斯蒂尔的《内衣：一部文化史》，拉斯·史文德森的《时尚的哲学》，罗兰·巴特的《流行体系》等。

由此可以看出，服装是一个跨领域、跨学科的研究对象，很难将其限定在哪个具体的学科或领域之中来研究。一方面，对于服装的研究所涉及的内容非常的广泛，没有哪一个领域的研究可以单独承担；很多领域都可以对服装研究做出自己的独到的贡献，也积累了服装学的学科资源。另一方面，由于无法限定服装的领域，就没有办法确立服装研究的规范，各个领域之间对于服装的研究又彼此隔膜，无法沟通。本文认为，为了解决这一问题，在继续发挥服装作为跨领域、跨学科研究对象的优势的同时，可以参照处于同样情境中的艺术，将服装看作一种艺术形式，在艺术学的领域之内确定服装研究的规范，提供交流的平台，这样国内的服装院校服装专业的尴尬境地就比较容易化解。这样的观点不是一时之妄想，下面会提供充足的理由解释这么做的原因和好处。

二、传统的艺术理论已经把服装作为独立的艺术形式

康德在1790年出版的《判断力批判》中将艺术分为语言艺术、造型艺术和感觉游戏的艺术。其中造型艺术就是绘画艺术，但他所说的绘画包括“美丽地描绘自然的艺术”和“美丽地编排自然的艺术”，和我们现在说的绘画不同，前者就是我们所说的绘画，后者包括园林艺术、室内设计和服饰艺术。他进一步解释说：“在所有这类装饰性方面的制品尽管在机械性上说是很不相同的，并且需要各种完全不同的艺术家；但对于这类艺术里什么是美的，鉴赏判断却是以同一种方式就这一点而言加以规定的：即对于这些形式(不顾及某种目的)只就它们如何呈现在眼前而单个地或在它们的组合中按照它们对想象力所产生的效果来评判。”①由于18世纪把美作为艺术评判的标准，而服饰也具有这一功能，所以服饰同其他装饰一样，也被称为艺术。波兰美学家K·利贝尔特在1849年出版的《美学或美的科学》中似乎继承了康德这一观点。他把艺术分为空间艺术、时间艺术和生活艺术，其中生活艺术就包括：园艺，或自然本身的修饰；服装，或人体的修饰；装饰，或生活的修饰。② 他们所提出的这一分类的背景是当时所有的艺术形式，无一例外的都是对于生活美化的形式，或者是对于教堂、教会礼仪的美化，或者是对于宫廷政治的宣扬、贵族生活形式的美化。绘画、雕塑、服装的功能是一致的，没有太大的区别。今天把装饰同艺术区分开来，是19世纪对于美的价值更加强调和纯化的结果。事实上，现在又出现了生活的审美化，人们也不再强调艺术与生活之间，纯艺术与装饰性艺术或实用性艺术之间的区分。服装越来越突出的地位和作用也是在这一背景下产生的，恢复服装作为一门艺术形式的地位也是和目前的现实一致的。

当黑格尔在《美学》中按照艺术的起源来解释服装的起源时，他说：“艺术的普遍而绝对的需要是由于人是一种能思考的意识，这就是说，他由自己而

① ［德］康德著，邓晓芒译：《判断力批判》，北京：人民出版社，2002年，第169—170页。

② 朱狄：《当代西方艺术哲学》，北京：人民出版社，1999年，第42页。

且为自己造成他自己是什么，和一切是什么。”所以，他要通过改变外在事物来实现自己，并且在这个过程中认识自己。黑格尔说：“不仅对外在事物人是这样办的，就是对他自己，他自己的自然形态，他也不是听其自然，而要有意地加以改变。一切装饰打扮的动机就在此，尽管可以是很野蛮的，丑陋的，简直是毁坏形体的，甚至很有害的。”①在此意义上，任何对于身体的装饰打扮都是一种艺术形式，波德莱尔正是在这种意义上来赞美女人的化妆和时装的：“因此，时装样式应该被看作是理想的趣味的一种征象，这种理想在人的头脑中漂浮在自然的生活所积聚的一切粗俗、平庸、邪恶的东西之上，应该被看作是自然的一种崇高的歪曲，或者更确切地说，应该被看作是改良自然的一种不断的、持续的尝试。所以，人们曾经合乎情理地指出，所有的时装样式都是迷人的，每一种都是一种朝着美的或多或少成功的努力，是对于理想的某种接近，对这种理想的向往使人的不满足的精神感到微微发痒。”②

其实，当代也有一些学者主张把服装作为一种艺术形式。英国艺术史研究者安妮·霍兰德在《透视服装》中非常明确地指出，“服装是以可视的自我作为媒介来创造图像的一种视觉艺术”，而且“就如其他的视觉艺术一样，服装艺术有其自律的历史，一个由其他的图像而来的自我固定的图像”。③ 所以，把服装作为一门艺术形式并非突发奇想，而是从理论上认真研究服装的结果。

有人会质疑，服装首先是追求实用的目的，它和目前的一些艺术设计更为接近，但如果仅仅从设计学的层面研究服装，就会把服装学限制在一个非常狭窄的领域中。这里可以比较一下服装和建筑。在对于艺术的经典分类体系中，建筑很早就被作为一种艺术门类了，可能是因为最初绘画、雕塑都是依附建筑而存在，当绘画在文艺复兴时期看作可以与诗，甚至与哲学具有同等地位的自由艺术时，雕塑和建筑实际上也获得了成为自由艺术的理由和机会。所以建筑成为艺术的门类并非单纯由它本身具有的性质决定的，而是由特定的历史环境所形成的。如果比较服装与建筑的话，很容易发现二者的类似之处。如果说服装首要是讲求实用(事实服装的起源和功能是否首先就是实用，还是争论的事情)，建筑同样先追求符合实用的目的，其次才追求审美的效果。为何具有同样

① [德]黑格尔著，朱光潜译：《美学》第一卷，北京：商务印书馆，1996年，第39页。

② [法]波德莱尔著，郭宏安译：《波德莱尔美学论文选》，北京：人民文学出版社，1987年，第506页。

③ Anne L. *Hollander Seeing Through Clothes*, University of California Press, 1993, p. 314.

性质的服装和建筑，前者被看作寻常日用事物，而后者被看作一种艺术形式，可能确实同各自的特征有一定的关系。建筑一般形式巨大，引人注目，更关键的可以存在很长的时间，时间越长，关注和研究的人就越多，就会被赋予很多的价值。但服装却没有这种优势，服装作为以人的身体作为载体的形式，与人有非常密切的关系，一旦人改装易服，他以前的服装就很少为人所关注，也没有办法去研究。这样服装就不能像建筑一样不断地被解释，被赋予意义，而成为人最熟悉又最陌生的东西。服装可能会以图像的形式保存下来，这样人们研究图像，即使可以顺带研究服装，但毕竟服装不是作为独立研究的对象。又何况图像本身被人接触的机会也难以和建筑相比。

但是在当代社会，图像的制作越来越容易，传播越来越迅速，影响越来越大，不仅当代的很多服装以图像的或影像的方式保存下来，而且越来越多过去关于服装的图像被人们寻找出来以各种方式呈现在人们的面前。越来越多的博物馆开始收集保存各个时代的服饰的实物，甚至有很多的服饰博物馆建立起来。比如，英国的维多利亚和阿尔伯特博物馆，纽约大都会博物馆专门设立的服装部。中国也有东华大学的服饰博物馆和北京服装学院的民族服饰博物馆。这都为服装的研究提供了极为有利的条件。更重要的是，理论界的“图像的转向”也让更多的理论研究开始转向作为图像或视觉文化的服装。在现代化的大都市中，如果说建筑是最吸引人关注的视觉文化形式，那么服装就是仅次于建筑的视觉文化形式。人们到了一个城市，最先关注的就是这个城市的建筑和人们的穿着。建筑和服装如果说在古代是一个民族的文化形象，现在则可以说就是一个城市的文化形象。

三、服装学可参照各门类艺术学建立

传统的艺术研究更重在对于题材、风格、形式的研究，注重艺术的审美价值，现在越来越多的研究把艺术作为一种文化形式，或言视觉文化，利用多学科、多角度的方式研究，更注重艺术的社会含义和功能，研究艺术中所渗透的各种意识形态的内容。艺术不再只是人文领域，艺术史、艺术理论研究的对象，它变成一种具有不确定含义的文化形式。艺术的意义不在于作品自身，而在于解释者如何解释。艺术史作为一门学科的界限正在被打破，艺术的概念也变得极不稳定。艺术现在所具有的性质和服装完全一致，艺术史所面临的难题可能会成为服装进入艺术之中的一个契机。有人会说，当谁也不知道如何定义艺术的时候，再把服装归类为艺术是在做一项毫无意义的工作。但如果明白，服装进入艺术领域，就可以参照已经具有学术传统和规范的艺术学来规划服装的研究领域，在学科上会给服装带来诸多的方便。这样服装院校以及服装专业自然可以划归到艺术类的院校和专业之中。服装就可以如绘画、雕塑、建筑等艺术门类一样在艺术学中寻找到自己合适的地位。如果美术学可以成立，同样服装学也是可以成立的。服装在理论层面的研究其实已基本上完备了，有中国服装史、西方服装史的研究，其中包括服装考古学、通史、断代史以及专题史的研究，有服装美学、服装心理学和社会学的研究等。由于对于服装时尚的研究已经蔚为大观，日本学者川村由仁夜(Yuniya Kawamura)甚至提出要建立时尚学(fashion-ology)。①

为什么不能将服装学放在设计学里面？我们可以看看服装史和设计史的区别。设计的概念是一个现代的概念，它可以将今天的时装包括在其中，却远远不能涵纳服装悠久的历史。今天的设计史和物质文化联系在一起，把一切人造物品似乎都可以纳入其中，但服装同其他的物质文化有本质的区别，其他的物质文化虽然同样可以表现人们的习俗、信念等精神内容，但都是具有独立于人身体之外的存在形式，唯有服装是必须以人的身体作为载体的有生命的物质形式，它的这种独特性必须与其他的物质文化分别出来。物质文化都可以单独进行研究，而服装一定要和在特定的生活情境中的人结合在一起，它是唯一一种被赋予生命的物质形式，因此也被称为人的“第二层皮肤”。如果说衣服可以作为物质文化形式来研究，而服装一定要作为独立的文化形式来研究才能突显其特质。就连把服装放在其他物质文化之中一起研究的法国历史学家达尼埃尔·罗什也不得不承认：“服装比物质文明的任何成分都更能吸收社会想象出来的事物的价值和真实事物的标准；这是变化和传统之间较量所必不可少的战场。”②

四、服装学的建立对于艺术学的意义

服装涉及设计、制作、服装展示、宣传、销售，涉及服装行为的心理动机、社会功能，审美表现，风格形成，还涉及对过往服装的收集、整理、保存和展示等。其实这也是任何一类艺术形式一定会涉及的方方面面。但由于过去的艺术研究更多地注意艺术作品形成以后的事情，艺术所涉及的与商业和市场之间

① 关于时尚研究的状况，参见杨道圣：《时尚的历程》，北京：北京大学出版社，2013年，第五章“时尚理论”。

② [法]达尼埃尔·罗什著，吴鼐译：《平常事情的历史：消费自传统社会中的诞生》，天津：百花文艺出版社，2005年，第249页。

的关系，还有各种艺术行为的动机等这些很少涉及。如果把服装放在艺术领域，对于服装各个方面的关注也会促使人们对于艺术的各个方面更加在意，不仅仅局限于传统的视野范围之内。

服装在当代社会作为一种影响巨大的视觉文化形式吸引了越来越多的学者研究，人们发现服装在很多艺术中都被用来作为艺术创作的一种手段，人们注意到文学中服装的描写的意义，注意到肖像画中服装的作用。有艺术史研究者指出，传统的人物图像中的服装被看成是对于现实的反映。有一些服装史家发现，画家在画人物的同时也在创造一种服装样式。影视作品中常常会专门设计特殊的服装样式，不仅为帮助塑造情节，也为对现实的服装产生影响。有了这些研究，人们就会回头关注艺术史、文学史中的服装，这不仅帮助人们了解服装，也加深人们对于艺术的理解。如果承认服装是一门艺术形式，服装因此可以作为一个独立的研究领域，这样，这些对于服装的研究就可以在此进行对话、交流。如此，对于学术的影响难以评估。我们在艺术学的领域不仅包括美术学、音乐学、舞蹈学、戏剧戏曲学、电影学，还要包括服装学。这样，这个艺术学的领域才是完整的。就如你不能说舞蹈学、戏剧戏曲学、电影学里面已经包含了音乐学，就不再需要独立的音乐学了，你也不能说因为美术学、戏剧戏曲学、电影学里已经包含了服装学，而不再需要一门独立的服装学一样。按照我们对于服装与衣服的区分，同样服装不能归入美术之中，道理与前面述及的其要与设计和其他物质文化区分开来是一样的。

另外，理论界的"身体转向"也为服装学的建立提供了一个良好的契机。目前对身体文化的研究很少言及服装，事实上，对于身体的管理、规训、消费无不与服装结合在一起。服装使得身体成为文化的身体，将各样的社会意义、意识形态赋予身体。离开服装谈身体，不仅使身体研究抽象、片面，而且非常的狭隘、受限制。将服装纳入到身体理论中，可以将身体文化的研究带入到一个更宽广的道路上，同时也使服装研究摆脱目前仅限于服装专业人士的困局，真正进入理论研究的中心。试想，目前的身体史的研究如果与服装史结合在一起，会产生什么样的结果。这一研究也会渗透到其他表演艺术的领域，带来艺术学更为深广的变化。

五、建立服装学的现实意义

服装现在是一个巨大的产业，在一个关注外观，甚至以外观决定人的意义和价值的社会中，我们不仅需要研究这个行业在经济上的作用与影响，也要研究它对于人的价值观念、人的存在方式乃至人的思想方式的变化和影响。孟子和墨子曾经对“君子服然后行乎，行然后服乎”这样一个问题争论不休，是有什么样的着装就有什么样的行为呢，还是有什么样的行为然后会有什么样的着装呢？固然一国之习俗会决定一国之服装，但服装的变化一定会带来习俗的改变，学习穿西装会产生一个时期的习俗和精神风貌，现在一个劲儿地赶时髦、学新潮会使今天的年轻人甚至儿童又会有不同的习俗和精神风貌。我国的服装产业何去何从，需要对于服装有综合性的理论性的研究，以便引导服装行业的发展，为以后国人外观形象的建立提出有价值的理论依据，这是服装学的职责所在。

古代中国是一个衣冠大国，对中国传统文化的理解和传承也离不开对于服装的研究。是否需要设立国服，如日本有和服，韩国有韩服，印度有纱丽。如果有国服，对于传承中国传统文化比任何其他形式都更有成效，但是以什么样的形式来确定国服呢？民国政府很成功地将中山服推广为民众皆能接受的国服，促成了近代中国服装的转型，这是不是也可以给我们提供一些成功的经验呢？中国传统服饰的形制和服装的观念如何具体应用于现代时装的设计上，有没有可能将北京建成像巴黎那样的时装之都呢？这些具体的问题同时也是会产生重大后果的问题，需要各个领域共同的思考和研究。总之将服装学建成一个独立的学科既是可能的，也是必要的。这需要更多有识之士一起来努力。

莫言文学中的冯友兰人性论观念

刘法民

内容提要： 哲学大师冯友兰指出："人不仅是人，而且是物，是生物，是动物。所以凡是一般物，一般生物、一般动物，所同有之性，人亦有之。此诸性虽亦为一切人所同有，但非人之所以为人而所以异于禽兽者，故此只为人所有之性，而非人之性。但虽非人之性，而亦为人之性所涵蕴。例如人之性涵蕴动物之性。此即是说，有人之性即有动物之性，但有动物之性，不必有人之性。"人是物性、生物性、动物性、人之性的统一。莫言作品充满了这种人性论观念，当人被饥饿完全控制时，会产生动物行为成为动物，这是人的动物性。人对人的欺侮都是相互的、本能的，人际关系的基本模式是社会上先己后人，家人间先人后己，具有个体之间生存竞争的利己性，这是人的生物性。人无论高低贵贱男女老少，都有相同的血肉之躯，都会死亡腐烂，这是人的物性。

关键词： 莫言文学　冯友兰人性论　物性　生物性　动物性　人之性

本文研究莫言文学中体现的哲学大师冯友兰的人性观念，依据的作品是作家出版社 2012 年版的《莫言文集》，包括莫言全部的 11 部长篇小说，以及 25 部中篇小说，75 部短篇小说，3 部剧本，60 篇散文，64 次谈话演讲。

一、人性是物性、生物性、动物性、人之性的统一

评论作品，要先假设一个相匹配的理论，再以这理论进行阐释。我们讨论莫言文学中人性观念要采用的理论框架是当代哲学大师冯友兰的人性本质论。冯友兰在《新理学》中指出："人不仅是人，而且是物，是生物，是动物。所以凡是一般物，一般生物、一般动物，所同有之性，人亦有之。此诸性虽亦为一切人所同有，但非人之所以为人而所以异于禽兽者，故此只为人所有之性，而非人之性。但虽非人之性，而亦为人之性所涵蕴。例如人之性涵蕴动物之性。此即是说，有人之性即有动物之性，但有动物之性，不必有人之性。"①这个著名的人性定义提出了一个虽然简单但又极难被人联系起来的事实，即人来源于物、生物、动物。人之所以为人，一方面是因为人与物、生物、动物有本质区别，另一方面，又是因为人与物、与生物、与动物有巨大相同，人性中蕴含着物性、生物性、动物性、人之性，人是物性、生物性、动物性、人之性的统一体。

人性是人生而固有的普遍本性、本质，但在现实活动中，人有时表现出人之性，有时又表现出动物性、生物性、物性，这是由什么决定的呢？马斯洛的需要层次说及马克思的"需要即本性"论很好地解决了这个问题。马斯洛认为，人的需要由从低到高的五个层级构成，最低的是生理需要(食、性)，向上依次是安全需要、归属与爱的需要、尊重的需要、自我实现的需要。这五种需要，是人天生的本能需要，需要的层级越低，力量及潜力越大，只有低级需要获得满足后，高一级的需要才会出现。② 马克思关于人的本质有三个论断，其中之一是从需要角度进行的。他说："任何人如果不同时为了自己的某种需要和为了这种需要的器官而做事，那他就什么也不能做。""在现实世界中，个人有许多需要"，"他们的需要即他们的本性。③ 这就是说，人在本质上虽然是物性、生物性、动物性、人之性的统一，但是这些属性的即时表现却是由需要决定的。当人完全被生理需要控制时，他的本性则主要表征为动物性而缺少人之性，在生理需要、安全需要、爱与归属的需要得到满足后，他

① 冯友兰：《新理学》，见冯友兰：《三松堂全集》第 4 卷，郑州：河南人民出版社，2001 年，第 84—85 页。

② 彭聃龄主编：《普通心理学》，北京：北京师范大学出版社，2004 年，第 329—330 页。

③ [德]马克思、恩格斯：《德意志意识形态》，见《马克思恩格斯全集》第 3 卷，北京：人民出版社，1979 年，第 342、326、514 页。

的自尊需要、自我实现的需要这些人之性才会更多表现出来。不过，即使是完全受生理需要控制，人表现出来的动物性，也还是会带着人的色彩，即使完全受自我实现需要控制，他表现出来的人之性也同样摆脱不了物性、生物性和动物性的影响。

二、莫言对人的动物性揭示

莫言文学主要从食的方面揭示人的动物性。在莫言的描写中，饥饿会使人变成动物，首先表现为饥饿使人产生动物行为。莫言最著名也是争论最多的饥饿故事当属“母亲嗉囊”，它最早出现在短篇小说《粮食》中。一个中年的富农妻子“伊”在生产队磨坊拉磨，饿晕了，跟大家一块吞粮食吃，还装到裤筒袜筒里往家里偷，被队干部搜了出来，挨了一顿打。在家里，婆婆、孩子吃观音土、野菜团子，都快饿死了，她绝望中上吊，但绳子糟烂，断了摔到地上。由于勒伤咽喉引起呕吐，第二天早上，她看到自己吐的东西被雨水冲出了囫囵籽粮食，三个孩子和婆母都捡着吃。从这天开始，她放工前把粮食大把大把地塞到嘴里吞下，回家后，跪在地上低头用筷子搅咽喉，粮食就顺着胃液落到瓦盆里，会吐出一大碗。从此她养成习惯，一低头，粮食便哗啦啦倒出来，结果婆母长寿，孩子发育良好。①

这一嗉囊偷粮故事在莫言作品里曾重复五次，仅有一些细节上的不同。在《丰乳肥臀》的正文及补写中，偷粮人由“伊”变成了上官鲁氏：儿子感到粮食里带着血腥味，是母亲胃管里呕出来的血。母亲说，她的胃“就是一个装粮食的口袋”。队干部发现了母亲偷粮秘密后，就给推磨的社员都戴上用柳条编的笼嘴，连鼻子带嘴一块罩住。② 在中篇《梦境与杂种》里，偷粮的主角则是顶替生病母亲推磨的“我的妹妹”。③

将粮食吞咽进去再吐出来喂养幼崽，胃成为装食物的口袋，这是鸟类嗉囊特有的功能。鸟类的食管后段长有一个暂时贮存食物的膨大部分即嗉囊，鸟的双臂用来飞翔，无法携带食物育仔，所以才会发展出嗉囊来携带食物。人两脚直立行走，可由双手以及工具专门携带东西，因而人类没有嗉囊。这

① 莫言：《粮食》，见莫言：《与大师约会》，北京：作家出版社，2012 年，第 102—111 页。

② 莫言：《丰乳肥臀》，北京：作家出版社，2012 年，第 443—444、618 页。

③ 莫言：《梦境与杂种》，见莫言：《怀抱鲜花的女人》，北京：作家出版社，2012 年，第 429 页。

位母亲为什么不用人特有的手及工具去拿食物，反而忍着巨大痛苦模仿鸟的嗉囊呢？小说中她一开始也是以人的方式拿粮，装到裤筒袜筒里往家偷，但被搜了出来，失败了。而改用动物的嗉囊方式偷粮时，却是“鬼难拿”大获成功，大口吞粮，大摇大摆面对干部检查，回家后又大碗吐粮，全家人都保了命。莫言在告诉我们，在极度饥饿的环境中，人只有采取动物行为才能夺得食物而存活下来。杰克·伦敦的《热爱生命》也描写了这样一个以动物行为获取食物保住性命的人。一个阿拉斯加淘金者，在长时间饥饿的折磨下奄奄一息生命垂危时，与一匹同样因饥饿而奄奄一息的病狼作拼死搏杀，狼想吃掉人，人要除掉狼。“这只狼终于拿出了它生命中留存的最后一点力气，咬进了它跟踪已久的猎物里。然而，人……聚集起全身的力量，把牙齿咬进了狼的脖子……感到自己嗓子里有一小股热乎乎的东西，血腥难咽。最终，这铅液般的东西，还是流进了他的胃里。对生存的渴望使他饮下了狼的血。”[①]这个人在与狼进行的夺食保命斗争中，人文的法律、道德、良俗、智慧毫无用处，只有像狼一样使用牙齿咬断血管吮吸鲜血的动物行为救了他。这也揭示出极度饥饿使人产生动物行为的人性规律。

莫言还有不少饥饿使人产生动物行为的描写。他说他打小记得最早的一件事，是邻居一家人趴在地上舔流淌的稀粥：“我跟着母亲去吃公共食堂……邻居家的一个男孩子把(全家领到的)一罐稀粥摔在地上，罐碎粥流。男孩的母亲一边打着男孩一边就哭了。男孩高喊着：娘哎，别打了，快喝粥吧！他忍着打，趴在地上伸舌头舔地上的粥吃。他说，娘，快喝，喝一点赚一点。他的母亲，听了他的话，跪在地上，学着儿子的样子，舔粥吃。”[②]泥土地上淌粥，沾着泥块、石子、草屑、鸡屎、牛粪，母子趴在地上伸舌头去舔，和狗吃稀食并无两样。《生死疲劳》写猪场饲养员“莫言”钻进大缸去舔糖水，“缸里的糖水早被来开会的人喝光。人们喝水根本不是口渴，而是为了吃糖。这小子把上半截身体探到缸里，急于喝到缸底的水，但他的脖子太短，而缸又太深”，就“把两口大缸掀翻在地，人钻到缸里，大概是用舌头舔缸底吧？”[③]舔糖水的情态也和狗一模一样。

① [美]杰克·伦敦著，姬旭升译：《热爱生命》，北京：北京燕山出版社，1999年，第383—384页。

② 莫言：《吃事三篇》，见莫言：《会唱歌的墙》，北京：作家出版社，2012年，第148页。

③ 莫言：《生死疲劳》，北京：作家出版社，2012年，第253页。

在莫言文学中，饥饿使人成动物，还表现为饥饿中人完全被生理需求控制。《粮食》里的母亲放工回家，大儿子摸着她衣袋找吃的，小儿子扑到她怀里要奶吃，两个孩子一无所获，都大哭大叫着快饿死了，80岁的瞎眼婆母也像小孩子哭着骂她想把自己饿死。十几岁的大女儿去地里挖野菜，村上的榆树皮早被人剥光了，能吃的野菜也被剜光了，女儿只挖了一些苦蒿回来。她砸烂了，和着观音土捏成团子，蒸熟了，这就是全家人的午饭。李大婶说观音土“那东西吃下去，早晚会把人坠死的”。[①] 从小说的这些线索来看，“伊”全家人正处于极度饥饿状态，随时都可能丢掉生命，她以嗉囊方式偷粮是在生死攸关的危急状况下发生的。著名人本心理学家马斯洛说，“一个同时缺乏食物、安全、爱和尊重的人，对于食物的渴望可能最为强烈”；“全部能力都被投入到解决饥饿的活动中……感受器、效应器、智力、记忆、习惯，这一切现在仅限于是解决饥饿的工具。”[②]这位母亲在极度饥饿的控制下，她的全部身心变成了夺取食物的工具，无法产生法律、道德、良俗等人类文明需求，从行为到意识她已完全成为动物。

《丰乳肥臀》对炊事员张麻子以馒头诱奸右派美女乔其莎的描写，也表现了人被生理需要完全控制的人性规律。1960年春天，蛟河农场的右派们实际能吃到嘴里的口粮是一两。张麻子用细铁丝挑着馒头在树林里倒着走，他前边跟随着右派乔其莎，她贪婪地盯着那个馒头，也跟随着进入了柳林深处。“张麻子终于把馒头扔在地上。乔其莎扑上去把馒头抓住，往嘴里塞时，她的腰都没顾得站起来。张麻子转到她的屁股后边，抛起她的裙子……她像偷食的狗一样，即便屁股上受到沉重的打击也要强忍着痛苦把食物吞下去，并尽量地多吞几口。何况，也许，那痛苦与吞食馒头的愉悦相比显得那么微不足道。”[③]馒头诱奸故事也遭到了尖锐的批评，说“乔其莎为了吃到一个馒头，竟任由张麻子恣意蹂躏，其下贱丑恶之态令人目不忍睹”。[④] 但是，如果考虑这一情节发生的严酷背景，用马克思的“需要即本性”的人性理论来审视它，也许会改变这种看法。一天一两口粮，实际吃到的可能更少，政治地位最低、

---

① 莫言：《粮食》，见莫言：《与大师约会》，北京：作家出版社，2012年，第102—111页。

② ［美］马斯洛著，许金声等译：《动机与人格》，北京：中国人民大学出版社，2007年，第19—20页。

③ 莫言：《丰乳肥臀》，北京：作家出版社，2012年，第436—437页。

④ 蔡梅娟：《对真善美的叛逆——评〈丰乳肥臀〉》，《淄博师专学报》，1997年第2期。

生存环境最差的乔其莎，应当是处在命悬一线的极饿状态，马斯洛说，“对于一个饥饿已经达到危险程度的人，除了食物，其他任何兴趣都不存在了……思想活动的中心是食物，感情的对象是食物，他只感知到食物，只想获得食物。”①也就是说，饥饿首先饿死的是道德、法律、良俗、羞耻等人之性，最后留下动物生命作垂死挣扎，当乔其莎被食物需要完全控制时，这种需要决定了她当时的本性只能是动物不会是人，因而不应当再以人的标准去评价她。她看到馒头就如将要淹死的人抓到一根漂浮的稻草，这是真实的人性呈现。

莫言揭示的极饿状态中的人性规律，至少有两面的启示：(1)饥饿将人推向夺食保命绝境时，人与动物无异，法律、道德、习俗对他们不起作用。所以，大规模的长期饥饿对社会的安定和谐有极大破坏作用，并且会使社会失去文明进步的动力而向野蛮愚昧倒退。只有粮食才能战胜饥饿，一个国家一个政权一个世界要安定要进步要强盛，粮食是第一基础，粮食安全怎么强调都不过分。中国历史上曾发生过无数次大饥荒，20 世纪 60 年代的饥饿至今还在近半中国人的肠胃中疼痛，莫言文学的饥饿描写，以惨痛的个人经验唤醒了昏沉的集体记忆，使读者加深了对粮食重要性的理解。历史是一场噩梦，而我们正从噩梦中醒来。(2)我们应该为自己曾被世界吞食而永远恐惧。巴赫金在评论《巨人传》中的筵席形象的意义时指出：面包和葡萄酒驱散了任何恐惧，“吞食世界而不被它吞食的胜利者的人，在饮食方面与世界进行欢快隆重的相会……可以直接感受到被征服了的世界的滋味。”②在巴赫金看来，食物是以劳动和斗争换来的，酒宴筵席食物的丰盛，是对自己劳动斗争成果的充分展示，对食物的享用，也是对自己劳动、斗争胜利的豪情炫耀。相比之下，莫言笔下的饥饿描写，则完全是一副被世界吞食的景象。两者的反差使我们意识到，粮食是人类以劳动、斗争向大自然索取的产物。

三、莫言对人的生物性揭示

现代生物学研究表明，生物要保持体内外的平衡才能生存下去，而保持平衡必须依靠趋利避害生物本能：包括向性运动，如植物的向光性、向水性；趋性运动，如植物采光叶绿体的适量性、动物采食动作的长效性等。由于生

---

① ［美］马斯洛著，许金声等译：《动机与人格》，北京：中国人民大学出版社，2007 年，第 20 页。

② ［俄］巴赫金著，李兆林等译：《拉伯雷研究》，石家庄：河北教育出版社，1998 年，第 330 页。

物均以个体存在，因而趋利避害的生存竞争都是利己的。生命个体都处于生存竞争之中，都有趋利避害的利己本能，这就是生物性。莫言文学在以下三方面揭示了人的生物性：

第一，人的欺侮是相互的。莫言文学叙述了大量的人对人的欺侮，它们有一个共同特征，就是欺侮都是双向的。这里已不再是"高大全"文学那种阶级对阶级的压迫、剥削，民族对民族的侵略、屠杀，而是超出阶级、民族的欺压、欺侮、欺凌，无论是官、是民、是男、是女、是老、是少、是长、是幼，每个人既有强势资源可依仗欺侮别人，又有弱项软肋招来别人的压迫控制。这里不仅有以强凌弱、以大欺小、以上压下、以长欺幼、以男欺女、以官欺民，而且也有以弱欺强、以小欺大、以下顶上、以幼欺长、以女欺男、以民欺官。比如即使是身体弱、知识少、能力差的孩子，也能够凭借自己身上凝聚的天伦亲情去胁迫去折磨成年人。少年罗小通故意让手冻结在井把上，故意喝冷水弄得肚子痛，以此让母亲心疼来折磨母亲。一"孩子王"当着父亲的面吞食十几把沙子，噎得直翻白眼，吓得他父亲再不敢管他。即便是家里家外都遭人欺负的农村妇女，在封建礼教的铁幕里也照样有击倒男人的武器，一泼妇打架打不过人家，就凭赤裸的身体霸占了人家的供神灵台，破坏了其祖先的神圣护佑。

生物均以个体存在，其趋利避害的竞争势必造成个体之间的相互欺凌。莫言描写揭示的人的欺侮的相互性，就是生物生存竞争的相互性表现，它将我们的观念从欺侮只有大欺小、长欺幼、男欺女、强凌弱、官压民的单向模式中解放出来，对诸如大庭广众中一群大人对撒泼哭闹的孩子束手无策，街边商贩一被执法就大喊城管打人了，钉子户硬是阻断一条新建大道等社会现象有新的理解。

第二，人的欺侮是生物本能。在莫言笔下，人对人的欺侮，都缺少法律的禁止与道德的约束，村干部逼迫社员将入土的亲人尸体挖出来送去火葬，婆母逼着新婚儿子暴打入门才三天的媳妇等。同时，人对人的欺侮还是积极、主动和快乐的。欺凌者异常聪明有智慧，欺侮也非常成功而有效。欺侮之后，人们对自己的行为没有反思、反省和反悔。狱中的犯人头头儿将一人吃下的面条打得吐出来，再逼另一人吃下去；丈夫用茄子塞住妻子哭闹的嘴等都是如此。莫言这是在告诉我们，欺侮的产生与人的本性相关，是趋利避害生存竞争的本能表现。

莫言将欺侮视为人的本能反应是否合理呢？由于趋利避害是生物本能，

必然引发生物个体间的生存竞争，使植物、动物的个体之间，产生弱肉强食、以强凌弱、以大压小；使人的个体之间，产生相互欺凌、相互欺压。若竞争是为了生理需要，欺凌欺压会以动物的野蛮方式出现；若斗争是为了爱、自尊或自我实现的需要，欺侮又会以人之性的方式出现。因而，恩格斯在《反杜林论》中指出："人来源于动物界这一事实已决定人永远不能完全摆脱兽性，所以问题永远只能在于摆脱得多些或少些，在于兽性或人性的程度上的差异。"①莫言将欺侮视为人的生物性本能表现，符合人性的客观规律。

第三，人际关系都是利己的。在莫言的文学世界里，人际关系有一种基本模式，即社会上先己后人，家人间先人后己。莫言的诸多作品都反映了这种人际关系。《粮食》里的母亲在磨坊里与社员们一道偷吃偷拿粮食时，大伙都在以"这年头人早就不是人，……能明抢的明抢，不能明抢的暗偷，守着粮食不能活活饿死"为理由相互鼓励。没有一人想到这是全队人的粮食，我偷了粮食保了命，就会有别的人因此饿死。队干部尽管严禁推磨的社员偷吃偷拿，但他只是在客观上维护集体利益，主观上却是以此权力为手段诱惑女人。他悄悄对这位母亲说："我准你每天带两捧豌豆，但你也要给我。"这表明饥饿中生产队里人与人之间的关系是损公利己、损人利己、先己后人。母亲回到家，面对着两个儿子及婆母的饥饿喊叫，在全家人会被观音土坠死的恐怖中，她壮起胆子在身上藏粮食往家里带，被队干部搜出后，虽然她自己吃了粮食并无生命之虞，但她还是因为无法拯救自己濒死的亲人而绝望上吊自杀。后来的偷粮过程中，尽管囫囵硬吞粮食，用筷子搅咽喉吐粮食非常痛苦，但看自己孩子和老人得以活命又乐此不疲。这体现了饥饿中家人之间的关系是损己利人、先人后己。②《姑妈的宝刀》写孩子们烧麦穗吃，"烧玉米吃，烧地瓜吃，烧豆子吃，反正都是生产队的，不吃白不吃，吃饱了省下家里的口粮。"③《嗅味族》里孩子们合伙用细铁丝捆死队里的小牛烧了吃。④ 说明在生产队里，损公利己极为平常，从来如此，早就是常态。《从照相说起》说几十年来大家吃

① [德]恩格斯：《反杜林论》，见《马克思恩格斯选集》第 3 卷，北京：人民出版社，1972 年，第 140 页。

② 莫言：《粮食》，见莫言：《与大师约会》，北京：作家出版社，2012 年，第 102—111 页。

③ 莫言：《姑妈的宝刀》，见莫言：《与大师约会》，北京：作家出版社，2012 年，第 147 页。

④ 莫言：《嗅味族》，见莫言：《与大师约会》，北京：作家出版社，2012 年，第 401 页。

不饱，母亲“有时候咽到嘴里也得吐出来给我吃”。[①]《吃事三篇》的孙大爷将全家分到的两斤豆饼全吃了，家里人哭闹、打骂他时都理直气壮。说明不顾家里亲人死活的事非常悖谬、极为少有，人在家庭中又总是先人后己、损己利他。

在社会上先己后人，在家庭中舍己为人，莫言揭示的这一人际关系是否合乎人性规律呢？生物均有趋利避害本能，但某种意义上，生物个体都为繁衍后代而存在，它的趋利避害既是为了个体生存的利己，又是为了种群延续的利他。在以延续后代为职责的家庭中，成员之间的关系都是先人后己、损己利他，从植物到动物再到人类，永远不会改变。根茎枯干、叶片开花的仙人掌，保护幼仔与狮群搏斗的野牛，将自己的肾移植给子女的妈妈均属此类。所以人际关系的利己性，符合生物活动规律，是人的生物性表现。莫言揭示的人性中的生物性规律有多方面的启发。

第一，只有站在人性立场才能看到完整的人。从人性角度看人生、写人生，是全方位无障碍地观察和反映现实，既能见到人的阶级性、民族性、人民性、革命性，又能看到人的物性、生物性、动物性。

第二，为我们理解人、同情人提供了新的情感动力。在莫言的欺侮描写中，许多人既是强者，又是弱者；既在欺凌别人，又在被别人欺凌；既有欺侮的满足，又有被欺侮的失落。由于欺侮作为人与人之间趋利避害矛盾斗争的表现，是由人性中的生物性决定的，在人性中只能减少而无法根除，因而会在一切时代、一切社会、一切阶级、一切阶层的人身上表现出来，过去如此，现在如此，将来也如此，这就从人性角度揭示出人类命运悲剧性的一面。关于人终极命运悲剧性的产生，著名美学家徐岱提出了“生而面对死”“满怀理想却又难以逾越”这两个原因[②]，莫言揭示的人在生物生存本能制约下的相互争夺、损害，也可以成为一个补充原因。站在“人的欺侮是相互的”这一人性立场上，才能理解、同情一切被欺侮者。莫言作品对“文革”中被专政的“地富反坏右”及其子女表现出深切的同情、理解就是这一立场的体现，他说，“我见多了人间的苦难和不公平，我的心中充满了对人类的同情和对不平等社会

① 莫言：《从照相说起》，见莫言：《会唱歌的墙》，北京：作家出版社，2012年，第239页。

② 徐岱：《基础美学：从知识论到价值观》，杭州：浙江大学出版社，2015年，第70页。

的愤怒。”①

第三，能帮助我们理解“土地承包到户”这一伟大政策的实质。莫言告诉我们，社会上先己后人，家庭里先人后己，是人的生物性利己本能，企图改变这一利己本能的粮食生产方式会失败，顺应这一利己本能的方式才会成功。他曾多次描写过集体所有制的成员们缺少热情的劳动：“懒洋洋的社员跟随队长到田野里去干活，好像一个犯人头目领着一群劳改犯。”②“那天队长又喝醉了”，派活儿时“呜呜噜噜，听不清他说的什么。社员们悠闲着看景，没人着急，反正是公家的活儿，少干一点是一点。”③也曾多次赞扬单干户的粮食产量高：“我们那里荒地很多，爷爷开荒种地，他开出的荒地粮食亩产比生产队里的熟地都高。”④全中国唯一的单干户蓝脸的地种得好，产量高。“三年困难”时期大饥饿，社员们“吃光了树皮、草根后，便一群饿狼般地冲进他家去抢粮。”⑤

但从人性角度看，利己是人的一切行为的原动力，完全可以调动它来为社会做好事。列宁就强调：“不是直接依靠热忱，而是借助伟大革命所产生的热忱，依据个人利益，依据个人兴趣，依据经济核算……否则你们就达不到共产主义，你们就不能把千百万人引导到共产主义。”⑥我国的土地承包到户政策，就是让环境顺应人的社会上先己后人，家庭里先人后己这一利己本能，充分调动农民在社会上及家庭中两方面的利己积极性，以实现社会总利益的最大化。个人私利追求越强烈，家庭承包土地产粮就越多，社会粮食总产量也越多，家家有余粮，国家成粮仓。我国通过“个体户”的生产方式，真正地解决了粮食问题。

---

① 莫言：《斯坦福大学讲演》，见莫言：《用耳朵阅读》，北京：作家出版社，2012年，第39页。

② 莫言：《你的行为使我们恐惧》，见莫言：《欢乐》，北京：作家出版社，2012年，第414页。

③ 莫言：《模式与原型》，见莫言：《怀抱鲜花的女人》，北京：作家出版社，2012年，第511—512页。

④ 莫言：《从照片说起》，见莫言：《会唱歌的墙》，北京：作家出版社，2012年，，第236页。

⑤ 莫言：《生死疲劳》，北京：作家出版社，2012年，第94—95页。

⑥ 《列宁选集》第4卷，北京：人民出版社，1976年，第592页。

四、莫言对人的物性揭示

莫言通过对人的身体被破坏的描写来揭示人的物性。

孟子说："人之所以异于禽兽者几希。"①他看到的更多的是人与动物的相同之处。人与动物不仅都是动物、生物，而且都是物，还有物的相同之处。但人一般情况下很少注意自己的物性，只有在身体被破坏时，才会因其丑陋凶恶而去注意它，病痛时人的物性自我意识才最强烈。《天堂蒜薹之歌》写已埋葬很长时间的地主亡妻，"文革"时期在干部的逼迫下，被儿子挖出来去火葬。莫言这样描写这具尸首："娘的脸突然变了。她那两只积满淤泥的眼球里爬出了两只拖着长尾巴的蛆来。他惊慌万分，伸手去捏那两只蛆。他的手一接触到娘的肌肤，一股冰凉的冷气沿着指尖直扑进心脏，与此同时，娘的身体里涌出了黄水，那些筋肉，也一块块地随风消散，只剩下一具骨架立在他的面前。"②《酒国》写一个看守烈士陵园的老人死后尸体被老鼠啃光："老革命的鼻子和耳朵已被饿鼠啃光，嘴唇吃光暴露出焦黄的牙床，那张曾经吐出过那么多连珠妙语的嘴巴变得十分难看，去掉了多余物的老革命的头颅显得狰狞可怖，而那些恶鼠们，正在抖擞精神，啃着老革命的双手，那两只使枪弄棒的大手白骨暴露，宛若剥光了皮的柳棍。"③《红高粱家族》《狗道》里描写四十六年后被闪电劈开的千人坟的情景时，也是在着意强调人的物性："那座埋葬着共产党员、国民党人、普通百姓、日本军人、皇协军的白骨的'千人坟'……被闪电劈开坟顶……那些重见天日的骷髅。他们谁是共产党、谁是国民党、谁是日本兵、谁是伪军、谁是百姓，只怕省委书记也辨别不清了。各种头盖骨都是一个形状，密密地挤在一个坑里，完全平等地被同样的雨水洗灌着。稀疏的雨水凄凉地敲打着青白的骷髅，发出入木三分的刻毒声响。"④

莫言这些描写告诉我们，无论是地主婆还是老革命，是反抗者还是侵略者，无论在世时高低贵贱的差别有多大，他们都有蛆虫与老鼠能啃食的血肉和啃不动的骨头这种物性。这不是虚无，不是嘲弄，更不是亵渎，这是人的物性事实。黑色幽默代表作家海勒在《第二十二条军规》中描写美军战机的尾炮手受伤的肉体时，也特别强调了其物性，他写道："当他沮丧地低头望着斯

① 杨伯峻译注：《孟子译注》(上)，北京：中华书局，1960 年，第 191 页。

② 莫言：《天堂蒜薹之歌》，北京：作家出版社，2012 年，第 210 页。

③ 莫言：《酒国》，北京：作家出版社，2012 年，第 328 页。

④ 莫言：《红高粱家族》，北京：作家出版社，2012 年，第 186 页。

诺登那流得满地都是的一大堆可怕的内脏时，他浑身马上起了鸡皮疙瘩。看到他的内脏，不难领会它的寓意。人是物质，这就是斯诺登内脏的寓意。你把他从窗口扔出去，他就会摔下。你把他点着了，他就会燃烧。你埋了他，他就会腐烂，和其他的垃圾一样。”①

莫言对人的物性描写使我们意识到，人无论男女老少高低贵贱，都有相同的血肉之躯，都会受伤生病，都会腐烂。富贵者与贫贱者的血、器官都是相同的，这可以淡化读者的等级观念。人都有物性，占有一定时空才能生存，这有助于我们理解被侵略的国家、民族的人民失去生存空间的痛苦；理解为何人人都向往大一点的房子、大一点的活动空间。莫言对人的物性破坏的展示，也能让读者感受到人性中无情性的一面，在突然面对自己或自己亲人的身体的物性破坏时不至于惊骇万分，五内俱裂。莫言的描写又告诉我们，人体美虽是最高的自然美，但被破坏时又最肮脏丑陋；艺术写身体，不能只写外形美而回避内里丑陋，也不能只写内里丑陋而忘记外形美好。

① [美]约瑟夫·赫勒著，薛蓉冬译：《第二十二条军规》，呼和浩特：内蒙古人民出版社，2003年，第565页。

大众文化挑战下艺术性的重建

高建平

内容提要：本文延续作者此前所提出的“艺术的边界是创造的边界”的命题，指出大众文化给艺术边界问题提出了新的挑战。面对这种挑战，要辨析艺术对“你”说与对“你们”说的不同情境，延续艺术传统，提出针对大众文化挑战的反挑战，在移动中形成艺术的新边界，实现艺术的价值和功能。

关键词：大众文化与大众性文化　“你”和“你们”　艺术新生态　艺术的边界

有关艺术与非艺术之间的区分以及由此形成的关于艺术边界的思考，是美学和艺术学的一个重要研究课题。这方面的思考自古有之，但在今天重提这种区分，具有全新的意义。关于艺术边界的讨论，只有采取延续历史思考，面向当代艺术现实状况的态度，才能取得积极的成果。

一、大众文化给移动的艺术边界插入新的维度

关于艺术的边界，一个最为古老又最著名的例子，是柏拉图关于三张床的理论。“画家、造床匠、神，是这三者造这三种床。”①三种床分别存在于不同

---

① ［古希腊］柏拉图著，郭斌和、张竹明译：《理想国》，北京：商务印书馆，1997年，第391页。

的世界之中，即画家所造的模仿的世界，造床匠所在的现实的世界，神所在的理念的世界。画家模仿造床匠，造床匠模仿神。神所代表的是真理，每模仿一次，真理的信息就“损耗”一番。因此，画家所画的床与神所造的床，在本体论的意义上，要隔着两层，从而“损耗”过两次。这里说的是柏拉图关于模仿的论述，对像荷马那样的诗人，以及一些悲剧家和喜剧家来说，也同样适用。

柏拉图的这种“模仿”思想，统治了西方思想界两千多年。在18世纪，当法国人夏尔·巴图写作《归结为单一原则的美的艺术》(*Les beaux arts réduits à un meme principe*，1746)一书时，他所谓的“单一原则”仍是说，艺术要模仿“美的自然”。夏尔·巴图赋予这个术语的含义，尽管与柏拉图有了很大的不同，但本质上是一致的。夏尔·巴图在肯定的意义上使用这个术语，意在说明艺术从属于一个独特的领域，不同于现实，要将艺术与工艺、科学、学术等活动区分开来。巴图建立“美的艺术”的体系，其中包括诗、绘画、音乐、雕塑和舞蹈。这个体系后来经过多种修改，被《百科全书》派的一些思想家所接受，最终在康德那里，被融入到他的美学之中。①

艺术与现实的区分，具体表现为艺术被当成是艺术家的活动及其成果，它与工艺，与生产性的制作活动，与科学和技术，与学术研究等区分开来，是一种特殊的，为着美的目的所创造出来的事物。根据康德美学所形成的关于艺术的两条规定，即“艺术自律”与“审美无功利”，就是在这一背景下形成的。这与当时市场经济发展和资本主义经济模式出现有关。随着资本主义的兴起，社会产生了巨大的分化。现实生活受市场机制的驱动，功利主义的原则不断得到强化，从而需要在审美和艺术领域的活动及其成果对此进行精神上的补偿。

一些学者从艺术手法的角度出发，认为浪漫主义以后，表现论的兴起，宣告了模仿论的终结。这是不对的，模仿论并没有终结，在20世纪仍然兴盛，并且在一个更加巨大的理论背景上展开。模仿论所要实现的，并不仅限于外观的酷似，或柏拉图所说的“欺骗性外观”，它可以被广义地理解为“再现”(representation，又译“表象”)或者“代表”。在当代美学研究中，一些美学家进一步思考这个问题，提出许多新的思路。例如，苏珊·朗格的情感符号说，强调艺术与现实的指代与被指代，艺术作品与情感的“同构”关系，实际

① [美]保罗·奥斯卡·克里斯泰勒著，高艳萍译：《现代艺术体系：美学史研究》，《外国美学》，2013年第10期。

上也是一种变相的模仿说。理查德·沃尔海姆(Richard Wollheim)提出“看入”(seeing-in)，即在艺术之中看到所描绘的对象，从而强调模仿活动的两面性，即“如何再现”与“再现了什么”。肯代尔·沃尔顿(Kendall Walton)提出“拟托”(make-believe)，即艺术中的再现是由人们的“拟托”游戏所决定的。所有这些理论，都只是在细节上修正和发展了“模仿说”。在其中，不变的是“模仿”的一种最基本的精神，即在现实生活之外制造某一事物，并使它与现实生活保持某种对应关系。

从这个意义上讲，真正宣布“模仿说”终结的，是西方的先锋派艺术的实践，以及与此相关的理论。先锋派艺术打破艺术与现实的界限，宣布艺术是现实的一部分。在美学界，许多人以杜尚的《泉》来举例，认为从这一件艺术品开始，艺术进入到了一个新的阶段，工业制成品成为了艺术，从此艺术的边界被打破了。柏拉图的“三张床”，说的是事物存在的三个本体论层面，即神的世界，现实的世界和艺术的世界。在近代社会，神的世界被取消或被虚拟化了，只剩下两个世界，即现实的世界和艺术的世界。现实的世界按照它所固有的规律运作着，人们各司其职，从事着生产和劳动，政治、战争、商业，而艺术则模仿现实，创造一个处于现实之外，却与现实相对应的虚幻的世界。杜尚的意义在于，取消了一个独立的艺术世界，认为艺术不单独构成一个世界。他将现实世界中的现成物放进艺术世界之中来，从而暗示，只存在一个世界，即现实的世界。或者，更为确切地说，只存在一个本体论的层面，即现实存在的层面。这也是符合当代哲学精神的。一元论的哲学消解了神与人，精神与物质的二分；同样，一元论的艺术哲学消除了艺术与现实，模仿物与被模仿物的二分。

当代美学关于如何为艺术定义，怎样为艺术设定边界的理论论述，都是从这一的事实出发的。当原本存在于日常生活现实之中，并不被当作艺术品的事物，被放进了艺术博物馆或画廊，或者被写进艺术史，从而被当作艺术品之后，留给理论研究者的任务，就是要说明：它们为什么是艺术品?

在这种情况下，出现了各种新的理论。我们比较熟悉的，有乔治·迪基的艺术建制论(institutional theory of art)，阿瑟·丹托所谓的“通过阐释获得意义”的理论，纳尔逊·古德曼关于“什么时候是艺术”的理论。所有这些理论都试图解决艺术的定义问题，实际上也都是在艺术边界发生变化之后，对艺术定义的新的寻找。美学家们已经不再试图从本体论的层面上，给艺术做出一个规定，而是在现实的生活中寻找某些事物是艺术品的理由。

与这些试图寻找给艺术划定边界的种种尝试不同，有一些人继承杜威的经验自然主义的方法，放弃从艺术与非艺术的边界处进行思考，而是换一个方向，从艺术与非艺术的连续性的角度来思考艺术。杜威的观点是，艺术是现实的一部分。艺术的创作与欣赏中所伴随的经验，与日常生活经验没有本质的不同。他所用的比喻是，山丘不是一块石头放在平地上，而只是大地的突出之处而已。艺术也是如此，它不是放在平地上的与平地有着明显区别的石头，而是绵延起伏的大地的突出之处。艺术经验是“一个经验”，与日常生活经验没有本质的区别，只是一种较为集中、连贯、有着自身的完整性的经验而已。

如果说，以上的这些探索和争论已经属于前一代人的努力的话，那么，在最近一些年，关于艺术与现实划界的思考仍在继续。例如，有人提出艺术不是现实生活的“再现”，而是“框入”，将现实生活中的一部分框进来，就成了艺术。杜尚将《泉》放进博物馆，与将一片风景放入画框，具有同样的性质。生活中处处都可能成为艺术，取决于是否有艺术家将它“框入”。除此之外，还有一些人认为，艺术是事件。杜尚的《泉》成为艺术品，不在于它本身是如何美，而在于将这个工业制成品放进画廊的行动，造成了艺术史上的一个事件。事件本身载入了艺术的史册，而留下来的作品本身只是这个事件的提示而已。这两种理论，都是极具生长性的理论，可以对当代艺术所提出的许多问题提供解释。

除此以外，还有人提出艺术是“生产”的理论。“艺术”(technē)一词原来的意义只是“技艺”而已。柏拉图将一般技艺“区分为‘获取性的’(如挣钱)与‘生产性的’或创造性的(它使过去不存在的事物获得存在)”①。一些当代学者从马克思的一些经济学著作中获取资源，努力强化这种“生产性”，并借此克服“模仿说”传统。如果艺术也是“生产”的话，那么，它就可以与现实的生产，以及包括人的生产在内的各种各样的生产放在同一个层面来思考了。

所有这些在20世纪的美学中所出现的巨大的理论努力，所指的对象都集中在一个问题上，即先锋艺术的兴起所形成的对美学的挑战。先锋艺术所造成的种种复杂性，迫使美学家们面临一种选择：要么回应它，要么自身被边缘化。任何忽视先锋艺术的美学流派所造成的结果，只能是这一流派自身被忽视。

---

① [美]门罗·C. 比厄斯利著，高建平译：《西方美学简史》，北京：北京大学出版社，2007年，第11页。

然而，当21世纪来临之际，艺术所面临的问题，发生了巨大的变化。先锋派艺术是相对于传统的高雅艺术而言的，所挑战的是巴图的那种对“美的自然”的模仿，要求现实与艺术的结合。它始终存在于争议之中，对新理论的发明具有高度的依赖性。同时，它们又普遍地对大众的审美要求取蔑视的态度，宣称美与艺术的分离，抗拒流俗的审美习惯，以反审美的精英立场自居和自卫。然而，在这种艺术艰难维持的同时，另一种类似艺术的文化现象却以强大得多的力量，占据了各种媒体，占领了市场，吸引了普遍的注意力，实现着与权力与资本强有力的结合。这就是大众文化。大众文化不依赖理论家的阐释而获得意义，也不理会有关它是否是艺术的争论，却以自身的存在及其审美吸引力，迫使美学家们在它面前反省自身。

这时，一些美学家提出，继续重复迪基等人的艺术建制论，以及杜尚的《泉》是否是艺术的问题，已经失去了现实意义。当丹托说，艺术作品是某物通过阐释而获得意义时，一些作品却不再依赖体制和机构，不再依赖哲学家们的阐释。人们就是喜欢它们，或者不管是否喜欢，却习惯性地在它们之中消磨时间。电视上每天都上演的连续剧、网络小说、微信上传播的幽默段子，随手抓拍并放到网上流传的手机照片，在中心商业区出现的巨大的屏幕和在屏幕上放映的宣传片、知识短片等。它们是不是艺术？在什么意义上是艺术？除了它们之外，还有没有更为“真正的”艺术？面对着这些大众文化生产，“真正的艺术”存在的理由在哪里？这些问题成为美学理论研究的新焦点。

二、对“你”说，还是对“你们”说

谈到什么是艺术？我还是想从一个事实说起：艺术是一种传达活动，是将某种东西表达出来，让别人感受到。这可以归结为一句话：一个人说，另一个人听懂了。

中国古代有一个著名的关于“知音”的故事。“伯牙善鼓琴，钟子期善听。伯牙鼓琴，志在高山。钟子期曰：‘善哉，峨峨兮若泰山！’志在流水，钟子期曰：‘善哉，洋洋兮若江河！’伯牙所念，钟子期必得之。”①艺术上的知音难得，而艺术家内心深藏着一种对知音的期盼，没有知音，艺术就失去了意义。艺术用语言、声音、线条、色彩等媒介，要传达内在的意义，这是很难做到的。庄子讲，言不尽意，同样，音、线、色也不能尽意，人与人的相互理解是一

---

① 《列子·汤问》，引自刘宝楠等编：《诸子集成》第6卷，上海：上海书店，1986年，第60页。

件极难的事。这就造就了一种艺术理想，即真正的艺术，就是要实现意义间的传达，从而在茫茫人海间寻觅知音。

俄国作家列夫·托尔斯泰提出，“艺术是由这样的一种人类活动所构成的，即一个人通过某种外在的符号，有意识地把自己体验过的感受传达给别人，而别人为这些感受所感染，也体验到他们。”①他所说的，也是这种追求。艺术是传达，要运用外在的媒介将内心的情感表达出来，使接受者能懂，能接受。

当然，托尔斯泰的追求与俞伯牙有很大的区别。俞伯牙是在为一个人弹琴，人间没有知音就不再弹。托尔斯泰不可能如此。他要不断地写，要使他的文学作品为更多的人所接受。他通过写来寻觅知音，也为着知音来写。他要寻求千千万万的人来理解他，不是对一个人说，而是对着更多的人说。托尔斯泰需要有人听他讲，需要设想，他讲了，别人听懂了。他要把内心最深处的话、最细致入微的感受，用最满意的方式表达出来，使人听懂。人与人之间的相互理解是困难的，艺术的目的，就在于实现这种理解。发自内心，直达人心。

20世纪的文学艺术理论，在做着一件事，促使人们认识到这种人与人相互理解的困难。这就是所谓的意义的透明性的批判。美学家们提出的“意图谬误”的理论，认为艺术作品的意义，不等于艺术家的意图。说了不等于听，听了不等于懂，其中有种种的误读、借用、发挥。一部作品有自己的命运，作品在不同的接受者身上也产生不同的影响。一部作品出来后，作者的期待有可能实现，也可能落空，对一部作品的接受情况，会出乎作者的意外。

艺术的“意图”(intention)是重要的，但是，“意图”不等于“意义”(meaning)。艺术创作是一个过程，在这个过程中，艺术所使用的语言、声音、线条和色彩，以及各种媒介本身都自有其特性，它们都构成了艺术的符号，都受着符号自身所具有规律的制约，因此，意义是在创作过程中生成的。更进一步说，作品的意义需要在欣赏者接受过程中才能得到实现。不同的接受者，接受者所受的教育水平、欣赏偏好、个性，欣赏者所处的时代氛围、一个时

---

① Leo Tolstoy. *What is Art*? trans. Aylmer Maude, in *Tolstoy on Art* (Oxford U., 1924), p. 173. 本文作者中译。据门罗·比厄斯利所说，该书的俄文版被删改和扭曲，这里所引的话来自艾尔默·莫德(Aylmer Maude)于1898年所出版的英译本，这个版本得到了托尔斯泰的授权。见[美]门罗·C. 比厄斯利著，高建平译：《西方美学简史》，北京：北京大学出版社，2007年，第281页。

代的审美风尚等，都决定着意义接受的情况，并由此在欣赏者那里形成种种“意味”(significance)。因此，有关“意义”的研究，形成了“意图”“意义”和“意味”的三分。

从对“意图谬误”的批判，到接受美学的形成，20 世纪的美学展现了这种研究的丰富性，揭示出那种艺术家的意义传达给接受者这一过程的复杂性。艺术家说，欣赏者听，这一看上去非常简单的过程，其中有着极其复杂的变化。在欣赏者那里，听到和看到的，与作家艺术家所赋予作品的内容，已经有了巨大的差异。这一过程，已经不能简单地理解成作家艺术家编码，欣赏者解码，实现意义的还原。解码所得之意与所编入之意相差很远。

然而，无论如何“三分”，无论从艺术家到欣赏者之间的路程是多么遥远，“艺术家说，欣赏者听”的这一基本格局，并没有改变。现代艺术制作、传播、销售的手段的丰富，只是使这一基本格局变得丰富和复杂化而已。

“三分”只是叙述了一种从艺术家到欣赏者的单向的运动。传达过程远没有这么简单。这一过程也可以从另一个方向来思考：从说到听要转化到对谁说，在什么场合说，以及借助什么传播工具来说这一类的思考上来。

当我们与人说话时，不同的场合，所说的话就会不一样。一个人与另一个人见面，可能会是这样的情况：家人交谈、朋友的见面、同事私聊。人们在一道可以互通信息，交流感情，休闲娱乐，也可能谈交易，互相摸底，等等。见面和意义传达行为还可能是另外的情况：在公共场合，即有旁听者的情况下谈话，例如，在研讨会发言、在课堂上讲课。我们可以区分人与人的交谈的两种方式，即私下交谈与在公众场合的说话。一般说来，越是私下的谈话，越具有互动性，相反，在公共场合的谈话，则更具有单向性。谈话者可以有“话痨”，说话时让别人难以插话，但并没有外在的力量阻止别人插话和对话。公共场合的谈话，则开始有外在力量影响话语权的现象，所谓的“麦霸”就是如此，占着麦克风不让别人说，一个人说个不停。“麦霸”所具有强迫性，也许只是一时的。并且，我们平常说的“麦霸”，主要也只是指个人的失礼行为造成别人的反感而已。实际上，随着现代传播技术的发展，会造成体系性的“麦霸”现象。在这里，交谈与独白就出现了分野。没有麦克风，人们在谈话，有了麦克风，就有了话语强制。

这种变化，可以简单地概括为，从“我”对“你”说，转变为“我”对“你们”说。“我”对“你”说时，“你”作为一个个人，立在“我”的对面。这时，“我”与“你”有着个人的交往，我们可以“谈得来”，也可能“谈不来”，但不管怎样，我们有了个人的交往。“谈得来”可能发展成“我们”，成为朋友、盟友，甚至成为家人，“谈不来”也对“你”作为个人有了了解。但是，“我”对“你们”说，情况就不同。“我”不是追求与“你”作为个人的交谈，而是吸引“你们”这个群体，调动“你们”这个群体的情绪，或者强迫你们接受我的思想和情感。

将这种道理运用到艺术理论上来，我们也可以做出一种区分：是对“你”说，还是对“你们”说。对“你”说，可以发自内心，直达人心，对“你们”说，调动情绪，实现现场效果。“精英”艺术寻找“知音”，而“通俗”艺术服务于“粉丝”。一部艺术史，从某种意义上说，是“知音”与“粉丝”并存并相互转化的历史。

对“你”说，是“我”与“你”之间的交流。志在高山和流水，听者懂了，这种情况只可能存在于“我”与“你”之间。不仅如此，将一种内在的情感表现出来，或者在作品中体现出一种独特的原创性，一种面向当下艺术的独特的姿态，希望接受者也能懂，从而实现交流和共鸣。这些都是发生在“我”与“你”之间的交流活动。

艺术当然绝不仅限于发生在“我”与“你”之间。“我”会产生一种对“你们”说话的冲动。面对更多的人说话，需要更好的说话能力和技巧。说给“你”听是交流，说给“你们”听，就开始带上表演的成分，需要表演的能力，所实现的，是一种剧场效果。

三、从“大众性”文化到大众文化

文艺是私人的，还是大众的？这是一个古老的争论。自古以来，文艺就既有个人性特点，也有大众性特点。这种双重性原本共存于文学艺术之中，也自由地互换。

艺术是对“你”说，还是对“你们”说？当艺术是对“你们”说时，是对“你们”中的某一个人说，而将其他人当作旁听者，还是对“你们”这个集体说。打一个比方，是一群学生围坐在你的周围时的那种轻松随意地时而对这个人说，时而对那个人说，而将其他人当作旁听者，还是在课堂上对一个班级作为整体来说？这里有很大的区别。在不同的场合，说话的内容不同，说话的语调也不同。随意的谈话，需要实现的是个人间的情感沟通，而在一个公共场合的谈话，则有着一种场合和语境所带来的规定性。艺术创作者心中总是存有“理想的接受者”。艺术是个人与个人之间的交流，要实现的是心灵的沟通。

对于人与人的沟通，或者说一种“共通感”的获得，哲学家们提出了多种假设。它可能基于一种对共同人性的假设，或者是基于共同的状态和遭遇，或者是基于共同的记忆。这种“共通感”还可能来源于一种移情能力。移情是一种古老的理论，近年来，人们对此有新的阐发。移情能力的最重要之处，不在于那种万物有灵式的对物的移情，而是人与人的相互移情。移情能力，是一种设身处地，将心比心，换位思考，感同身受的能力，这种能力是人类智力发展的标志之一。对物的移情，只是这种对人的移情的移用。通过移情，艺术家表达出自己的感受，接受者懂得了这种感受；或者反过来说也有效，艺术家以接受者能够懂得的方式表达了自己的感受，在心中存有接受者的状态下创造出艺术作品。

这种“理想的接受者”的存在，并非将艺术限于一种私人性。一首诗，可以是写给一个人的，但也不是对一个人的悄悄话，要别人看上去也很好，要有公众可接受的形式，从而具有普遍性。单个的接受者，是许多单个人的代表。写小说、绘画、作音乐，也都是如此，需要有“理想的读者”“理想的观者”“理想的听者”，这种“理想的接受者”，是创作者移情的对象。艺术家将自身的感受，向这些假定的对象倾诉，创作出可以普遍接受的作品。

这里所说艺术所具有的个人与个人之间交流的特点，是艺术发展并精英化的过程中才获得的特征。在艺术的发展过程中，一直存在着小众化与大众化两种不同的倾向，并产生属于各种不同时代的成果。

最早有历史记载的文学艺术，大多是具有大众性的。民歌由集体传唱，民间舞蹈由民众共舞，史诗的讲述由氏族群体共享。不仅是来自乡间的民间艺术，而且来自城市的戏剧、歌舞、说唱，都具有小众与大众并存的现象。与古代希腊城邦生活联系在一起的希腊戏剧，近代像法国新古典主义戏剧那样的城市戏剧，也具有大众性。这些艺术要教化市民，为改进民众的修养、增进社会的凝聚力服务。但同时，这些艺术也具有精英化的倾向，服务于上流社会，追求典雅的趣味。

到了近代，随着市场的兴起，艺术的大众性才发展到极端，从而与小众性或者精英性的艺术形成明显的对立。艺术原本是思想和情感传达，自娱也娱人，给予教益也提供娱乐，这种状态在现代社会被打破了。艺术市场的兴起，使艺术出现了分化。继续坚持原有的艺术理想，从而挑战市场，并借助于各种艺术的建制，在市场中寻求生存并对流行趣味进行改造，这是艺术的一种选择。按照市场规律生产娱乐产品，探索和测试大众趣味，并用资本造就集体效应，从而在市场上获得成功，这构成了一种更为普遍的文化现象。

如果说，18 世纪时现代艺术概念的形成，所要面对的是工艺性的生产概念的话，那么，在现代，与艺术相对立的，恰恰是一种通俗性的文化生产现象。这就是艺术中的高雅与低俗对立的现象。在文学中，有高雅与低俗之分，文学史记录了高雅文学，这只是具有高度选择性的记载，实际上，在同时有大量的“地摊文学”的存在。在中国，从晚清到民国年间，出现了大量的类型文学，这些类型文学被生产了，又被消费了，文学史很少关注。文学史只关注从“五四”新文学以来的精英文学，而那些大量生产和消费着的通俗文学，构成了这种精英文学的背景。其实，其他艺术门类也是如此，大量出现的图画、演出等行为，作为文化现象，一直存在着。这些既是艺术，又不是。当人们提出艺术概念时，是想立出某种东西，对抗这种像流水一样，流来流去，并没有留下什么的现象。

文学史不写通俗文化，绘画史不写一般茶楼酒肆的装饰画，音乐史不写街头的小曲，这些东西不登大雅之堂，也不受艺术家的重视。这成了惯例，但所有这些没有入史的东西，实际上构成了一个巨大的背景，精英文艺的生产，正是在这个背景中进行的。

如果说，这种面向大众的文化生产，是一种历时久远的文化现象的话，那么，随着新媒体的出现而流行起来的大众文化，则使艺术发生了深远的变化。网络小说是从通俗小说发展而来的。现代的通俗文化也有着自身的传承关系。然而，我们今天所面临的，不是古老的通俗文学和艺术的重复。网络小说的巨大的生产量及其流行程度，它对文学的深远影响，是过去的通俗小说无可比拟的。同样，新媒体所带来的各门艺术的变化，也深刻地改变着人们的生活。

四、艺术新生态的形成与艺术新形式的建构

新媒体的发展，为艺术提供了新的可能。从过去的具有大众性的艺术，到大众文化的发展，新媒介带来了新的可能性。正是在这种状态下，艺术边界问题被再一次提了出来。这是一个古老的问题，但在新的情况下，出现了新的研究指向。

过去，当先锋艺术对艺术提出新的挑战时，分析美学家们所采取的应对之策是，通过修改艺术的定义来适应艺术的新的发展，从而重新划定艺术的边界。艺术不再是通过模仿所形成的另一个本体论层面之上的事物，而恰恰与现实生活处于同一个本体论层面。不仅如此，现代哲学更倾向于反对传统的多重世界划分的种种理论，而认为只存在一个世界。先锋艺术是精英性的，

但它所带来的结果却是世俗性的。一种英雄主义的挑战所带来的，恰恰是世俗性的妥协。先锋艺术原本是以挑战既有的艺术建制姿态出现的，后来却依赖艺术的建制而存在。这是先锋艺术的历史性的失败，尽管它所带来的对艺术边界的冲击，会在历史上留下痕迹。

在当下，摆在美学家面前的主要问题，或者说，艺术划界研究所面临的主要矛盾，已经从先锋艺术转化为大众文化，转化为在大众文化盛行之时，重新思考艺术的边界。

正像当代的经济生活已经走向消费决定性的经济一样，艺术品的生产，也走向这种消费主义。消费主义所要表述的，是这样一种现象。过去，我们都认为，生产决定消费，生产的发展是无限的，消费的能力是有限的，当生产所形成的社会财富充分涌流时，人们就可以按需分配。然而，经济的发展所形成的局面是，生产过剩就造成经济危机，只有通过刺激消费来挽救经济，而消费的刺激能力具有无限性。这种经济格局支配下的艺术品生产也是如此。在资本的运作下，通过包装、广告效应、捧红明星，服从经济规律，并形成一种独特的大众文化的经营运作方式。

在这种情况下，文化生产的方式在向一个方向滑动，这就是文化工业化。精英艺术尽管也是意在传达，但仍存有理想的接受者。这是一种知道有旁听者的对个人传达。如果换一种情况，艺术家不是对某个人说，而是把握了一种规律，意识到某种类型的故事接受者会很多，这方面已经做过试验，也有了写作这种类型故事成熟的套路，这时，艺术品生产，就变成了类似药品的制作。生物学家实验某种药品时，先根据一些原理和规律，提出假设，制作药品，先在动物身上试，再在一部人身上试，成功后就成批生产。如果生产性是这么理解的话，那么，大众文化产品就变成了这样的东西，从说使自己发笑的事使人笑，变成释放发笑剂使人笑，从说感动自己的故事使人哭，变成打催泪弹使人哭。这时，艺术发生着深刻的变化，出现了情绪诱发简单化的现象，接受者像接受化学生产的药物一样被诱发情感。

现代技术所造就的大众文化给人们带来了各种各样的艺术替代品。这与先锋艺术不同。先锋艺术曾迫使美学家们接受艺术与美的分离，承认一些不但不美，而且与美无关的事物也是艺术品。大众文化则相反，以其外观的吸引力吸引观众，获得市场上的成功，迫使美学研究关注这种几乎无所不在的审美现象。

然而，对于我们来说，一个古老的问题又再次出现：艺术是存在于其中，还是处于其外。是否存在一种大众文化之外的艺术？或者说，面对大众文化的挑战，是否需要一种艺术的反挑战？

回到前面所说的观点，说话有两种情况，一种是，一个人说了，另一个人懂了；另一种是，一个人面对大众说，而不管大众是否能听懂。前一种是说话，后一种是喊话。艺术也是如此，一种是传达，另一种是灌输。无论是政治文化，还是商业文化，都倾向于运用媒体的力量实现灌输。

网上传一句话：世界上有两件事最难，一是将别人的钱放到自己的口袋里，二是将自己的思想放到别人的脑袋里。现代的政治文化和商业文化都在努力做这两件事，并为此耗尽了精力。我要呼吁的是，艺术不要跟着做，而是做一点其他的有意义的事。

其实，新媒体也是能够为人们的个性化的交流提供空间的。让艺术说一些发自个人的，具有原创性的，带着个人情感，以理想的接受者为对象的东西，回到那种发自内心，直达人心的古老追求上来。这种追求，并不与新媒体的发展、艺术载体的变化相对立，相反，它可以对新的艺术载体加以利用。

五、结语

最后，还是归结到一句老话：艺术的边界是创造的边界。发现、创新、示范，这是艺术的永恒的本质。也许，有人会说，艺术的不变之处就在于它的不断变化，但仅仅说到这一步，还是远远不够的。艺术不是与现实生活绝缘的事物，也不是现实生活的一部分，而是针对现实生活做出回应的行动及其产物。大众文化对艺术的边界提出了挑战，在当代社会里，这种挑战是严峻的，但这不等于艺术就此消解为大众文化。面对大众文化的挑战，需要承认现实，但更重要的是要植根于艺术传统，发挥创新精神，对大众文化进行反挑战。正是这种反挑战的努力，形成了艺术的价值，同时也形成了艺术的新边界。

日常生活中自我呈现的美学意义

魏家川

内容提要： 日常生活中的自我呈现，蕴含着复杂的心理学和社会学内容，随着日常生活审美化以及审美日常生活化的飞速发展，也同时呈现出丰富的美学意义与审美内含。以戏剧表演的观点和舞台表演艺术的原理审视日常生活中的自我呈现，社会成为超级剧院，每个人在不同时期不同场景下要么作为一名演员而存在，要么作为一名观众而存在，在前台或后台表现出不同的区域性行为。在日常生活中，每个个体或就地取材，或随身携带着精心挑选的行头、道具乃至面具，按着社会伦理道德、社会法则以及文化共同体所规定的脚本闪转腾挪，上演各自的拿手好戏。日常生活昼夜交替的生存样态，周而复始的生物节律，为人生与社会提供了和光同尘、知白守黑的哲学范式以及逢场作戏、计白当黑的审美效果。本篇论文以美国社会学家欧文·戈夫曼《日常生活中的自我呈现》为学术启示与学术借鉴，对日常生活中自我呈现的美学意义做一拓展性研究。

关键词： 日常生活　自我呈现　美学意义

一、日常生活与“夜常生活”的镜像反演

一日之晨，人们以“着装”下床开始一天的日常生活；深夜降临，人们“卸装”上床，准备入眠入梦，

告别一天的辛勤劳作，为这一天的日常生活画上句号。这种富有张力和戏剧性的昼夜交替，周而复始，成为每一个地球人的重要生活范式。

日常生活的话题，已是老生常谈，但“夜常生活”这个说法，是否让读者感到有所不同。我无意于将它从日常生活中剥离出来，或者与日常生活对立起来，只是想借此将夜间时光、梦中生活从相对平淡无奇的日常生活中凸显出来，作为日常生活中意味深长、耐人寻味的部分加以对待。它隐去日常生活连续剧与肥皂剧演出开始前以及谢幕、卸妆之后鲜为人知的部分。它对每一个地球人巨大而深刻的影响，我想应该是怎么言之也不为过的。英国女作家艾丽斯·默多克(Iris Murdoch，1919—)在《黑王子》(*The Black Prince*)中这样写道：昼夜的划分，必定是地球生活中最深奥的奇事之一。总而言之，它是一种仁厚的安排，既令我们得以借助自己设定的短暂休憩来恢复活力，免于劳顿而无法自拔，也不至于因为时光的不断飞逝而受到责难。我们是间歇性的生物，总是黎明即起、日落歇息。我们的意识会很快疲劳，因此要间歇地运作，而翌日的世界将会发生惊人的变化，或者令我们舒服，或者令我们不安；同样地，夜晚与睡眠相伴随，以甜蜜的影像巧妙地满足我们之所需。这一切令人惊叹不已。生物时常不知不觉地进入阙如少觉的暗黑梦乡，去体验大量的幻象，连天使都为之惊叹。我们的生命如此之脆弱，却能够经受这样不同的极端，从来不曾有任何哲学家对此给出过解释。

艾丽斯·默多克说的大体属实，但也未必尽然。

在“夜常生活”这一话题之下，《列子》堪称无与伦比的经典奇葩之作。它不仅给后人留下了脍炙人口的蕉鹿之梦以及黄帝昼寝而梦，游于华胥氏之国等精彩章节，而且给读者呈现了昼夜交替打破常规的多元梦幻国度：“西极之南隅有国焉，不知境界之所接，名古莽之国。阴阳之气所不交，故寒暑亡辨；日月之光所不照，故昼夜亡辨。其民不食不衣，而多眠。五旬一觉，以梦中所为者为实，觉之所见者妄。”“四海之齐，谓中央之国，跨河南北，越岱东西，万有余里，其阴阳之审度，故一寒一暑，昏明之分察，故一昼一夜，其民有智有愚。万物滋殖，才艺多方。有君臣相临，礼法相持，其所云为，不可称计。一觉一寐，以为觉之所为者实，梦之所见者妄。”“东极之北隅有国，日阜落之国。其土气常燠，日月余光之照其土，不生嘉禾。其民食草根木实，不知火食。性刚悍，强弱相藉，贵胜而不尚义。多驰步，少休息，常觉而不眠。”(《列子·周穆王》)“古莽之国”的“极夜”现象、“中央之国”正常的昼夜交替现象以及“阜落之国”的“极昼”现象，是一种多么汪洋恣肆、独特神奇的文学想象！

白天不知夜的黑。微文化与自媒体时代，人的感知器官媒介化，感知效力制式化，感知内容虚拟化。多少人的日常生活与“夜常生活”是由智能手机相伴，以开机关机而作昼夜切换。它是我们每个人日常生活之必备良品，它使我们的日常生活，呈现出前所未有的穿越与玄幻，身影时隐时现，身份飘忽不定。

多少伟大的哲学家一直在提醒和告诫众生：人生如戏，浮生若梦。《庄子》破天荒地将梦作为表达思想感情的重要手段，自觉地虚构和加工各种奇幻的梦境，赋予梦以各种含义，从而彰显出梦背后隐含着的独特诗意与哲理，突破了前人梦魂宗教崇拜的神学思维模式。因此《庄子》在中国梦文化以及梦幻文学史上具有极其重要的地位，产生了尤为深远的影响。就《庄子》现存的33篇而言，《内篇》7篇中有5处对梦的描写，全书涉及梦论和描写梦境的地方共有11处。《庄子》一共写了6个完整意义上的梦，其最令人心动、最光彩夺目的地方，分别为：内篇《齐物论》中的庄周梦蝶，《人间世》中的栎树见梦；外篇《至乐》中的骷髅见梦，《田子方》中的文王假托梦；杂篇《外物》中的宋元君梦神龟，《列御寇》中的郑缓托梦。蝴蝶梦，堪称古今天下第一梦。蝴蝶，堪称庄子的徽章或注册商标。“我想，假如文字也能像徐悲鸿、傅抱石的绘画一样，能在香港佳士得拍卖行拍卖的话，那‘庄周梦蝶’这段文字，将毫无疑问是世界上最值钱、拍卖价最高的文字。”①《庄子·齐物论》所主张的“齐物我”“齐生死”“齐梦觉”的思想，与其说是哲学玄想，不如说是美学遐想。

日常生活与“夜常生活”的这种交相辉映，镜像反演，对我们巨大而深刻的哲学启示也许在于向眠而梦，向死而生。中华文化对于这一极富原型情境意味的生存基本样态，有着独具慧眼的最初洞见。太极图，作为具有强烈视觉美感的古典图式，黑白分明，黑中有白，白中有黑，玄元、玄远、玄秘、玄奥的图形中，S形分割，轮转不息，堪称中华文化第一图。它的二极共构，对立统一，是天地、日月、阴阳、男女，也是生命构成与流转的日夜交替。《老子》第二十八章曰：“知其白，守其黑，为天下式。”所谓知白守黑，乃是从昼夜交替的庸常生活中深刻领悟到的处世哲学，韬光养晦，保持暗昧，如无所见，安常守故，大智若愚，笑看尘世，与《老子》第五十六章的“和光同尘”相生发，相印证。王弼注曰：“和光而不污其体，同尘而不渝其真。”守得黑夜

① 黄坚：《思想门：先秦诸子解读》，北京：中国长安出版社，2007年，第65页。

终见白日，守得云开终见月明，仿佛道佛禅的打坐入定，开始双目内一片漆黑，久而久之虚室生白，一片光明。人生诸种境遇、境界，与此异曲同工，殊途同归。

“天地一笼统，井上黑窟窿。黑狗身上白，白狗身上肿。”唐代张打油这首脍炙人口的咏雪诗，其成功之处显然在于它别具一格地生动捕捉到冰天雪地的诗意之美，但这份令人忍俊不禁的文学想象，倘若就事论事，也许一笑了之，到此为止，平淡无奇。但若视为计白当黑的美学内涵的文学象征，则小中寓大，哲学、美学与文学在此融为一体。计白当黑，奇趣乃出。留白，布白，并非空白。林散之年轻时受教于黄宾虹，耄耋之年感佩恩师教诲之深：黑处见力量，白处见功夫。黑处沉着，白处虚灵。黑白错综，以成其美。人们通常认为中华民族钟爱红色，说到中国红每每喜形于色。殊不知最具中国特色的艺术门类书法，黑色与白色是主角，红色只是配角，点缀而非点睛。

日月星辰的天体运动，催生了地球生命体睡和醒的生物节律。弗洛伊德认为，“一切梦的共同特征第一就是睡眠。……睡眠的情境是：我不愿和外界有所交涉，也不愿对外界发生兴趣。我去睡眠以脱离外界而躲避那些来自外界的刺激。同样，我若对外界厌倦，也可以去睡眠。我临睡时，可向外界说，‘让我安静吧，我要睡了’。小孩子的话恰好和此相反：‘我还不愿睡，因为我还不疲倦，还想多看看’。所以睡眠的生物学目的似即蛰伏，而其心理学的目的似乎是停止对于外界的兴趣。我们本不愿入世，因而和人世的关系，只好有时隔断，才可忍受。因此，我们按时恢复到未入世以前或‘子宫以内’的生活，想重复引起类似这个生活的特点，如温暖，黑暗，及刺激的退隐。我们当中有些人还像球似的蜷曲着身体，和在子宫内的位置相似。所以我们成年人似乎仅有三分之二属于现世，三分之一尚未诞生。每天早晨醒来时便好像重新降生。”①精神分析学让我们明白了日有所思、夜有所梦的心理学意蕴。

在《作为意志和表象的世界》一书中，叔本华这样动情地写道：“塞万提斯为了表示睡眠能使我们脱离一切精神的和肉体的痛苦，他写睡眠真够美：‘它是一件大衣，把整个的人掩盖起来’。”②

在睡眠中，所有生物似乎都变成了植物。我们似乎只受植物神经系统与

① ［奥］弗洛伊德著，高觉敷译：《精神分析引论》，北京：商务印书馆，1984 年，第 61 页。

② ［德］叔本华著，石冲白译：《作为意志和表象的世界》，北京：商务印书馆，1982 年，第 333 页。

交感神经系统支配。“夜常生活”对我们多么重要，21 点至次日 5 点开始进行细胞分裂，把能量转化为新的细胞，是人体细胞休养生息、推陈出新的时间，也是人随着地球旋转到背向太阳的一面。阴主静，是人睡眠的良辰，此时休息，才会有良好的身体与精神状态。植物吸收阳光的能量，夜里生长，所以夜晚在农村的庄稼地里可以听到拔节的声音(也许白天也有，太吵听不见)。现实又何尝不是在梦想中拔节？我一向认为，所有美好的艺术和人间事物，都自带一份夜深人静的感应属性。且听那些余音缭绕的小夜曲与摇篮曲，“睡吧睡吧，我亲爱的宝贝……”

二、生活世界与艺术世界的两极共构

人生如戏，它是对日常生活的庸常超越，也恍如肥皂剧的精心上演。莎士比亚的《麦克白》中有一段众所周知的经典台词：“人生不过是一个行走的影子，一个在舞台上指手画脚的拙劣的伶人，登场片刻，就在无声无臭中悄然退下；它是一个愚人所讲的故事，充满着喧哗与骚动，却找不到一点意义。”这段经典台词是对存在与虚无振聋发聩的文学表达。它催生了福克纳现代主义经典之作《喧哗与骚动》。

在《哈姆雷特》中，莎翁喟叹道：“我们是这样的材料/犹如构成梦的材料一样/而我们渺小的一生/睡一大觉就圆满了”；“我们短暂的一生，前后都环绕在酣睡之中”。对此，叔本华作了发人深省的哲学应答：“那是一种朦胧的追慕和苦难，是在梦中徜恍，是在一系列琐屑思虑的相伴中经过四个年龄阶段而到死的。这些人好像钟表机器似的，上好发条就走，而不知道为了什么要走。每有一个人诞生了，出世了，就是一个‘人生的钟’上好了发条，以便一句又一句，一拍又一拍地再重奏那已演奏过无数次，听得不要再听的街头风琴调子，这些调子即便有些变化也微不足道。于是每一个体，每一张人脸和这张脸一辈子的经历也只是一个短短的梦了，是无尽的自然精神的短梦，常住的生命意志的短梦；只不过是一幅飘忽的画像，被意志以游戏的笔墨画在它那无尽的画幅上，画在空间和时间上，让画像短促地停留片刻，和时间相比只是近于零的片刻，然后又抹去以便为新的画像空出地位来。”①“人生和梦都是同一本书的页子，依次连贯阅读就叫作现实生活。如果在每次阅读钟点(白天)终了，而休息的时间已到来时，我们也常不经意地随便这儿翻一页，

① [德]叔本华著，石冲白译：《作为意志和表象的世界》，北京：商务印书馆，1982 年，第 441 页。

那儿翻一页，没有秩序，也不连贯；(在这样翻阅时)常有已读过的，也常有没读过的，不过总是那同一本书。这样单另读过的一页，固然脱离了依次阅读的连贯，究竟并不因此就比依次阅读差多少。人们思考一下(就知道)全篇秩序井然的整个读物也不过同样是临时拈来的急就章，以书始，以书终；因此一本书也就可看作仅仅是较大的一单页罢了。”①“遵循根据律的是理性的考察方式，是在实际生活和科学中唯一有效而有益的考察方式；而撇开这定律的内容不管，则是天才的考察方式，那是在艺术上唯一有效而有益的考察方式。前者是亚里士多德的考察方式，后者总起来说，是柏拉图的考察方式。前者好比大风暴，无来由，无目的向前推进而摇撼着，吹弯了一切，把一切带走；后者好比宁静的阳光，穿透风暴行经的道路而完全不为所动。前者好比瀑布中无数的、有力的搅动着的水点，永远在变换着[地位]，一瞬也不停留；后者好比宁静地照耀于这汹涌澎湃之中的长虹。”②

美国社会学家欧文·戈夫曼在《日常生活中的自我呈现》一书中将整个社会比作一个超级大剧院，作者用上帝视角所看到的是：人间行走的，都是戏子；世间呈现的，都是演出。每个人要么作为演员，要么作为观众，分析和解读个体在日常生活中向他人呈现自我的活动方式，引导和控制他人对自我形成良好印象的印象管理策略和手段，在他人面前维持表演时可能会做或不会做的各种事情，可能会遭遇或不会遭遇的各种情境，是一件饶有兴味的事，也是一次意味深长的学术探索。在戈夫曼所处的20世纪60年代，前台与后台有着明显的界线之分。一道屏风，都可以使表演风生水起，身临其境，尽管撤屏视之，一人一桌，一椅一扇，一抚尺而已。进入21世纪的微文化、自媒体时代，只需轻轻一点微博与微信上的权限设置，即可生成虚拟有效的前台后台区域，并在朋友圈与微信群中呈现相应的区域性行为。演员与观众的自由转换，前台与后台的自由切换，使日常生活的表演性不断加强与升级，“真人秀”随处可见，随时可见，“真人”却成为凤毛麟角。在这样的社会历史文化语境中，日常生活怎一个“演”字了得。“我们倾向于把真实表演看作是无目的地拼凑起来的东西，看作是个体对情境事实所作的没有自我意识的反应，是无意识的产物。至于人为的表演，由于行为项目没有任何能与其直接对应

① [德]叔本华著，石冲白译：《作为意志和表象的世界》，北京：商务印书馆，1982年，第45页。

② [德]叔本华著，石冲白译：《作为意志和表象的世界》，北京：商务印书馆，1982年，第259页。

的现实，所以，我们倾向于把它们看成是煞费苦心地一个个装裱起来的东西。现在必须明白，这些二分式的概念都只是诚实表演者的意识形态手法，目的是使他们的表演获得更好的效果，但是，作为对表演的分析，这些概念则过于粗浅了。”①

这也正是为什么《日常生活的中自我呈现》一书的作者欧文·戈夫曼将乔治·桑塔耶那《在英国的独白以及后来的独白》中这段耐人寻味的文字作为卷首语的缘由所在：

“面具是吸引人的表达方式，是极妙的感情回声，同时也是忠实可信的、谨慎的和至关重要的。与空气接触的有机物必须获得一层表皮，表皮并非心脏，这一点并不是对表皮的否定；然而，有些哲学家仿佛对不表示事物的形象、不表示感情的词语表示特别愤怒。词与形象均如外壳，与它们所覆盖的实体一样，都是自然的组成部分，不过更适于视觉、更易于观察罢了。我不想说，实体因现象的缘故而存在，或脸蛋因面具的缘故而存在，或激情因诗和善的缘故而存在。自然界中没有任何东西是为了别的事物而产生的；所有这些相面和产物同样都涉入存在领域……”

在表演中，如何让自己和别人相信自己所扮演的角色，这份戏剧的实现，需要对表达控制的悉心维持。剧班多么重要。桃园三结义的经典，尽在于此。搭档、配角、跑龙套、托儿、捧场的，一个都不能少。我们时代的精彩表演，日常生活的精彩上演，正在淋漓尽致地呈现。

① [美]欧文·戈夫曼著，冯钢译：《日常生活中的自我呈现》，北京：北京大学出版社，2008年，第57页。

艺术的力量：让美的实践进入大众的日常生活

胡玉香

内容提要：新的艺术观念和文化现象，带来对美学和艺术在今天的功能及其实现方式的重新思考。艺术和美学的观念发展到今天，美学和艺术的功能向日常生活接近和转换，乃至于直接参与到对日常生活方式的改变中。美学和艺术力量的获得，不再仅诉诸纯粹的美的视觉静观，或者停留于纯粹的精神和思想的净化提升，而是像杜尚所倡导的，是“一种持续的快乐”和生活的态度。美和艺术的力量不再是看不见的，而是直接转化为日常生活行为模式的改变和看得见的创造力。艺术和美学甚至可以成为生活摹仿的源泉，让美变成了一种看得见的竞争力。通过让美学借助各种艺术实践活动的落地，真正实现美学的担当。

关键词：艺术　实践　大众　生活

本题不是一个新颖的题目，但却是一个在今天更值得重新思考和认真对待的题目。我对这个题目的重新思考，来自目前大家都熟悉的一些现象。这些现象是：近段时间出现在各个微信群和朋友圈里的跟着蒋勋“品红楼读唐诗”，而且发出邀请的以高中和大学同学为主，很多同学还都是从高中就接触和阅读，甚至大学时还专门上过古代文学课的，但依然发现并不真正懂红楼懂唐诗。再有一个现象是前些天美术展方面的两个事件：《千里江山图》和“美在新时代——庆祝‘十九大’胜利召开中国美术馆典藏精品特展”。这两个展览都兴师动众。亲历了美术馆的这场展览，寒风中人们裹紧衣服排队一公里，引发很多路人的好奇询问，并临时改变日常安排，即兴加入到排队人群里来。这些现象反过来让我重新思考这样一个问题：如果亲近艺术已经成为我们日常生活需要的一部分，那怎样才能让我们也能随时随地接触到艺术，什么时候我们的美术馆、博物馆也总是观者云集？在今天这样一个环境下，美学和艺术怎样发挥它的功能，实现新时代下“美学的担当”？

与以往传统的美学和艺术主张不同，自从杜尚一出，整个西方乃至整个人类的艺术史都被重新改写。他的“什么都是艺术”的观点，使得艺术的光晕、功能就开始从高蹈的云端慢慢降落，更是借助现代交通媒介和现代信息媒介的传播，快速与我们的日常生活行为接壤。审美的观念、态度、方式和途径都发生了深刻的改变：从传统美学的中心范畴，如对美的追求(不论是传统艺术的自然美，还是现代艺术的形式美)变成不再在意美，而是实现观念的即兴表达，追求艺术这个无害的“乌托邦”非暴力服务和改造社会的功能；由对存在整体性与深度内核本质的勘探转化成微观碎片化的呈现，从凝神静观似的“澄思渺虑”转换成“心神涣散的消遣”行为和心理上的“惊颤”体验。传播和接受媒介也从传统静固的空间转向全方位动静交错的现代信息传媒途径。因此，今天美学和艺术力量的获得，不再是仅诉诸纯粹的美的视觉，或者停留于纯粹的精神和大脑，而是像杜尚所倡导的，是“一种持续的快乐”和生活的态度。这种态度就是将我们的日常世界和日常生活，随时用一种新的眼光和角度来重新看待，从而将自我个体从他者的传统和现实庸常中解放出来的自由状态。艺术的衡量标准和功能早已发生了变化，不再是美与不美，而是作品是否对“我们是谁，我们如何生活”等提供了新的思考、看待的角度与践行的可能。

因此，新的时代语境下这些现象带给我们的启示，就是艺术和美学的观念发展到今天，必然带来美学和艺术功能向日常生活的接近和转换，乃至于直接参与到对日常生活方式的改变中。美的力量不再是看不见的，只存在于它特定的场所或者头脑中，而是直接转化为可见的创造力，促进日常生活行为模式的改变。就像看画展，因为它就近在身旁，如果再能随时随地接触到，那欣赏美、进行美的活动可能就是如同今天进影院一样的日常消遣和消费行为。而美学和艺术教育面对的新课题就是，如何让艺术深入生活，服务大众？美学和艺术教育应该从原来殿堂似的、精英化的教育，转向日常化的面向普通大众的教育，与我们的日常生活并行。艺术和美学甚至可以成为生活的源泉，让美变成一种看得见的竞争力。

中国艺术研究院王瑞云老师曾经写过一篇文章，谈到她 2016 年在加州参加的题为“通过艺术和文化生产重建中国乡村”专题讨论会上，艺术家渠岩怎样在拍摄乡村的过程中看到保留着传统村落形态的乡村溃败，在溃败中我们的民族文化宗脉面临的断绝(乡村的精神信仰、家族的尊严荣誉、家庭的伦理亲情，以及村民走失后精神的漂泊和灵魂的游荡)，而后以太行深处逐渐荒废的许村(依山而建，有着漂亮的红砂岩，自然而优美；是典型传统村落，明清民居、乡村庙宇戏台牌坊俱全，仿佛让人回到了久违的已失落了的精神家园和故乡。但村民们并不在意自己老宅的老去和颓败)为典型，用艺术的手段来修护和拯救它，请了建筑设计研究院的建筑师重新改造内部空间和设施以及采光、布置，并挖掘它久远的历史，让老村落与新生活结合。原汁原味的中国乡村和戏剧演出，令国外艺术家们看到了一个不一样的中国，一个想象中的中国，一个重新修复人与人情感关系的让人感动的所在。如果中国美学和艺术能这样走向并参与我们的日常生活，北京美学会在新的时代焕发出新的光彩，并以可得见的方式展现着自己的民族文化和生活特色。在日常生活行为中，处处体现出来的精致的生活美学和设计美学。

所以原本具有纯粹非功利属性的艺术和美学，其力量的实现，在今天已经变成一场落地的实践。其能量的发挥，就是要让美走进生活，越来越成为日常生活行为的一部分，通过借助各种艺术实践活动的落地，真正实现美学的担当。我们也可以有很多这样的美学和艺术实践，如北京舞蹈学院舞蹈老师进社区，慢慢提升社区里备遭声讨和人人侧目的“大妈广场舞”的品位；北京服装学院的老师可不可以也和舞蹈进社区一样，讲一讲生活中不同年龄阶段的衣饰着装美学，改变受人诟病的“墨镜、帽子和丝巾”；或者让我们的文学诗歌，走向自然田园与我们自身生活的对话中。总之，今天我们的美学和艺术教育不应该仅停留于课堂和竞赛，进而沦为应试教育的工具，而应该走向美术馆博物馆等各种展览、实践场所，甚至走向城市社区广场或深入乡村地头。

而且“道不远人”。在我们中国人“道法自然”的文化和生活态度中，艺术和审美，无论是文人志趣的琴棋书画、吟诗作赋，还是普通百姓喜闻乐见的地方曲艺，从来都不是简单的消遣，而是中国人借以超越日常现实生活，实现其自然历史的诗意人生和精神问道的实践方式，是典型的中国式生活的体现。可以说传统中国人的生活方式，原本就像杜尚所主张的一样，体现着一种艺术化审美化的生活态度。所以，我认为今天应重新倡导美学和生活的统一关系，让美回归我们的日常生活，参与到我们的人生中，成为我们日常生活行为的一部分，右手是生活，左手是美学和艺术。如果今天美和艺术也能成为"自然"的一种，不仅可以提高民众的整体审美眼光和审美素养，也会帮助我们重塑属于中华民族自己的生活美学和艺术文化形态。那么，我们的艺术展览和博物馆、美术馆也总是观者云集，就可以期待；实现中国"文化上的自信"，成为美学与艺术的强国，就不再仅是一个梦。